Dieter Frühauf
Hans Tegen

BlickPunkt Chemie 2

Ein Lehr- und Arbeitsbuch

7./8. Schuljahr

Schroedel

Blick Punkt
Chemie 2

7./8. Schuljahr

Herausgegeben von:
Dieter Frühauf
Hans Tegen

Bearbeitet von:
Bernd Braun
Dieter Frühauf
Dr. Erwin Graf
Thomas Günkel
Friederike Krämer-Brand
Sandra Kranz
Michael Kratz
Angelika Meinhold
Wolfgang Münzinger
Hans Tegen
Reiner Wagner
Dr. Hilde Wirbs

unter Mitarbeit der Verlagsredaktion

Grafiken:
Karin Mall, Tom Menzel, Heike Möller, Thilo Pustlauk, Volkmar Rinke, Ingrid Schobel, DTP-Studio Wiegand

Grundlayout:
idee design werbeagentur

Umschlaggestaltung:
SINNSALON, Büro für Konzept und Gestaltung

Druck A ^{3} / 2009
Alle Drucke der Serie A sind im Unterricht parallel verwendbar.

Satz: media service schmidt, Hildesheim
Repro: westermann druck GmbH, Braunschweig
Druck und Bindung: Westermann Druck GmbH, Zwickau

ISBN 978-3-507-**77293**-9

Inhaltsverzeichnis

Inhaltsverzeichnis

Elemente im Buch

Methode

Hier findest du Tipps für allgemeine und für spezielle Arbeitsmethoden aus den Naturwissenschaften.

Pinnwand

Hier werden interessante Anwendungsbeispiele in Bild und Text vorgestellt.

Mini-Projekt

Hier stehen Themenvorschläge zum gemeinsamen Arbeiten im Team.

Exkurs

Hier wird ein spezielles Thema vertieft oder in ein benachbartes Fach geschaut.

Basiswissen

In dieser Zusammenfassung stehen knapp und übersichtlich die wichtigsten Inhalte eines Kapitels.

Trainer

Mithilfe dieser Aufgaben kannst du das Gelernte wiederholen und vertiefen.

Entsorgung von Chemikalienresten

Chemikalienreste darf man nicht ohne weiteres in den Abfluss oder Abfalleimer geben. Gefährliche Stoffe müssen vielmehr ordnungsgemäß entsorgt werden. Das gilt besonders für Stoffe, die bei chemischen Experimenten anfallen.

Entsorgungskonzept. Abfallchemikalien müssen nach Stoffklassen getrennt gesammelt werden, damit die ordnungsgemäße endgültige Entsorgung vereinfacht wird. Für die im Chemieunterricht anfallenden Chemikalien genügt ein einfaches Entsorgungssystem aus vier Behältern.

B1	B2	B3	B4
Säuren und Laugen	giftige anorganische Stoffe	halogenfreie organische Stoffe	halogenhaltige organische Stoffe
Beispiele:			
Salzsäure Natronlauge	Kupfersulfat	Benzin	Dibromethan

B1 Im **Behälter 1** werden saure und alkalische Lösungen gesammelt. Der Inhalt von Behälter 1 sollte neutralisiert werden, bevor der Behälter ganz gefüllt ist. Der neutralisierte Inhalt kann dann in den Ausguss geschüttet werden. Deshalb dürfen giftige Verbindungen wie saure oder alkalische Chromat-Lösungen *nicht* in diese Behälter gegeben werden.

B2 Im **Behälter 2** werden giftige anorganische Stoffe wie Schwermetallsalze und Chromate gesammelt.

B3 Im **Behälter 3** werden wasserunlösliche und wasserlösliche halogenfreie organische Stoffe gesammelt.

B4 In den **Behälter 4** gehören alle Halogenkohlenwasserstoffe, alle sonstigen halogenhaltigen organischen Stoffe sowie die Abfälle aus Halogenierungsreaktionen organischer Stoffe.

Die endgültige Entsorgung der Behälter 2, 3 und 4 muss durch ein Entsorgungsunternehmen erfolgen.

Sicheres Experimentieren

1 Chemieräume dürfen nur in Gegenwart einer Aufsichtsperson betreten werden. In Chemieräumen darf nicht gegessen und getrunken werden.

2 Alle Experimente dürfen grundsätzlich nur mit einer Schutzbrille ausgeführt werden! Beim Umgang mit offenen Flammen sind die Haare so zu tragen, dass sie nicht in die Flammen geraten können.

3 Die Versuchsanleitung muss vor Beginn eines Versuches sorgfältig gelesen oder besprochen werden. Sie muss genau befolgt werden.

4 Alle benötigten Geräte und Chemikalien werden vor der Durchführung des Versuches bereitgestellt. Ohne Genehmigung des Lehrers dürfen diese nicht berührt werden.

5 Die Geräte müssen in sicherer Entfernung von der Tischkante standfest aufgebaut werden. Der Arbeitsplatz soll sauber und aufgeräumt sein. Die Geräte werden nach dem Versuch gereinigt und wieder weggeräumt.

6 Geschmacksproben dürfen nicht durchgeführt werden. Den Geruch stellt man nur auf besondere Weise durch vorsichtiges Zufächeln fest. Chemikalien fasst man nicht mit den Fingern an.

7 Chemikalien dürfen nur in Gefäßen aufbewahrt werden, die eindeutig und dauerhaft beschriftet sind und die vorgeschriebenen Gefahrensymbole aufweisen. Gefäße, die üblicherweise zur Aufnahme von Speisen oder Getränken bestimmt sind, dürfen auf keinen Fall für Chemikalien verwendet werden.

8 Bei chemischen Versuchen arbeitet man möglichst mit wenig Chemikalien, so wie es in der Versuchsanleitung angegeben ist. Nach dem Gebrauch werden Chemikaliengefäße sofort wieder verschlossen.

9 Chemikalienreste gibt man nicht in die Vorratsgefäße zurück. Sie werden in besonderen Abfallbehältern gesammelt (Behälter B1 – B4). Reste dürfen nur auf Hinweis des Lehrers in den Papierkorb oder Ausguss gegeben werden.

Symbol	Kennbuchstabe und Bedeutung	Gefahrenmerkmale
	**T+** **Sehr giftig**	Bereits die Aufnahme sehr geringer Mengen kann zu sehr schweren Gesundheitsschäden führen.
	**T** **Giftig**	Bereits die Aufnahme geringer Mengen kann zu sehr schweren Gesundheitsschäden führen.
	**Xn** **Gesundheitsschädlich**	Die Aufnahme solcher Stoffe kann zu Gesundheitsschäden führen.
	**C** **Ätzend**	Solche Stoffe können das Hautgewebe innerhalb weniger Minuten zerstören.
	**Xi** **Reizend**	Diese Stoffe reizen Haut, Augen und Atmungsorgane und können nach mehrstündiger Einwirkung zu Entzündungen führen.

Symbol	Kennbuchstabe und Bedeutung	Gefahrenmerkmale
	**F+** **Hoch entzündlich**	Hoch entzündliche Stoffe lassen sich bereits unter 0 °C entzünden.
	**F** **Leicht entzündlich**	Leicht entzündliche Stoffe lassen sich unter 21 °C entzünden oder entzünden sich selbst.
	**N** **Umweltgefährlich**	Schädlich für die Umwelt (Boden, Gewässer, Luft, Lebewesen).
	**E** **Explosionsgefährlich**	Diese Stoffe können unter bestimmten Bedingungen explodieren.
	**O** **Brandfördernd**	Stoffe, die brennbare Materialien entzünden oder ausgebrochene Brände fördern können.

Sicheres Experimentieren

Bei chemischen Versuchen muss oft etwas erhitzt werden. Hierfür werden Gasbrenner für Erdgas oder Propangas verwendet. Beim Umgang mit dem Gasbrenner muss man einige Regeln beachten.

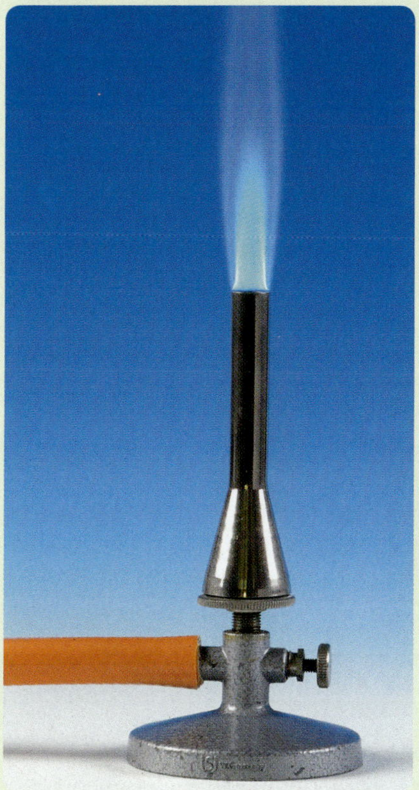

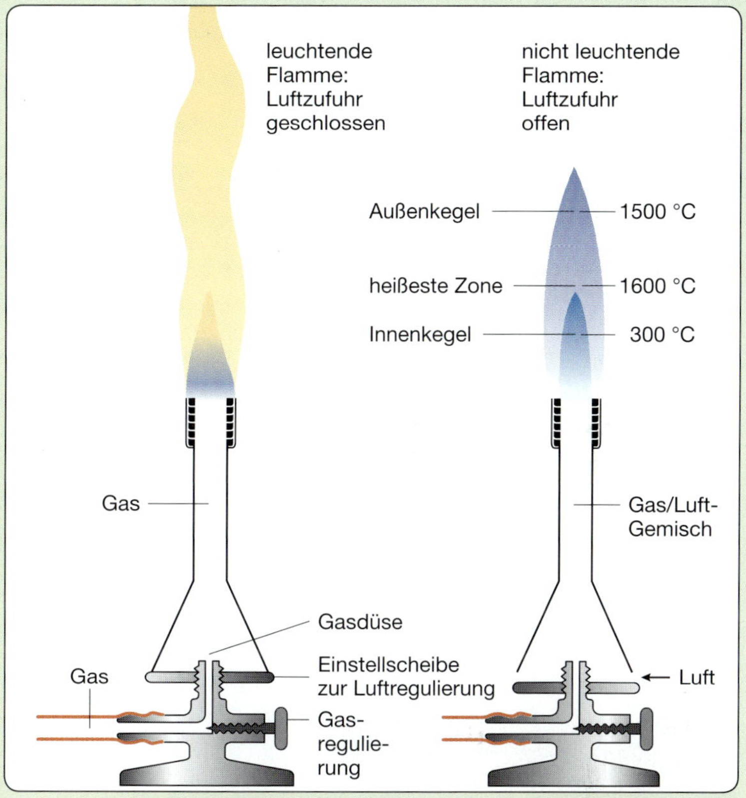

Vorbereitung

– Trage eine Schutzbrille und binde lange Haare zusammen.
– Stelle den Brenner kippsicher auf eine feuerfeste Unterlage.
– Verbinde den Gasschlauch des Brenners mit der Gaszuleitung am Tisch. Achte darauf, dass der Schlauch fest sitzt.

Entzünden des Brenners

– Öffne die Gaszufuhr am Brenner und dann den gelben Gashahn am Tisch. Entzünde das ausströmende Gas. Arbeite dabei zügig, aber ohne Hektik.
– Stelle die gewünschte Flammenhöhe ein. Dazu musst du die Gasregulierschraube am Brenner etwas aufdrehen.
– Öffne dann die Luftzufuhr etwas, bis du eine blaue Flamme erhältst.

Hinweis: Ist die Gaszufuhr zu gering oder die Luftzufuhr zu stark, dann kann die Flamme ins Innere des Brennrohres zurückschlagen. Der Brenner wird dabei sehr heiß. Es besteht die Gefahr, dass der Schlauch schmilzt und sich entzündet. Falls die Flamme zurückschlägt, **muss die Gaszufuhr sofort geschlossen werden.** Ein heiß gewordener Brenner muss erst abkühlen, bevor man das Gas erneut anzündet.
Über den **Not-Aus-Schalter** kann man übrigens in jedem Chemieraum alle Strom- und Gaszuführungen mit einem einzigen Knopfdruck unterbrechen.

Tipp: Lasst euch von der Lehrerin oder dem Lehrer zeigen, wo sich die **Feuerlöschdecke** befindet und wie man den **Feuerlöscher** bedient. Auch das Verhalten in einem Notfall solltet ihr einmal duchsprechen und üben. Die **Feuerwehr** hat die Rufnummer **112.**

Wie arbeitet ein Naturwissenschaftler?

Am Beginn einer wissenschaftlichen Arbeit steht meist eine unerwartete Beobachtung, eine Fragestellung, ein Problem. Man denkt darüber nach und versucht herauszubekommen, wie man das Problem löst. An einem Beispiel soll dies veranschaulicht werden.

1. Startexperiment

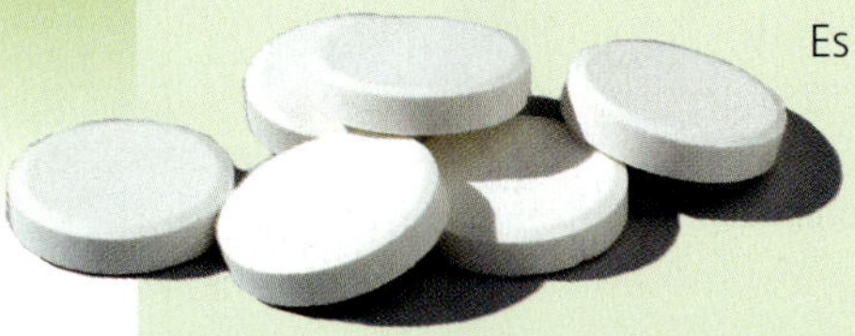

Es soll untersucht werden, wie viel Gas beim Auflösen einer Brausetablette entsteht.

Dazu nutzt man einen mit Wasser gefüllten Messzylinder, den man kopfüber in ein Wasserbecken stellt. Mit einer Pinzette legt man eine Brausetablette unter den Messzylinder, sodass das gesamte Gas aufgefangen wird. Es ist Kohlenstoffdioxid (CO_2). Es steigt im Messzylinder hoch und verdrängt dabei einen Teil des Wassers. Auf diese Weise kann man das entstandene Gasvolumen ablesen.

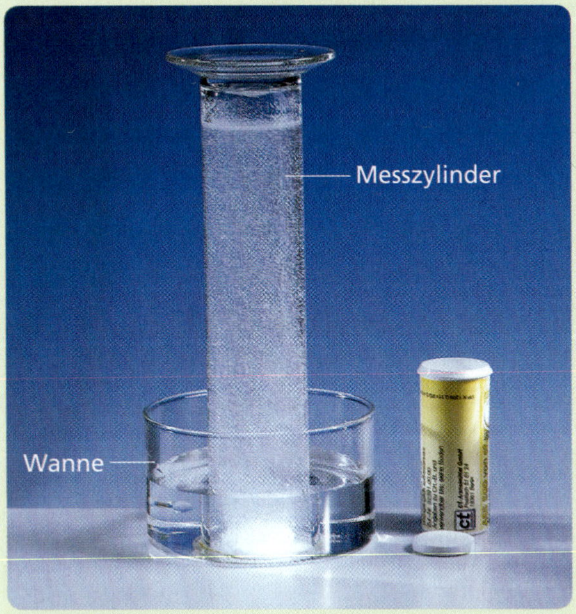

Um einen zweiten Messwert zu bekommen, löst man eine weitere Tablette unter demselben Messzylinder auf. Und da kann man eine merkwürdige Beobachtung machen ...

2. Beobachtung

Man beobachtet, ganz entgegen der Erwartung, dass bei der zweiten Tablette *mehr als das Doppelte an Gasvolumen entsteht*.
Zu erwarten war aber, dass bei beiden Tabletten gleich viel Gas entsteht.

Messung	gemessene Gasmenge 1. Tablette	gemessene Gasmenge 2. Tablette
Nr. 1	50 ml	120 ml

3. Problem

Wie kann man sich das erklären, dass bei der zweiten Tablette mehr als das Doppelte an Gasvolumen im Glaszylinder entsteht?

4. Hypothesen

Man stellt Vermutungen an, woran das liegen kann. Diese unbewiesenen Vermutungen nennt man Hypothesen.
Solche Hypothesen könnten im vorliegenden Fall sein:

A: Bei der Messung ist ein Fehler unterlaufen.

B: Obwohl die Tabletten gleich aussehen, sind sie nicht gleich schwer. Das kann zu unterschiedlichen Gasmengen führen.

C: Die Löslichkeit von Kohlenstoffdioxid in Wasser spielt eine Rolle. Kohlenstoffdioxidgas löst sich gut in Wasser (das kennt man vom sprudelnden „Mineralwasser“). Das entstehende Gas aus der ersten Tablette löst sich zu einem großen Teil in Wasser. Deshalb ist bei der 1. Tablette nur wenig Gas zu messen. Bei der 2. Tablette kann das Wasser kein weiteres Gas mehr aufnehmen. Jetzt wird die gesamte Gasmenge gemessen, die beim Auflösen der Brausetablette ensteht.

5. Überprüfung der Hypothesen

Hypothese A:
Um Messfehler auszuschließen, wiederholt man den Versuch und erhält folgendes Ergebnis:

Messung	gemessene Gasmenge 1. Tablette	gemessene Gasmenge 2. Tablette
Nr. 2	55 ml	125 ml

Auch bei der Messung Nr. 2 erhält man ein ähnliches Ergebnis. Die Hypothese A ist damit widerlegt. Es handelt sich *nicht* um einen Messfehler.

Hypothese B:
Man wiegt einige Sprudeltabletten. Man stellt fest, dass die Sprudeltabletten alle ziemlich genau gleich viel wiegen. Damit ist widerlegt, dass die unterschiedlichen Gasmengen etwas mit dem unterschiedlichen Gewicht der Tabletten zu tun haben.

Hypothese C:
Man füllt einen Kolbenprober mit 100 ml Kohlenstoffdioxid. Dieses Gas kann man zum Beispiel einem Sodasprudler entnehmen. Man leitet das Gas aus dem Kolbenprober in den mit Wasser gefüllten Messzylinder.

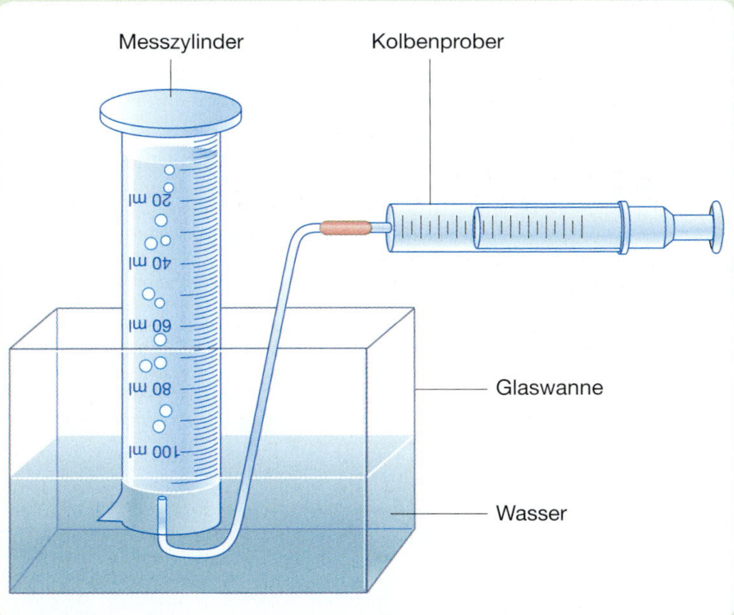

Und tatsächlich, es tritt ein Volumenschwund beim eingepressten Gas auf. Das heißt, es wird im Messzylinder eine kleinere Gasmenge angezeigt, als man aus dem Kolbenprober entnommen hat.
Wiederholt man das mehrere Male, ist das Wasser bald gesättigt und es löst sich gar kein Kohlenstoffdioxidgas mehr darin.

Damit ist die Hypothese C vorläufig bestätigt.

Tabellenbücher bestätigen diese Vermutung. Man findet folgende Angaben:

Löslichkeit in 1 l Wasser bei Raumtemperatur
0,0185 l Wasserstoff
0,8810 l Kohlenstoffdioxid
0,0311 l Sauerstoff
0,0128 l Stickstoff

6. Ergebnis, Problemlösung

Kohlenstoffdioxidgas löst sich in Wasser. Das entstehende Gas aus der 1. Tablette verdrängt nur wenig Wasser, da sich ein großer Teil des Gases in Wasser löst.

Wenn weiteres Gas aus einer 2. Tablette im gleichen Wasser hinzukommt, kann sich kaum noch etwas lösen, da das Wasser durch Gas aus der 1. Tablette bereits mit Kohlenstoffdioxidgas gesättigt ist. Also *verdrängt* das entstehende Gas aus der 2. Tablette *mehr Wasser als das Gas aus der 1. Tablette*.
Die Gültigkeit der Hypothese C ist damit bewiesen.

Mit den Versuchen und mit den logischen Schlussfolgerungen wurde aus den Hypothesen gesichertes Wissen.

1. Öffne eine warme und eine kalte Sprudelflasche. Beobachte jeweils, was geschieht. Versuche durch Hypothesenbildung eine Erklärung für die unterschiedlichen Beobachtungen zu finden.
2. Finde heraus, wie ein Sodasprudler funktioniert. Warum gibt er nach dem Besprudeln ein pfeifendes Geräusch von sich?

1 Chemische Reaktionen überall

„Hier tut sich 'was!" Viele Menschen staunen, wenn sie sehen, wie man Stoffe dazu bringen kann, sich zu verändern und dabei vielleicht Feuer oder Licht entsteht.
Manche Stoffe wandeln sich sogar ganz von allein, ohne unser Zutun, in andere Stoffe um.
In diesem Kapitel wollen wir das genauer untersuchen. Wir wollen wissen:

- **Was geschieht bei solchen Stoffumwandlungen?**
- **Wie ist es möglich, vorhandene Stoffe in völlig andere Stoffe umzuwandeln?**

▲ 1. Hier wird ganz gewöhnliche Eisenwolle verbrannt.
Überlege: Weshalb verläuft die Verbrennung hier so heftig?

◀ Eine ganz alltägliche chemische Reaktion …

2. Das ist keine fliegende Untertasse, sondern eine Tiefseequalle mit dem Namen Periphylla.
Das Besondere ist, dass diese Qualle selbst Licht erzeugen kann! Dafür nutzt sie eine bestimmte chemische Reaktion. ▶

▲ 3. Bis aus einem winzigen Keimling im Laufe von Jahren ein großer Nadelbaum geworden ist, müssen unzählige chemische Reaktionen in den Zellen der Pflanze ablaufen. Jedes Lebewesen ist eine Art chemische Fabrik.

4. Eine Brausetablette fällt ins Wasser und ein Gas entsteht. Versuche doch selbst einmal, die Gasmenge pro Tablette festzustellen. Um welches Gas könnte es sich handeln? ▼

Chemische Reaktionen in Alltag und Umwelt

1. Karamellbonbons – selbst hergestellt

Material: Backpapier, Löffel, Messer, Kochplatte, Topf; zwei Esslöffel Wasser, 25 g Butter, 250 g Zucker.
Durchführung: Der Topf wird auf die Kochplatte gestellt (mittlere Hitze). Wenn er heiß geworden ist, gebt ihr nacheinander Zucker, Wasser und Butter hinein. Rührt dabei ständig um. Achtung, der Topf darf nicht zu heiß werden, sonst brennt der Zucker an.

Erhitzt die Masse so lange im Topf, bis sie Bläschen wirft und hellbraun geworden ist. Gebt sie dann mit dem Löffel in einzelnen Portionen auf das Backpapier. Probiert die Karamellbonbons aber erst, wenn sie abgekühlt sind!

2. Apfel an der Luft

Wenn ein angeschnittener Apfel einige Zeit an der Luft liegt, wird er braun. Woran könnte das liegen?

3. Streichholz, vorher – nachher

Zünde ein Streichholz an. Beobachte möglichst genau, was passiert. Wie verändert es sich? Schreibe deine Beobachtungen auf.

4. Rezept für Geheimtinte

Unsichtbare Tinte eignet sich gut zur Übermittlung geheimer Botschaften.... Als Tinte kann man Zitronensaft, Essig oder Milch verwenden, als Papier am besten Recycling-Schreibpapier. Schreibe oder male mit einem befeuchteten Wattestäbchen auf das Papier. Lass die Schrift dann ein wenig trocknen. Du kannst die Schrift mit einem (sehr) heißen Bügeleisen sichtbar machen.

5. Der Glühdraht einer Glühlampe

Bei einer klaren Glühlampe kannst du den Glühdraht genau erkennen.
a) Schreibe auf, wie der Glühdraht vor und nach dem Einschalten aussieht.
b) Überlege, durch welche Vorgänge der Glühdraht zum Leuchten gebracht wird.

6. Geheimnisvoller Hefeteig

Vermische einen Esslöffel Mehl mit einem halben Esslöffel Zucker und einem Viertel Hefewürfel.
Verrühre alles mit etwas warmem Wasser zu einem dicken Brei. Stelle ihn etwa 15 Minuten auf die Heizung.
Was passiert mit dem Gemisch?

▲ *1. Chemische Reaktion im Alltag*

Chemische Reaktionen. Ein Würstchen auf dem Grill verändert sich, es wird braun – und sogar schwarz, wenn man nicht aufpasst. Auch wenn man Zucker erhitzt, einen Kuchen backt oder eine Brausetablette auflöst, werden Veränderungen sichtbar. Es entstehen neue Stoffe, die anders aussehen oder anders schmecken.
Einen solchen Vorgang, bei dem **neue Stoffe** mit **neuen Eigenschaften** entstehen, bezeichnet man als **chemische Reaktion.**

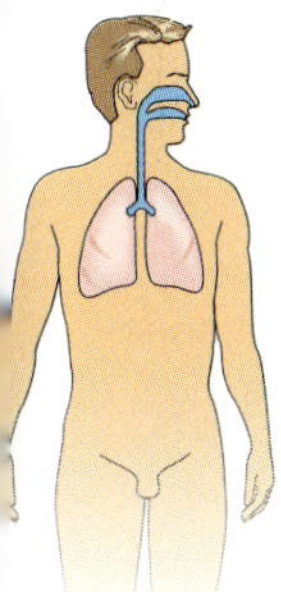

Auch im menschlichen Körper laufen ständig zahlreiche chemische Reaktionen ab, etwa bei der Atmung.
Beim Einatmen nehmen wir sauerstoffreiche Luft über die Lungen auf. Der Sauerstoff wird für chemische Reaktionen im Körper benötigt. Dabei wird lebensnotwendige Energie frei. Bei der Reaktion im Körper entsteht Kohlenstoffdioxid. Man kann das Gas in der ausgeatmeten Luft nachweisen.

Physikalische Vorgänge. Der Glühdraht einer Lampe hat nach dem Ausschalten die gleichen Eigenschaften wie zuvor; er ist der gleiche Stoff geblieben. Auch Glas bleibt nach kräftigem Erhitzen stofflich unverändert. Dort hat also *keine* chemische Reaktion stattgefunden. Solche Vorgänge bezeichnet man als **physikalische Vorgänge.**

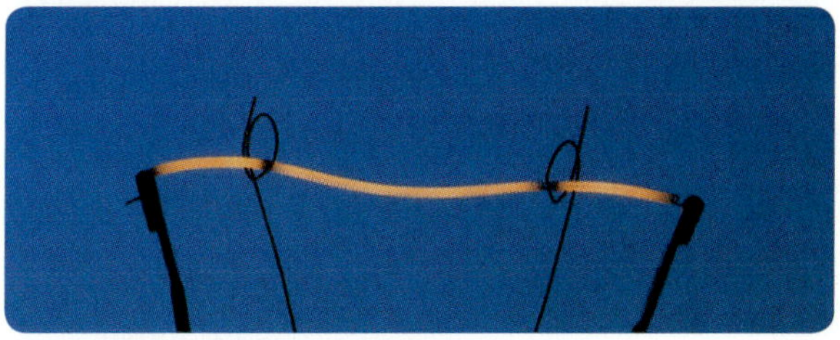

▲ *3. Glühdraht einer Glühlampe*

Eine chemische Reaktion ist ein Vorgang, bei dem aus vorhandenen Stoffen neue Stoffe mit neuen Eigenschaften entstehen.

1. Fragen zum Text

a) Was ist typisch für eine chemische Reaktion?

b) Nenne einige Beispiele für chemische Reaktionen, die in der Küche zu beobachten sind.

c) Welche chemischen Reaktionen laufen im menschlichen Körper ab?

d) Gib ein Beispiel für einen physikalischen Vorgang an.

2. Brausepulver

a) Gib etwas Brausepulver in ein Glas mit Wasser und beschreibe, was passiert.

b) Beschreibe das Aussehen der Stoffe vorher und nachher.

c) Läuft bei der Brauseherstellung wirklich eine chemische Reaktion ab? Begründe deine Meinung.

3. Tintenkiller

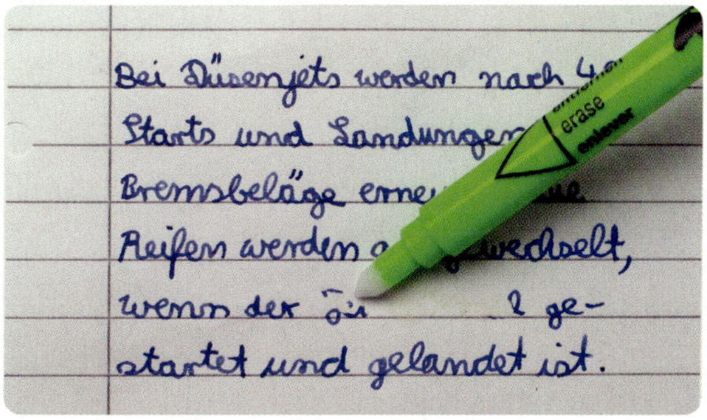

Mit einem Tintenkiller verschwindet die Schrift wie von Zauberhand.
Handelt es sich dabei um eine chemische Reaktion oder um einen physikalischen Vorgang?
Begründe deine Meinung.

Auch Metalle können brennen

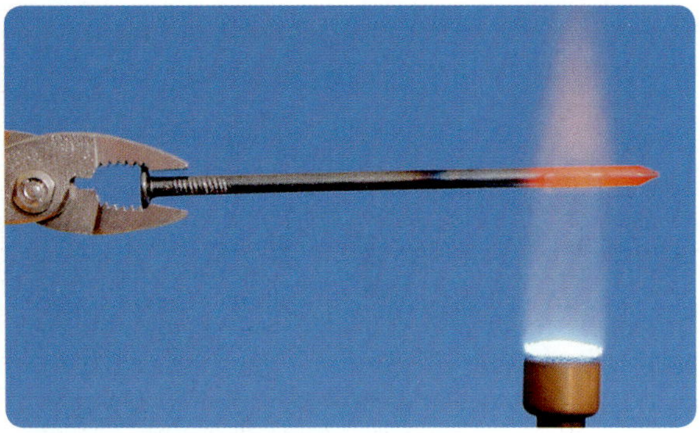

▲ 1. *Ein Eisennagel wird erhitzt*

▲ 2. *Eisenwolle vor dem Versuch und nach dem Versuch*

1. Kann Eisen brennen?

a) Halte einen Eisennagel mit einer Tiegelzange etwa eine Minute in eine rauschende Brennerflamme. Verändert er sich? Vorsicht, der Nagel ist danach noch längere Zeit heiß!

b) Halte etwas Eisenwolle in die Brennerflamme. Nimm sie aus der Flamme und puste mehrmals hinein, wenn sie aufglüht. Was kannst du beobachten? Wie sieht die Eisenwolle nach dem Erkalten aus?

c) Vergleiche deine Ergebnisse aus den beiden Experimenten. Versuche, beide Beobachtungen zu erklären.

2. Neuer Stoff, anderes Gewicht?

Hänge zwei gleich schwere Büschel Eisenwolle an eine Balkenwaage. Erhitze die Eisenwolle an einer Seite der Waage mit der Brennerflamme bis zur Rotglut.

a) Was zeigt die Waage nach dem Erkalten an?

b) Versuche deine Beobachtung zu erklären.

3. Erhitzen eines Kupferbriefs

Falte ein Stück dünnes Kupferblech einmal zusammen und biege die Ränder fest um. Erhitze das Blech in der rauschenden Brennerflamme mit einer Tiegelzange so lange, bis es einmal vollständig durchgeglüht ist.
Falte den Kupferbrief nach dem Abkühlen wieder auseinander.

a) Beschreibe, wo und wie sich das Kupferblech verändert hat.

b) Versuche die Unterschiede zu erklären.

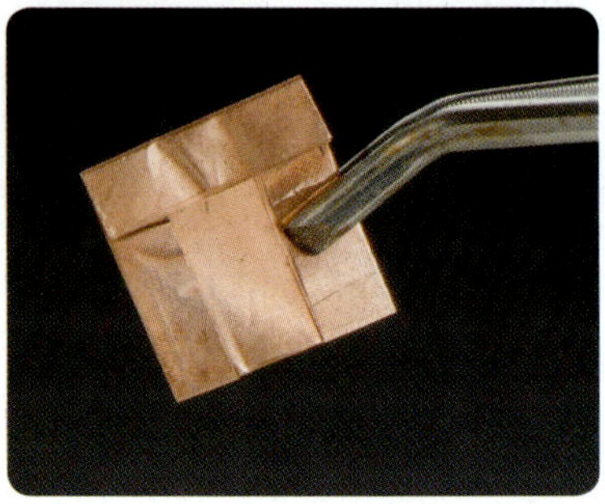

▲ 3. *Der Kupferbrief*

4. Feuerwerk aus Metallpulver

Blase mit einem Glasrohr über einer feuerfesten Unterlage nacheinander Aluminium-, Zink-, Eisen-, Magnesium- und Kupferpulver in die nicht leuchtende Flamme eines Brenners.

a) Ordne die Metallpulver nach der Heftigkeit der Verbrennung.

b) Warum entsteht derart helles Licht?

Eisenwolle brennt. Wenn man Eisenwolle in der Brennerflamme erhitzt hat, beobachtet man einige Veränderungen:
Aus der zuvor hellgrauen, metallisch glänzenden Eisenwolle ist ein dunkelgrauer, stumpf aussehender Stoff geworden. Er zerbröckelt in der Hand, wenn man ihn zusammendrückt; Eisenwolle dagegen gibt auf Druck federnd nach.
Bei der Verbrennung muss sich aus der Eisenwolle also ein **neuer Stoff** mit **neuen Eigenschaften** gebildet haben.

Verbrennt man Eisenwolle an einer Waage, ist der neue Stoff erkennbar **schwerer** als der Ausgangsstoff. Es muss also aus der Luft *etwas hinzugekommen sein.*

Der Kupferbrief. Erhitzt man ein zusammengefaltetes Kupferblech in der Brennerflamme, bemerkt man nur außen eine Veränderung. Innen, dort wo keine Luft hinzutreten konnte, ist das Kupfer unverändert. Nur außen bildet sich der neue, schwarze Stoff. Es ist kein Ruß, sondern *Kupferoxid* – entstanden aus dem Kupfer und dem Sauerstoff der Luft.

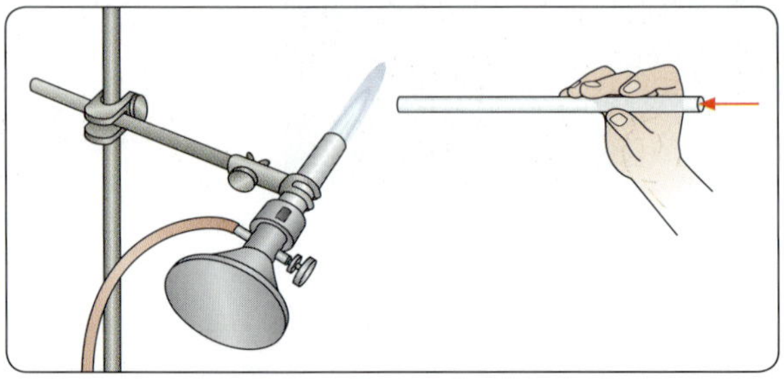

Bei der Verbrennung der Eisenwolle ist ebenfalls ein neuer Stoff entstanden. Er heißt Eisenoxid.

▲ *1. Eisenwolle verbrennt an einer Waage*

Die Verbrennung ist ein typisches Beispiel für eine **chemische Reaktion.** Reagiert ein Stoff **mit Sauerstoff,** wird diese Reaktion **Oxidation** genannt, das Reaktionsprodukt heißt **Oxid.**
Aus Eisen und Sauerstoff wird so *Eisenoxid;* aus Kupfer und Sauerstoff wird *Kupferoxid.*

Zerteilungsgrad. Eine Eisenschraube kann man nicht mit einem Brenner anzünden. Bei einem Eisenwollebüschel ist der Zerteilungsgrad aber so groß, dass das Eisenwollebüschel in der Brennerflamme verglüht.

Reiner Sauerstoff. Wenn man Metalle in reinem Sauerstoff verbrennen lässt, laufen diese Reaktionen besonders heftig ab.

Viele Metalle verbrennen, wenn sie in Gegenwart von Sauerstoff erhitzt werden.
Eine chemische Reaktion, bei der sich ein Stoff mit Sauerstoff verbindet, wird Oxidation genannt, das Reaktionsprodukt heißt Oxid.

1. Fragen zum Text
a) Was geschieht, wenn man Eisenwolle erhitzt?
b) Woran kannst du erkennen, dass beim Verbrennen eine chemische Reaktion stattfindet?
c) Was ist eine Oxidation?
d) Warum verändert sich der Kupferbrief innen nicht?

2. Lehrerversuch: Verbrennung in Sauerstoff
Ein hohes Glasgefäß wird mit reinem Sauerstoff gefüllt. Mit einer Tiegelzange wird ein Büschel Eisenwolle in einer Brennerflamme zum Glühen gebracht. Die glühende Eisenwolle wird dann mit der Tiegelzange vorsichtig in das Gefäß mit Sauerstoff gehalten (Abb. 15.2).

▲ *2. Eisenwolle verbrennt in reinem Sauerstoff*

a) Was ist bei diesem Versuch anders als beim Glühen von Eisenwolle an der Luft?
b) Versuche die Unterschiede zu erklären.

3. Brennende Glühlampe
a) Beschreibe, was du auf den Fotos ganz unten siehst.
b) Warum bleibt bei einer intakten Glühlampe der Glühdraht unverändert?
c) Was geschieht, wenn man eine Glühlampe ohne Glashülle in Betrieb nimmt?
(Achtung, auf keinen Fall selbst nachmachen, Lebensgefahr!)

▲ *3. Der Wolframdraht einer Glühlampe (ver)brennt ohne Glashülle*

Die Farben beim Feuerwerk

Feuerwerke faszinieren immer wieder mit ihren Leucht- und Knalleffekten vor dem schwarzen Nachthimmel.

Die farbenprächtigen Leuchteffekte eines Feuerwerks verdanken wir überwiegend Metallen und Metallverbindungen. Sie verbrennen, wenn die Raketen hochgestiegen sind. Schwarzpulver dient als Treibstoff.
Natriumverbindungen erzeugen ein sehr intensives gelbes Licht. Bariumverbindungen verursachen ein grünes, Strontiumverbindungen dagegen rotes Licht. Ein etwas dezenteres Violett kommt von Kaliumverbindungen. Kalk- und Gipspulver setzt man für orangerote Effekte ein. Am schwierigsten ist es, blaues Licht zu erzeugen. Hierfür nimmt man verschiedene Kupferverbindungen, vermischt mit Zusatzstoffen.
Die goldenen Funken, die man auch von Wunderkerzen kennt, stammen von grobem Eisenpulver oder Eisenfeilspänen. Die ganz grellen Lichtblitze kommen von Magnesium- oder Aluminiumpulver.

1. Überlege, welche Stoffe man bei dem abgebildeten Feuerwerk verwendet haben könnte.

Wie funktionieren Wunderkerzen?

Eine Wunderkerze besteht aus einem Metalldraht, der mit einer getrockneten grauen Masse überzogen ist. Enthalten darin ist meistens Aluminium- und Eisenpulver, ein Sauerstoff liefernder Stoff wie Bariumnitrat sowie ein Bindemittel.
Beim Entzünden reagiert Aluminium mit Bariumnitrat, es entstehen zunächst Metalloxide und Stickstoff. Dabei wird viel Wärme frei. Deshalb glüht die Wunderkerze.
Die Wärme und das entstehende Stickstoffgas sorgen dafür, dass das Eisenpulver nach außen weggeschleudert wird und mit dem Sauerstoff der Luft verbrennt. Das sind die weißgolden zerplatzenden Funken, die so typisch für Wunderkerzen sind.

Wunderkerzen sollte man nur im Freien anzünden, denn es entstehen auch giftige Stoffe wie Stickstoffoxide. Achtung, eine abgebrannte Wunderkerze ist noch längere Zeit sehr heiß!

2. Erstellt ein Lernplakat darüber, wie eine Wunderkerze funktioniert. Fertigt eine Skizze an und beschriftet diese mithilfe der Informationen aus diesem Text.

Wunderkerzen selbst gemacht

F O Xn

Materialien: Feuerfeste Unterlage, Glasstab, Waage, Spatel, ca. 15 Pfeifenreiniger, Becherglas 100 ml, 3 g Tapetenkleister, 11 g Bariumnitrat (O, Xn), 1 g Aluminiumpulver (F) und 5 g grobes Eisenpulver (F).

Durchführung: Mische zunächst Bariumnitrat, Aluminium- und Eisenpulver sorgfältig miteinander. Rühre aus Tapetenkleister mit wenig Wasser einen steifen Brei an und gib die vermischten Chemikalien dazu.
Bestreiche anschließend die Pfeifenreiniger gleichmäßig mit dem Brei. Lass die Masse vollständig trocknen, mindestens einen Tag lang. Probiere dann im Freien aus, ob die Arbeit gelungen ist.

Chemie aus der Zeitung

Berichte mit Bezügen zur Chemie findet man schon ab und zu in den Medien. Nicht immer sind diese Berichte verständlich und auch nicht immer chemisch korrekt.

1. Überprüfe, ob der folgende Artikel über Feuerlöscher korrekt ist. Begründe deine Antwort.

TIPP: Feuerlöscher warten!

Feuerlöscher müssen regelmäßig gewartet werden, damit sie im Notfall auch richtig funktionieren. Versäumen Sie dies nicht!

Wer vergisst, den heimischen Feuerlöscher regelmäßig überprüfen zu lassen, geht nicht nur ein hohes Sicherheitsrisiko ein. Man riskiert auch eine satte Geldstrafe, wenn man erwischt wird.

Wenden Sie sich aber auf jeden Fall an einen Fachbetrieb. Er kennt sich bestens aus und füllt frische Druckluft in ihren Feuerlöscher – damit bei Ihnen zu Hause garantiert nichts anbrennt!

Der folgende Text berichtet über ein tatsächlich geschehenes Unglück mit einem defekten Heizofen.

Der Tod kam im Schlaf

In Castellòn in Ostspanien ist ein defekter Heizofen 18 jungen Menschen zum Verhängnis geworden. Sie waren mit anderen Gästen auf einer großen Geburtstagsfeier in einem alten Schloss. Um in der kalten Nacht nicht zu frieren, hatten Sie einen mitgebrachten Heizofen nach der Feier in einem Schlafraum aufgestellt und angesteckt.
Der Heizofen funktionierte nicht richtig. Es strömte nach Aussage der Ermittler höchstwahrscheinlich Kohlenstoffmonooxid aus. 18 Gäste wurden von diesem tückischen Gas im Schlaf getötet.
Kohlenstoffmonooxid entsteht bei einer Verbrennung unter Sauerstoffmangel. Es ist ein geruch- und geschmackloses Gas, das stark giftig ist. Schon geringe Mengen des Gases können zu Vergiftungen führen.

2. Weshalb haben die Menschen von den giftigen Abgasen des Ofens nichts bemerkt?
3. Finde heraus, wie dieses Gas auf den menschlichen Körper wirkt.
4. Auch beim Rauchen und im Autoabgas kommt Kohlenstoffmonooxid vor. Was kannst du daraus ableiten?
5. Weshalb warnen Schornsteinfeger vor Vogelnestern in Schornsteinen?

Großbrand in Gießerei

Die Gießerei eines Großbetriebes in Nordhessen war gestern Abend von grellem Licht taghell erleuchtet. Ein Großbrand wütete in dem Industriebetrieb. Mehrere Feuerwehrzüge waren bemüht, den Brand unter Kontrolle zu bringen.
Auf dem Schrottplatz des Betriebes sind vermutlich mehrere Lastwagen durch den Einschlag eines Blitzes in Brand geraten. Die Lastwagen waren mit Magnesiumteilen und anderen Metallabfällen beladen.
Obwohl das Feuer schwer zu bekämpfen war, konnte die Werksfeuerwehr mit Unterstützung der freiwilligen Feuerwehr eine Ausbreitung des Brandes verhindern. Werksangehörige sind glücklicherweise nicht zu Schaden gekommen, Produktionsanlagen sind nicht beeinträchtigt worden.
Das Feuer muss eine beträchtliche Hitze entwickelt haben, denn von den Lastwagen war nach der Beendigung der Löscharbeiten nicht mehr viel zu erkennen.

Max (11 Jahre) liest den Bericht über ein Feuer in einem Industriebetrieb.
Nachdem er den Artikel gelesen hat, wundert er sich: „So ein großes Feuer – und das nur wegen der paar LKWs? Die bestehen doch vor allem aus Metall! Und die Ladung der LKWs konnte doch auch nicht brennen. Magnesium ist doch auch ein Metall, so wie Eisen – oder?"

6. Lies den Artikel zu dem Großbrand noch mal. Was würdest du Max gegenüber richtig stellen, damit er den Artikel richtig versteht?
7. Sind in dem Artikel Fehler enthalten?

Schadstoffe in der Luft

1. Achtung, Alarm: Kohlenstoffmonooxid!

In Tiefgaragen und langen Straßentunneln kontrollieren Gaswarngeräte die Luft.
a) Weshalb ist dies notwendig?
b) Wie sollte man sich verhalten, wenn in einer Tiefgarage plötzlich Kohlenstoffmonooxid-Alarm ausgelöst wird?

Im Abgas eines Motors findet man neben unverbranntem Treibstoff Kohlenstoffdioxid, Kohlenstoffmonooxid, Schwefeldioxid und Stickstoffoxide. Diese Gase entstehen bei der Verbrennung des Benzins im Motor. Sie sind für Mensch und Umwelt mehr oder weniger schädlich. Vom Abgaskatalysator können sie nur teilweise in unschädlichere Stoffe umgewandelt werden.

Kohlenstoffdioxid. Kohlenstoffdioxid (abgekürzt CO_2) ist ein farbloses und geruchsloses Gas. Es ist nicht brennbar und unterhält die Verbrennung nicht. Um frischen, prickelnden Geschmack zu erzeugen, wird Kohlenstoffdioxid unter Druck in Mineralwasser geleitet und löst sich dort. Auf dem Etikett steht dann meistens „mit Kohlensäure".

Entstehung. Kohle und Holzkohle bestehen fast ganz aus Kohlenstoff; Holz, Heizöl, Benzin und Erdgas enthalten ebenfalls Kohlenstoff.
Kohlenstoffdioxid bildet sich, wenn diese Stoffe in Luft oder Sauerstoff verbrannt werden.

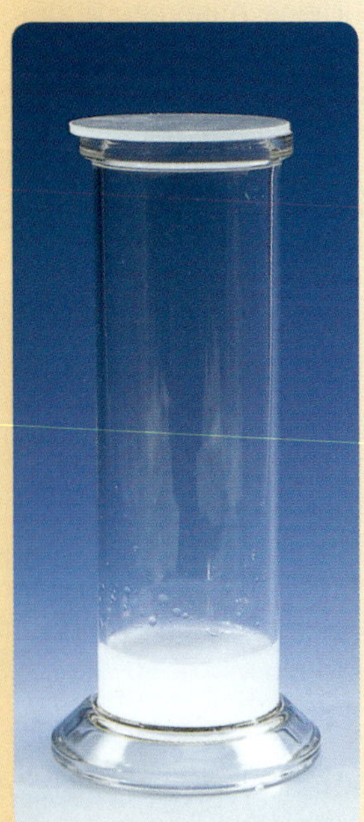

▲ 1. Kohlenstoffdioxid trübt Kalkwasser

Leitet man Kohlenstoffdioxid in Kalkwasser, lässt sich eine Trübung beobachten. **Die Trübung des Kalkwassers** ist eine **Nachweisreaktion** für Kohlenstoffdioxid.

Kohlenstoffdioxid ist ein *Treibhausgas.* Steigt die Konzentration des Kohlenstoffdioxids in der Atmosphäre, so kommt es zu einer globalen Erwärmung unserer Erde, dem so genannten Treibhauseffekt. Kohlenstoffdioxid wird durch den Abgaskatalysator nicht verändert.

▲ 2. Schwefel verbrennt mit einer intensiv blauen Flamme zu Schwefeldioxid.

▲ 3. Verkehrsstau bei Ferienbeginn

Kohlenstoffmonooxid. Kohlenstoffmonooxi (abgekürzt CO) ist ein farbloses und geruchlose Gas, das schon bei geringen Mengen in der Lu tödlich wirkt.
Verbrennt man Kohlenstoff unter Sauerstoffman gel, entsteht neben Kohlenstoffdioxid auch Kohlenstoffmonooxid.

Schwefeldioxid. Schwefeldioxid (abgekürzt SO_2) ist ein giftiges, stechend riechendes Gas, das die Schleimhäute und Atemwege schädigt. Es tötet Schimmelpilze und Bakterien ab und wird deshalb zur Desinfektion von Bier- und Weinfässern verwendet. Auch Trockenobst wird damit behandelt und so länger haltbar gemacht.

Entstehung. In Kohle, Heizöl und Benzin sind geringe Mengen schwefelhaltiger Stoffe enthalten. Verbrennt man sie, entsteht Schwefeldioxid.

Schwefeldioxid ist einer der Verursacher des sauren Regens. Es lässt sich durch den Abgaskatalysator nicht aus dem Abgas entfernen.

Kohlenstoffmonooxid entsteht auch im Automotor und wird im Abgaskatalysator zu Kohlenstoffdioxid verbrannt. Auch im Tabakrauch kommt dieses giftige Gas in geringen Mengen vor.

Stickstoffoxide. Es gibt verschiedene Stickstoffoxide (abgekürzt NO_x). Das wichtigste darunter ist das Stickstoffdioxid (NO_2).

Entstehung. Stickstoff ist so reaktionsträge, dass er nur bei hohen Temperaturen verbrennt. Man kann die Bildung des braunen Stickstoffdioxids gut beobachten, wenn man eine Wunderkerze in einem verschlossenen Glas verbrennt.

▲ *4. NO_2 entsteht beim Verbrennen einer Wunderkerze.*

Im Automotor wird das Benzin-Luft-Gemisch durch den heißen Zündfunken der Zündkerze zur Explosion gebracht. Da Stickstoff und Sauerstoff immer in der Luft vorhanden sind, entstehen im Automotor stets auch Stickstoffoxide. Sie sind Mitverursacher des sauren Regens. Im Abgaskatalysator wird Stickstoffdioxid wieder in Stickstoff und Sauerstoff umgewandelt.

Die Nichtmetalle Kohlenstoff, Schwefel und Stickstoff reagieren mit Sauerstoff zu Kohlenstoffdioxid, Kohlenstoffmonooxid, Schwefeldioxid und verschiedenen Stickstoffoxiden. Diese Oxide sind für die Umwelt mehr oder weniger schädlich, manche sogar giftig.

1. Fragen zum Text

a) Welcher Bestandteil in Abgasen ist schon in geringer Konzentration für den Menschen sehr gefährlich?

b) Welche Stoffe im Abgas eines Motors sind für den sauren Regen mitverantwortlich?

c) Welches Gas aus dem Auspuff eines Autos verstärkt den Treibhauseffekt?

d) Bei welchen Gasen bleibt der Abgaskatalysator wirkungslos?

Chemische Reaktion mit Schwefel

Steckbrief:
Zink

Silbrig-graues Metall

Dichte: 7,1g/cm^3
Schmelztemperatur: 419 °C
elektrisch leitfähig

Steckbrief:
Schwefel

Gelber, geruchloser Feststoff

Dichte: 2,1g/cm^3
Schmelztemperatur: 113 °C
nicht elektrisch leitfähig

Steckbrief: Zinksulfid

gelb-weißer, geruchloser Feststoff

Dichte: 4,1g/cm^3
Schmelztemperatur 1020° C
nicht elektrisch leitfähig

1. Lehrerversuch: Zink reagiert mit Schwefel

Schwefel ist ein gelber Stoff, den man unter anderem zur Herstellung von Gummi, Zündhölzern und Schießpulver verwendet. Zink ist ein silbriggraues Metall. Man beschichtet damit Eisenbleche, um sie vor Rost zu schützen.

3 g Schwefelpulver werden mit 6 g Zinkpulver (F) vermischt. Das Gemisch wird **im Abzug** auf eine feuerfeste Unterlage gegeben und vorsichtig mit einer brennenden Wunderkerze gezündet.
Achtung, Sicherheitsabstand einhalten!
a) Woran kann man erkennen, dass eine chemische Reaktion stattgefunden hat?
b) Überlege, warum man die Reaktion mit einer Wunderkerze starten muss und nicht mit einem Streichholz.

Metalle reagieren mit Schwefel. Zündet man ein Zink-Schwefel-Gemisch, reagieren die beiden Stoffe mit einem Lichtblitz und unter heftiger Hitze- und Qualmentwicklung miteinander. Es entsteht ein gelbweißer Stoff.

Dieser Stoff hat deutlich andere Eigenschaften als die Ausgangsstoffe Zink und Schwefel. Das sieht man schon, wenn man die Steckbriefe vergleicht. Farbe, Dichte und Schmelztemperatur unterscheiden sich deutlich.
Hier ist also bei einer chemischen Reaktion ein neuer Stoff mit neuen Eigenschaften entstanden. Er heißt *Zinksulfid*.

Bei Reaktionen von Metallen mit Schwefel wird stets Energie freigesetzt. Die neu entstandenen Stoffe heißen **Sulfide.** Sulfide sind also Verbindungen mit Schwefel.

Wortgleichung. Der Chemiker beschreibt die Reaktion eines Metalls mit Schwefel auf folgende Weise:

Zink und Schwefel reagieren miteinander zu Zinksulfid; dabei wird Energie frei.

Diese Aussage lässt sich auch etwas kürzer als **Wortgleichung** oder **Reaktionsschema** darstellen:

Zink + Schwefel → Zinksulfid;
Energie wird frei

Dabei wird das Pluszeichen als *„und"* gelesen, der Reaktionspfeil als *„reagieren zu"*.
Auf der linken Seite des Pfeils stehen die Ausgangsstoffe, die Edukte, auf der rechten Seite die Reaktionsprodukte.

Metalle reagieren mit Schwefel zu Metallsulfiden. Dabei wird Energie abgegeben.
Chemische Reaktionen lassen sich in Kurzform durch Wortgleichungen darstellen.

▲ *1. Kupfer und Schwefel reagieren zu Kupfersulfid*

1. Fragen zum Text
a) Wie kann man Zinksulfid herstellen?
b) Nenne zwei Eigenschaften, in denen sich die Ausgangsstoffe vom Reaktionsprodukt unterscheiden.
c) Stelle die Reaktion von Schwefel und Eisen als Wortgleichung dar.

2. Kupfer und Schwefel
Gib etwas Schwefelpulver und einen dünnen Kupferstreifen in ein Reagenzglas. Verschließe die Reagenzglasöffnung mit einem Luftballon, damit keine Dämpfe entweichen.
Erhitze das Kupferblech und den Schwefel so lange über dem Brenner, bis der Schwefel verdampft und eine Reaktion einsetzt.
a) Beschreibe die Beobachtungen.
b) Woran erkennst du, dass eine chemische Reaktion stattgefunden hat?
c) Stelle die Wortgleichung für diese Reaktion auf.

Exkurs

Wie funktionieren eigentlich Streichhölzer?

Der Zündkopf eines Streichholzes besteht aus einer Zündmasse, die Kaliumchlorat, Schwefel, Manganoxid, Farbstoff, Glaspulver und Leim enthält.
Die Reibfläche der Streichholzschachtel enthält roten Phosphor und Glaspulver in einem Bindemittel. Sowohl der Zündkopf als auch die Reibfläche sind durch Glaspulver rau. Streicht man mit dem Streichholzkopf über die Reibfläche, so entsteht Reibungswärme. Wenn Phosphor und Kaliumchlorat miteinander in Kontakt kommen, reicht die Reibungswärme aus, dass die beiden Stoffe miteinander reagieren und für eine ordentliche Zündflamme sorgen. Die Zündflamme setzt dann den Schwefel in Brand, der zu Schwefeldioxid verbrennt.

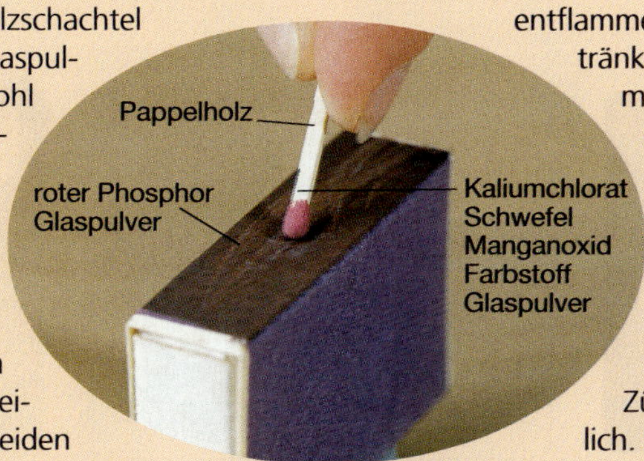

Der brennende Zündkopf lässt das Pappelholzstäbchen entflammen. Dieses ist mit Paraffin getränkt, damit es besser brennt. Es ist mit Ammoniumphosphat imprägniert, damit es nach dem Ausblasen nicht nachglimmt.
Früher befand sich der rote Phosphor ebenfalls im Zündkopf. Daher konnte man die Zündhölzer auch an jeder rauen Oberfläche entzünden. Diese Zündhölzer waren nicht ungefährlich. Sie konnten sich auch ungewollt entzünden und einen Brand verursachen, wenn sie wärmer als etwa 60 °C wurden.

Energie bei chemischen Reaktionen

1. Knicklichter

a) Kennst du solche Knicklichter wie im Bild rechts? Wo werden sie verwendet?
b) Weißt du, wie der Name Knicklicht zustande kommt?
c) Welche Vorteile und welche Nachteile haben diese Lichter?

3. Aus Blau wird Weiß

a) Erhitze ein Reagenzglas mit etwas blauem Kupfersulfat vorsichtig mit der Brennerflamme. Was beobachtest du?
b) Tropfe nach dem Abkühlen etwas Wasser auf das entstandene Pulver. Was geschieht jetzt?

2. Taschenwärmer

Mit chemischen Taschenwärmern kann man sich im Winter für einige Zeit die Hände wärmen (Abb. links und rechts).
a) Wie werden sie aktiviert?
b) Was muss man tun, bevor man sie erneut verwenden kann?
c) Woher stammt die Energie, die diese Handwärmer abgeben?

Exotherme und endotherme Reaktionen. Die Aufnahme und Abgabe von Wärme kann man gut an Experimenten mit Kupfersulfat beobachten. Wenn man blaues, wasserhaltiges Kupfersulfat (Kupfersulfat-Hydrat) erhitzt, kann man sehen, wie Wasser daraus frei wird. Es entweicht als Wasserdampf. Daneben entsteht weißes, wasserfreies Kupfersulfat.

Eine solche Reaktion, die nur bei ständiger Energiezufuhr abläuft, nennt man **endotherme Reaktion.**

Tropft man auf weißes Kupfersulfat Wasser, so bildet sich wieder blaues Kupfersulfat. Dabei wird Wärme frei.

Eine Reaktion bei der Wärme frei wird, nennt man **exotherme Reaktion.**

Die beim Erhitzen des blauen Kupfersulfats zugeführte Wärme wird als chemische Energie im weißen Kupfersulfat gespeichert. Bei der Reaktion mit Wasser wird die chemische Energie wieder in Wärme umgewandelt und abgegeben.

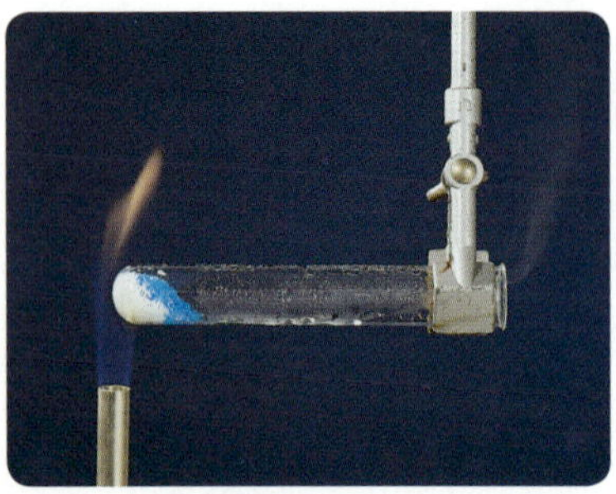

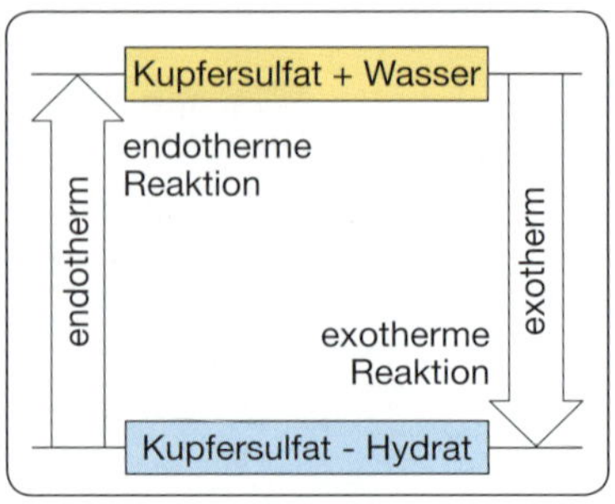

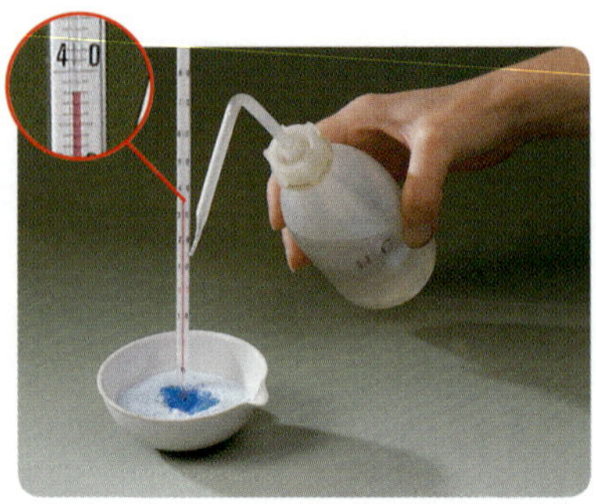

▲ *3. Kupfersulfat wird zunächst erhitzt – und später wieder mit Wasser versetzt*

Knicklichter und Taschenwärmer. Hier laufen ebenfalls exotherme Reaktionen ab. Durch das Knicken der *Leuchtstäbe* beginnt die Reaktion abzulaufen. Dabei wird die in den Stoffen gespeicherte chemische Energie vor allem als Licht an die Umgebung abgegeben.
Beim Aktivieren eines *Taschenwärmers* beginnt der flüssige Inhalt schlagartig zu kristallisieren. Dabei wird Wärme frei. Will man das Wärmekissen erneut verwenden, muss man es in kochendes Wasser legen. Der feste Inhalt wird wieder flüssig. Wärme wird als chemische Energie gespeichert.

▲ *1. Eisen reagiert mit Schwefel*

Aktivierungsenergie. Ein Gemisch aus Eisen- und Schwefelpulver kann man beliebig lange aufbewahren, ohne dass sich die beiden Stoffe verändern. Zündet man dieses Gemisch aber mit einem glühenden Draht, kann man das Gemisch zur Reaktion bringen. Die Reaktion setzt sich fort, selbst wenn man den glühenden Draht entfernt.
Diese zugeführte Energie bezeichnet der Chemiker als **Aktivierungsenergie.**

Die Aktivierungsenergie startet die Reaktion. Bei der Reaktion wird dann soviel Energie frei, dass sie von allein weiterläuft. Sie läuft so lange, bis wenigstens einer der Reaktionspartner völlig verbraucht ist.

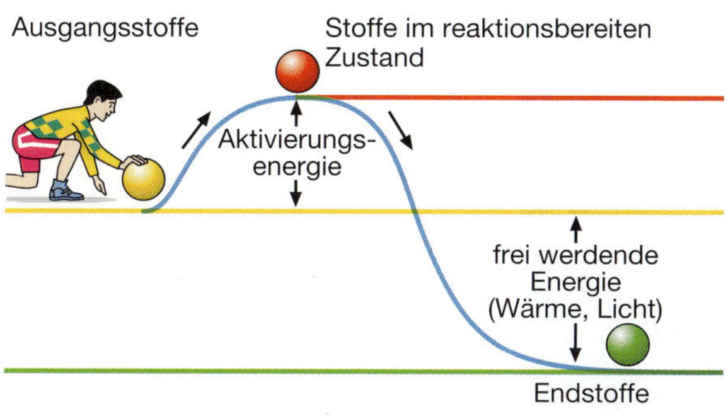

▲ *2. Modellvorstellung zur exothermen Reaktion*

Das Modellbild 23.2 veranschaulicht diesen Vorgang. Der Ball muss erst über einen Hügel geschoben werden (Aktivierungsenergie), bis er von allein den Berg hinabrollt (Energie wird frei).

Energieerhaltung. Auch wenn man es im Alltag anders sagt: Energie wird niemals neu geschaffen oder verbraucht, sondern nur in andere Energieformen umgewandelt.

Chemische Reaktionen sind immer von einem Energieumsatz begleitet. Bei exothermen Reaktionen wird Energie abgegeben, bei endothermen wird Energie aufgenommen.
Zum Starten einer Reaktion wird Aktivierungsenergie benötigt.
Energie wird nie verbraucht, sondern nur von einer Form in die andere umgewandelt.

1. Fragen zum Text

a) Was ist das Kennzeichen einer exothermen Reaktion?
b) Welche Energieformen kann man bei Knicklichtern und Taschenwärmern beobachten?
c) Nenne je zwei Beispiele für exotherme und endotherme Reaktionen.
d) Erläutere den Begriff Aktivierungsenergie.

2. Fotosynthese

a) Bei der Fotosynthese bilden Pflanzen aus Kohlenstoffdioxid und Wasser die Stoffe Traubenzucker und Sauerstoff. Diese Reaktion läuft aber nur bei Sonneneinstrahlung ab. Ist die Fotosynthese eine exotherme oder eine endotherme Reaktion?
b) Die Verdauung von Traubenzucker ist ein exothermer Vorgang. Aus dem Zucker wird wieder Kohlenstoffdioxid und Wasser. Warum ist es wichtig für unser Leben, dass hier Energie frei wird?

3. Energiediagramm

In einem Energiediagramm kann man die Energiestufen bei einer chemischen Reaktion darstellen.
Die Abbildung rechts zeigt das Diagramm für eine chemische Reaktion.
Erläutere, was man aus der Abbildung ablesen kann.

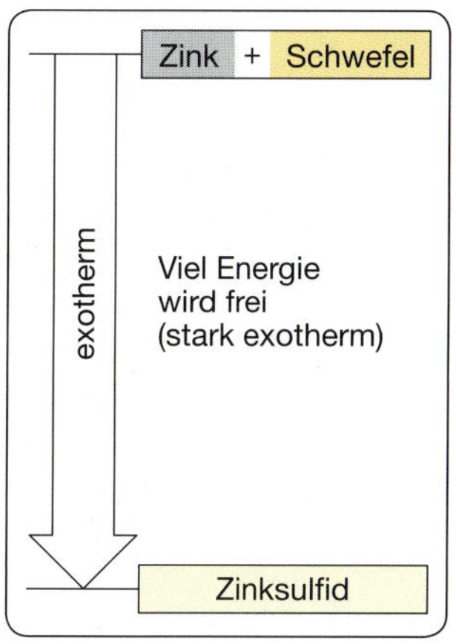

Von Quallen und Knicklichtern

Knicklichter. Als bunter Partyspaß sind Knicklichter vielen bekannt. Angler und Segler nutzen sie zur Markierung und Orientierung im Dunkeln. Das Licht wird nicht durch Strom erzeugt, sondern stammt aus einer chemischen Reaktion. Im Knicklicht befinden sich zwei verschiedene Flüssigkeiten, eine davon in einem Glasröhrchen. Beim Knicken wird das Glasröhrchen zerbrochen, die beiden Flüssigkeiten vermischen sich – und das Leuchten beginnt. Es hält mehrere Stunden an, je nach Menge der Ausgangsstoffe.

▲ 2. Glühwürmchen

Lebendes Licht. Erfunden hat das chemische Licht nicht der Mensch, sondern die Natur. Man spricht dann von Bio-Lumineszenz. Ein bekanntes Beispiel sind die Glühwürmchen, die in Wirklichkeit keine Würmer sind, sondern Käfer. In warmen Frühsommernächten kann man sie auch bei uns in naturnahen Regionen leuchten oder blinken sehen. Die Weibchen wollen mit dem gelbgrünen Licht Männchen anlocken.

Weil die Energie zu rund 95 % in Form von Licht abgegeben wird und nur zu 5 % in Wärme, nennt man es auch „kaltes Licht."

Bio-Lumineszenz kommt auch bei Fischen, Quallen und sogar Einzellern vor. Vor allem in der Tiefsee ab 1000 m Tiefe ist das kalte Licht weit verbreitet. In den dunklen Gewässern tummeln sich oft bizarr aussehende Gestalten. Der Anglerfisch lockt mit dem Licht an seinem angelartigen Anhängsel Beutetiere direkt vor sein Maul – und muss dann nur noch zuschnappen. Manche Garnelen oder Tintenfische stoßen einen leuchtenden Stoff aus, um ihre Verfolger abzulenken. Die Tiefseequalle Atolla fängt aufgeregt zu leuchten an, wenn sie angegriffen wird. Sie will damit größere Tiere anlocken, um den eigenen Angreifer loszuwerden.

▼ 4. Anglerfisch

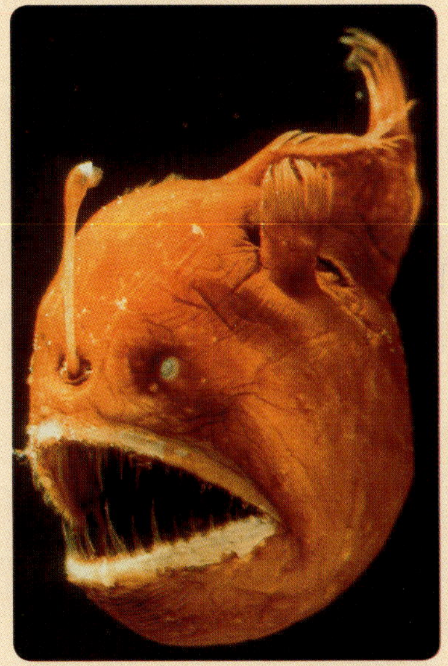

▲ 3. Leuchtqualle

Wer sich im Internet oder mit Büchern in die noch weitgehend unbekannte Welt der Tiefsee begibt, wird aus dem Staunen kaum mehr herauskommen!

1. a) Erkläre den Begriff „kaltes Licht".
b) Vergleiche die Lichtausbeute bei der Bio-Lumineszenz mit der von Glühlampen.

2. a) Zu welchen Zwecken nutzen Tiere das chemische Licht?
b) Recherchiert zur Bio-Lumineszenz im Internet und macht eine Ausstellung der schönsten Bilder.

Elemente und Verbindungen

▲ *1. Silberoxid lässt sich zerlegen*

1. Zerlegung (Thermolyse) von Silberoxid

Wenn man etwas Silberoxid in einem Reagenzglas erhitzt, hört man zunächst ein Knistern. Führt man dann einen glimmenden Holzspan in das Glas ein, fängt er wieder an zu brennen. Außerdem bildet sich eine glühende Kugel, die nach dem Erkalten metallisch hell und silbrig glänzt und sich leicht mit einem Hammer verformen lässt.

a) Worauf ist das Aufflammen des glühenden Holzspans zurückzuführen?

b) Aus welchem Stoff kann die Metallkugel sein? Begründe deine Vermutung.

Elemente und Verbindungen. Silberoxid lässt sich durch kräftiges Erhitzen in Silber und Sauerstoff zerlegen. Man bezeichnet dies als **Oxidspaltung.**

Kupferiodid lässt sich durch Wärme in Kupfer und Iod zerlegen. Die Stoffe Silber, Sauerstoff, Kupfer oder Iod lassen sich durch chemische Rektionen aber nicht weiter zerlegen. Es sind *besondere* Reinstoffe, die der Chemiker als **Grundstoffe** oder **chemische Elemente** bezeichnet. Man kann sie nicht durch chemische Reaktionen aus anderen Elementen herstellen.

Silberoxid und Kupferiodid sind dagegen Verbindungen. Das sind Reinstoffe, die man durch chemische Reaktionen wieder in Elemente zerlegen kann.

Vielfalt der Elemente. Bisher sind ungefähr 110 Elemente entdeckt worden. Metalle wie Silber, Aluminium, Eisen, Magnesium und Zink gehören dazu. Weitere Elemente sind die Feststoffe Schwefel und Kohlenstoff sowie die Gase Sauerstoff, Stickstoff und Helium.

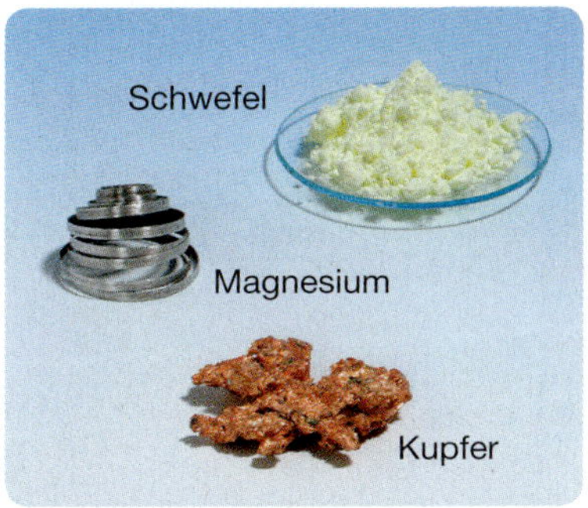

▲ *2. Beispiele für Elemente*

Auch *Gold* ist ein Element. Alchemisten im Mittelalter haben oft versucht, Gold aus Kupfer oder Blei herzustellen. Ihnen war der heutige Elementbegriff unbekannt, sonst hätten sie gewusst, dass die Goldherstellung so gar nicht funktionieren kann.

Elemente sind Reinstoffe, die sich durch chemische Reaktionen nicht weiter in andere Stoffe zerlegen lassen.

Chemische Verbindungen werden aus mindestens zwei Elementen gebildet. Sie lassen sich durch chemische Reaktionen wieder in Elemente zerlegen.

2. Fragen zum Text

a) Warum bezeichnet man Sauerstoff, Silber, Iod und Kupfer als Elemente?

b) Zähle mindestens fünf Elemente und fünf Verbindungen auf.

c) Wodurch unterscheiden sich die Stoffe Silberoxid und Silber?

3. Was ist Kupferiodid?

Wenn man Kupferiodid in einem Reagenzglas erhitzt, sieht man bald blauvioletten Dampf und ein rötlich glänzendes Metall am unteren Teil des Glases.

a) Um welche Stoffe könnte es sich dabei handeln?

b) Was könnte geschehen sein?

c) Ist Kupferiodid eine Verbindung oder ein Element?

4. Gold herstellen?

Erkläre, warum es nicht möglich ist, Gold aus Stoffen wie Eisen, Blei oder Schwefel herzustellen.

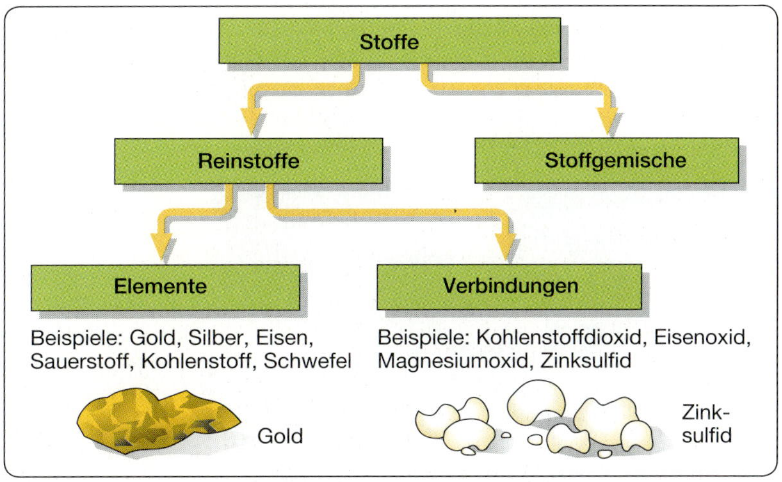

▲ *3. So lassen sich Stoffe einteilen*

Elemente im menschlichen Körper

Im menschlichen Körper kann man zahlreiche chemische Elemente nachweisen. Die Tabelle nennt die zehn häufigsten. Sie kommen aber nicht elementar vor, sondern nur in Form von Verbindungen.

Element	O	C	H	N	Ca	P	S	K	Na	Cl
Anteil an der Körpermasse in %	61	23	10	2,6	1,4	1,1	0,2	0,2	0,14	0,12

1. Erstelle eine übersichtliche Grafik aus den Werten in der Tabelle.

Das Element Iod (I) ist wichtig für die Funktion der Schilddrüse. Das ist ein Organ, das für die körperliche Aktivität des Menschen, die Körpertemperatur und das Wachstum und wichtig ist.

2. Finde heraus, weshalb man Speisesalz mit Iodverbindungen versetzt.

Auch Eisen (Fe) benötigt der Mensch, vor allem für das Blut. Denn der rote Blutfarbstoff Hämoglobin ist ein kompliziert gebauter Eiweißstoff, der Eisen in gebundener Form enthält. Nur so kann der Blutfarbstoff ausreichend Sauerstoff aufnehmen und im Körper transportieren. Die rote Farbe des Hämoglobins kommt vor allem vom gebundenen Eisen.
Der Sauerstoff wird im Körper benötigt, um durch Oxidation aus den Nährstoffen Energie zu gewinnen.

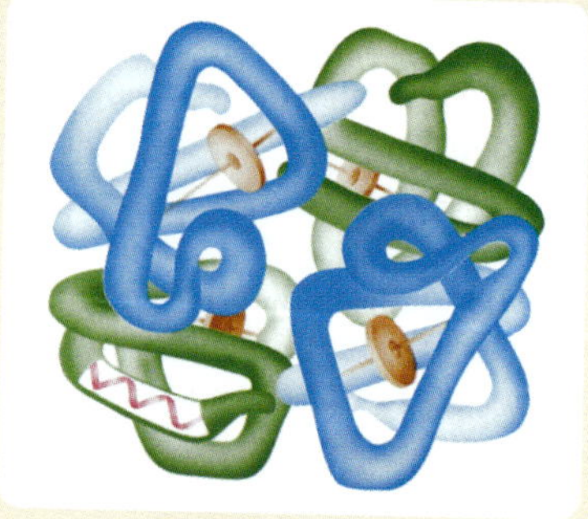

3. Bei Eisenmangel hat man eine blasse Gesichtsfarbe, ist ständig müde und man kann sich schlecht konzentrieren. Versuche diese Symptome zu erklären.

Kohlenstoff (C) ist das Element des Lebens! Er ist in allen biologischen Stoffen enthalten. Gewebe wie Haut, Muskeln und die inneren Organe bestehen größtenteils aus verschiedenen Eiweißstoffen. Eiweißstoffe sind typische Kohlenstoffverbindungen in Pflanzen, Tieren und Menschen.

Insgesamt gibt es mehrere Millionen Kohlenstoffverbindungen!
Die Ursache für diese große Vielfalt liegt darin, dass C-Atome lange Ketten mit und ohne Verzweigungen und sogar Ringe bilden können. Zusammen mit den Bindungspartnern Wasserstoff, Sauerstoff und Stickstoff ergibt sich so eine riesige Vielfalt an Verbindungen.

4. Inwiefern kann man Kohlenstoff als „Element des Lebens" bezeichnen?
5. Schreibe auf, welche Kohlenstoffverbindungen du bereits kennst.
6. Was für ein Stoff entsteht, wenn man Kohlenstoff verbrennt?
7. a) Wie lässt sich das Gas Kohlenstoffdioxid nachweisen?
b) Welche Rolle spielt es bei der Atmung?

Das Gesetz von der Erhaltung der Masse

1. Verändert sich die Masse oder nicht?

a) Eine brennende Kerze steht auf einer Waage. Was geschieht im Laufe der Zeit?
b) Wie verändert sich die Masse, wenn du einen Büschel Eisenwolle mit dem Brenner erhitzt?

2. Streichhölzer im Reagenzglas

Gib drei Streichhölzer in ein Reagenzglas, verschließe es mit einem Luftballon und wiege es. Erwärme das Reagenzglas in der Brennerflamme, bis sich die Streichhölzer darin entzünden. Wiege erneut, wenn das Glas abgekühlt ist. Was stellst du fest?

Das Gesetz von der Erhaltung der Masse. Der französische Chemiker LAVOISIER war im Jahre 1774 äußerst unzufrieden: Bei seinen Versuchen zur Verbrennung gab es manchmal einen Massenverlust und ein anderes Mal eine Massenzunahme.
Er vermutete, dass während der Reaktion entweder ein Stoff unbemerkt verloren geht oder unbemerkt hinzukommt. Er kam daher auf die Idee, einen Stoff in einem verschlossenen Glasgefäß zu verbrennen. Somit konnte während der chemischen Reaktion nichts verloren gehen und nichts hinzukommen.

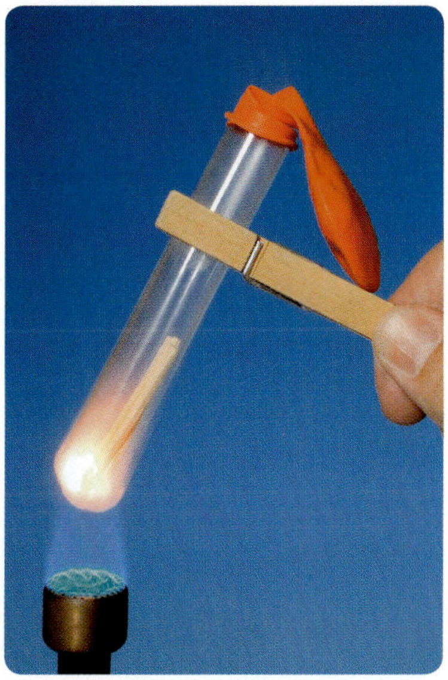

▲ *1. Streichhölzer werden erhitzt*

Das Ergebnis seiner Untersuchungen war immer dasselbe: Die **Gesamtmasse** war *nach* dem Versuch **genau so groß** wie *vor* dem Versuch. Die Ergebnisse der Untersuchungen von LAVOISIER bildeten die Grundlagen für das **Gesetz von der Erhaltung der Masse.**

Dieses Gesetz gilt für alle chemischen Reaktionen. So wird die Kerze bei der Verbrennung nur deshalb **leichter,** weil die Reaktionsprodukte Kohlenstoffdioxid und Wasserdampf als Gase entweichen. Sie werden bei der herkömmlichen Versuchsanordnung nicht mit gewogen.

Wenn Eisenwolle verbrennt, kommt während der Reaktion gasförmiger Sauerstoff aus der Luft hinzu, der vorher nicht gewogen werden kann.
Nur, wenn in einem geschlossenen Gefäß alle Ausgangsstoffe und alle entstehenden Stoffe mit gewogen werden, ändert sich die Masse nicht.

Bei einer chemischen Reaktion ist die Masse der Ausgangsstoffe genau so groß wie die Masse der Endprodukte.

3. Fragen zum Text
a) Weshalb wird die Eisenwolle beim Verbrennen schwerer?
b) Wie lautet das Gesetz von der Erhaltung der Masse?
c) Warum wird das Reagenzglas bei dem Versuch mit den Streichhölzern mit einem Luftballon verschlossen?
d) Durch welche Beobachtungen ist LAVOISIER auf das Gesetz von der Erhaltung der Masse gestoßen?

4. Mit eigenen Worten
Eine Kerze wird beim Verbrennen immer kleiner und leichter. Trotzdem gilt das Gesetz von der Erhaltung der Masse. Erkläre diesen Widerspruch.

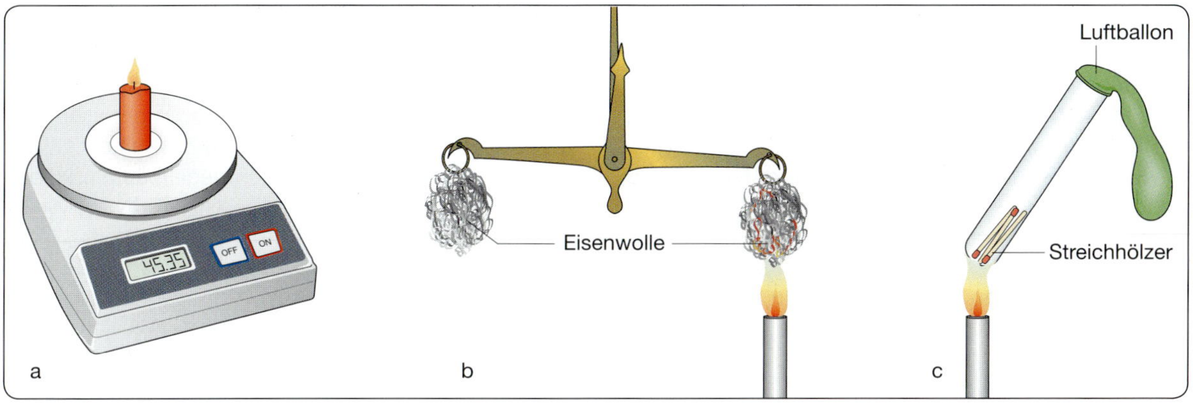

▲ *2. Unterschiedliche Ergebnisse bei chemischen Reaktionen*

Das Atommodell nach DALTON

1. John DALTON, ein englischer Chemiker

Informiere dich im Internet oder in einem Lexikon über das Leben und über die Arbeiten von John DALTON.

Das Atommodell nach DALTON. Anfang des 19. Jahrhunderts entwickelte DALTON ein Modell, das den **Aufbau der Stoffe aus Atomen** erklärte.

Über die Atome machte DALTON die folgenden Aussagen:

1. Jedes Element besteht aus winzig kleinen, kugelförmigen Teilchen, den Atomen.
2. Atome desselben Elements sind untereinander gleich, sie haben die gleiche Masse und die gleiche Größe.
3. Atome unterschiedlicher Elemente haben unterschiedliche Größe und Masse; es gibt also genau so viele Atomarten, wie es Elemente gibt.
4. Atome können durch chemische Reaktionen weder vernichtet noch erzeugt werden.

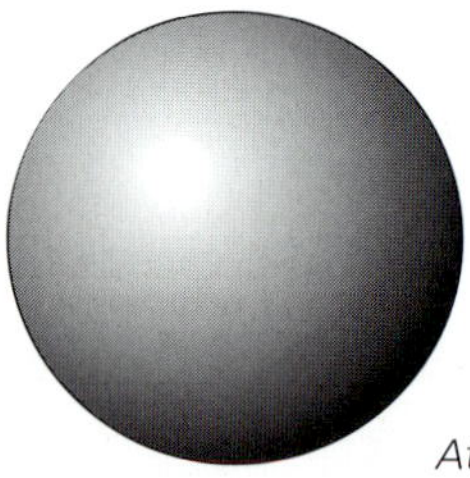

2. DALTON: Jedes Element besteht aus winzigen kugelförmigen Atomen

Obwohl das Atommodell von DALTON aus heutiger Sicht die Welt der Atome nur unzureichend beschreibt, eignet es sich doch gut, um chemische Reaktionen zu veranschaulichen.

Anordnung der Atome. Inzwischen weiß man, dass einzelne Atome, wie sie sich DALTON vorgestellt hat, in der Natur selten zu finden sind. Nur die kleinsten Teilchen der *Edelgase* kommen als **einzelne, frei bewegliche Atome** vor.

Die kleinsten Teilchen von *gasförmigen Stoffen* bestehen aus **Molekülen.** Das sind Teilchen, die aus zwei oder mehr Atomen aufgebaut sind.

Im Sauerstoff-Molekül sind z. B. zwei Sauerstoff-Atome miteinander verbunden. Ein Molekül Kohlenstoffdioxid setzt sich aus zwei Sauerstoff-Atomen und einem Kohlenstoff-Atom zusammen. Bei Gasen sind die Moleküle frei beweglich.

In *Metallen* wie Eisen oder Aluminium sind unvorstellbar viele Atome in regelmäßiger Weise dicht nebeneinander angeordnet. Sie bilden einen riesig großen, geordneten **Atomverband.** Die Atome im Metall sind nicht frei beweglich, sondern ortsfest gepackt.

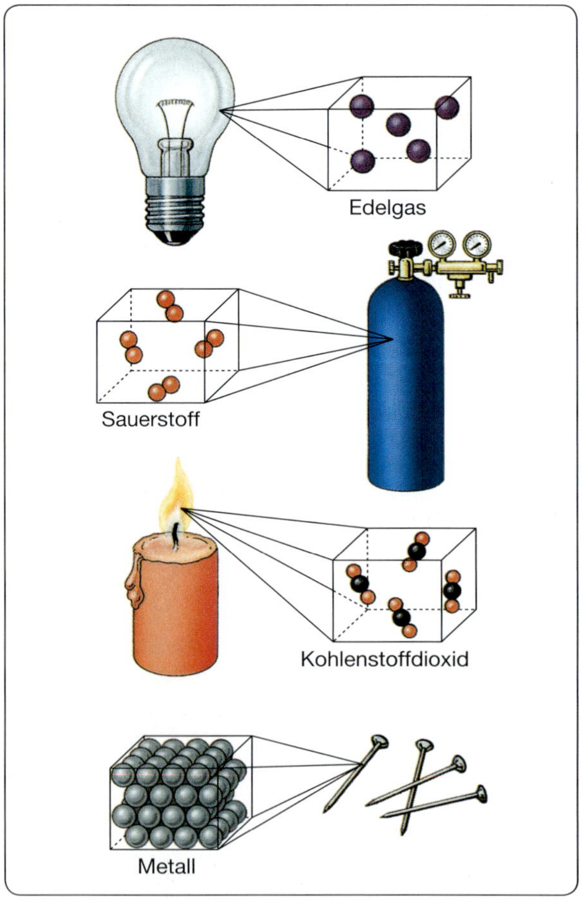

3. Atome ordnen sich unterschiedlich an

Die chemische Reaktion als Neugruppierung von Atomen. Zink und Schwefel reagieren unter heftiger Qualm- und Wärmeentwicklung zu Zinksulfid. Das Metall Zink besteht aus unzähligen, regelmäßig angeordneten Zink-Atomen. Auch der Feststoff Schwefel ist aus regelmäßig angeordneten Atomen aufgebaut.
Bei der Reaktion werden zunächst sowohl die Zink-Atome als auch die Schwefel-Atome voneinander getrennt. Das wird durch die zugeführte Aktivierungsenergie bewirkt. Anschließend ordnen sich diese Atome neu an und bilden zusammen die Verbindung Zinksulfid; dabei wird Energie frei.

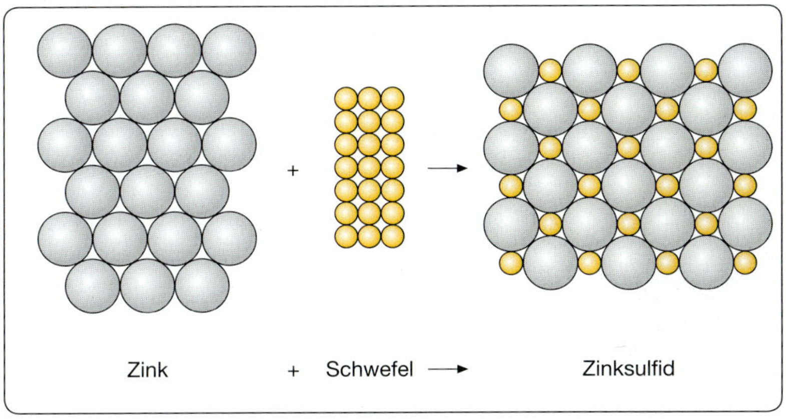

▲ *1. Chemische Reaktion im DALTON-Modell*

Während einer chemischen Reaktion *entstehen* also *keine neuen Atome*. Auch *werden keine Atome zerstört*. Die bereits vorhandenen Atome werden **voneinander getrennt** und **ordnen sich** dann auf eine **andere Weise an.** Sie bilden einen **neuen Stoff.** Die vorhandenen Atome sind also nur umgruppiert worden.

Mit der Neugruppierung der Atome bei einer chemischen Reaktion kann man das **Gesetz zur Erhaltung der Masse** erklären:

Da vor, während und nach einer chemischen Reaktion stets **gleich viele Atome** vorliegen und die einzelnen Atome weder schwerer noch leichter werden, **muss die Gesamtmasse** der an der Reaktion beteiligten Atome stets **gleich bleiben.**

Alle Stoffe sind aus Atomen aufgebaut. Bei einer chemischen Reaktion entstehen keine neuen Atome; Anzahl und Masse der Atome bleiben unverändert.
Die Atome werden bei einer chemischen Reaktion aber ganz neu angeordnet.

1. Fragen zum Text

a) Welche Aussagen machte DALTON über Atome?

b) Welche Atome sind untereinander gleich, welche sind verschieden?

c) Was sind Moleküle?

d) Beschreibe die Anordnung der Atome im Element Sauerstoff und die im Element Eisen.

e) Erkläre, wieso sich bei einer chemischen Reaktion die Gesamtmasse der Stoffe nicht ändert.

Exkurs

Eine chemische Reaktion – näher betrachtet

Was geschieht, wenn man Kohle erhitzt?

In der festen Kohle sind die Kohlenstoff-Atome dicht nebeneinander, ortsfest und regelmäßig angeordnet. Bei ansteigender Temperatur schwingen sie immer stärker hin und her. An den Ecken und Kanten werden die Atome nicht so stark festgehalten; dort können sie am ehesten eine Reaktion eingehen.

Sauerstoff besteht aus Molekülen. Im Sauerstoff-Molekül sind jeweils zwei Sauerstoff-Atome miteinander verbunden. Die Moleküle bewegen sich ungeordnet im Raum. Dabei stoßen sie auch häufig zusammen und prallen wieder voneinander ab. Je höher die Temperatur ist, umso größer wird die Geschwindigkeit und umso heftiger werden die Zusammenstöße.

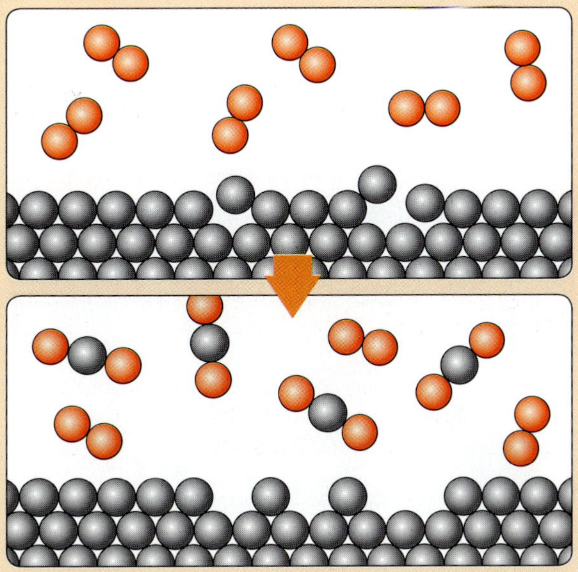

2. Beschreibe möglichst genau, was geschieht, wenn Kohlenstoff mit Sauerstoff reagiert.

▲ 1. *Wie geht es jetzt weiter …?*

Element	heutiges Symbol	Symbol nach DALTON
Wasserstoff (**H**ydrogenium)	H	⊙
Kohlenstoff (**C**arboneum)	C	●
Stickstoff (**N**itrogenium)	N	⦶
Phosphor (**P**hosphorus)	P	☮
Schwefel (**S**ulfur)	S	⊕
Gold (**Au**rum)	Au	Ⓖ
Silber (**Ag**entum)	Ag	Ⓢ
Kupfer (**Cu**prum)	Cu	Ⓒ
Quecksilber (**H**ydrar**g**yrum)	Hg	✪
Eisen (**Fe**rrum)	Fe	Ⓘ

▲ 3. *Symbole für chemische Elemente*

1. Symbole im Alltag

a) Wo findet man im Alltag Schilder mit Symbolen?
b) Welche Vorteile haben die Symbole im Vergleich zu geschriebenen Hinweisen?

Vorteile einer Zeichensprache. Einfache Bilder oder Symbole sagen oft mehr als viele Worte. So findet man sich auf fremden Bahnhöfen oder Flughäfen auch zurecht, wenn man die Hinweisschilder mit Symbolen beachtet.
Solche einfachen Zeichen stellen eine Art Kurzschrift dar, die oft ohne weitere Erklärung verstanden werden. Sie sind von der Sprache der Reisenden unabhängig, genau so wie international verständliche Verkehrsschilder.

Symbole für Elemente. Auch in der Chemie verwendet man schon lange eine Kurzschrift. Diese zunächst von den Alchemisten bis in das 18. Jahrhundert benutzten Zeichen waren aus der Astronomie bekannt. Zu Beginn des 19 Jahrhunderts hat der englische Chemiker DALTON dann Kurzzeichen für die damals bekannten Elemente eingeführt.

▲ 2. *Chemische Symbole sind international*

Die heute *gebräuchliche Symbolschrift* der Chemie hat der Schwede BERZELIUS um 1820 entwickelt. Er schlug vor, die Anfangsbuchstaben der lateinischen oder griechischen Bezeichnungen der Elemente als Abkürzungen zu verwenden.
So bekam das Element **Sauerstoff** das Symbol **O** vom lateinischen Namen **Oxygenium. Schwefel** hat das Elementsymbol **S**, da der lateinische Name **Sulfur** lautet.

Beginnen mehrere Elemente mit dem gleichen Buchstaben, wird zur Unterscheidung ein zweiter *klein geschriebener* Buchstabe hinzugefügt. So hat das Element Gold das Elementsymbol Au und das Element Silber Ag.

Alle Chemiker weltweit benutzen diese Elementsymbole. Die chemischen Symbole sind international.

Bedeutung der Elementsymbole. In der Chemie haben die Elementsymbole eine doppelte Bedeutung.
– Zum einen bezeichnen sie das Element, also den **Stoff.**
– Zum anderen stehen sie für **ein Atom** dieses Stoffes.
Nur aus dem jeweiligen Zusammenhang heraus kann man verstehen, welche Bedeutung das Symbol gerade besitzt.

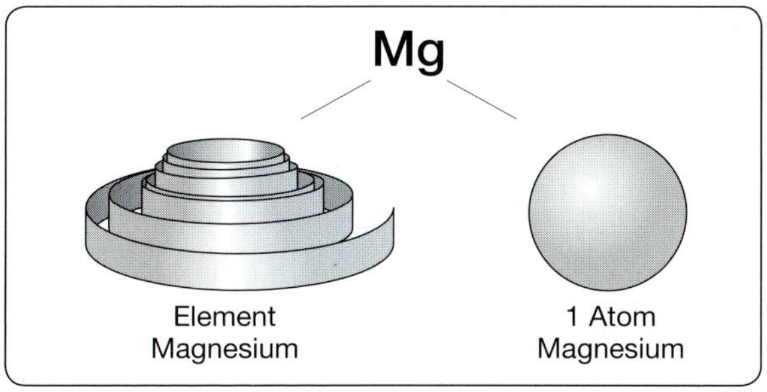

▲ *1. Bedeutung eines Elementsymbols*

Formeln für Moleküle. Chemische Bezeichnungen gibt es nicht nur für Elemente, sondern auch für chemische Verbindungen.

Die Formel H_2O bedeutet beispielsweise, dass ein Wasser-Molekül aus *zwei* Wasserstoff-Atomen und *einem* Sauerstoff-Atom besteht. Die kleine tiefgestellte Index-Zahl gibt an, *wie viel Atome einer Atomsorte* in einem Molekül enthalten sind. Eigentlich müsste man daher H_2O_1 schreiben. Die Index-Zahl 1 lässt man aber verabredungsgemäß weg.

Verwendet man diese Molekülformeln, erspart man sich viel Schreibarbeit. Anstatt zwei Sauerstoff-Moleküle schreibt man nur noch 2 O_2, drei Wasser-Moleküle werden als 3 H_2O abgekürzt.

Auch Molekülformeln haben wie die Elementsymbole zwei Bedeutungen:
- Sie beschreiben den **Aufbau eines Moleküls.**
- Sie sind **Abkürzungen** für die Namen der entsprechenden **Stoffe.**

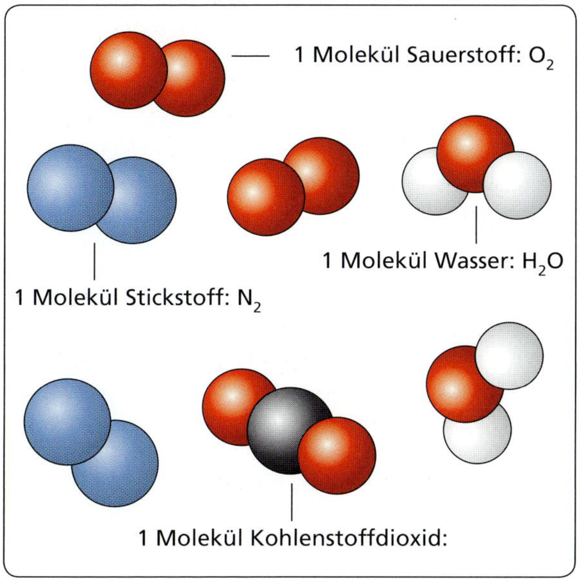

▲ *2. Verschiedene Molekülmodelle mit ihren Formeln*

Wie man Formeln für Moleküle aufstellen kann. Einem Stoff kann man seine Formel nicht ansehen. Man kann ihn aber analysieren, d. h. Spezialisten zerlegen ihn chemisch und bestimmen Art und Anzahl der Atome, aus denen die Moleküle des Stoffes bestehen. Mithilfe der **Bindigkeit (Wertigkeit)** kann man Formeln mit weniger Aufwand ermitteln.

Die **Bindigkeit** ist eine Zahl, die Auskunft über die Bindefähigkeit eines Atoms gibt. Sie sagt aus, wie viele Atome Wasserstoff das betreffende Atom binden oder im Molekül ersetzen kann. Ein Wasserstoff-Atom ist dabei *immer einbindig.*

Ein Chlor-Atom kann im HCl-Molekül nur *ein* Wasserstoff-Atom binden. Also ist es *einbindig*. Wasser hat die Formel H_2O. Das bedeutet, ein Sauerstoff-Atom kann *zwei* Wasserstoff-Atome binden, es ist also *zweibindig*. In der Verbindung Ammoniak (NH_3) kann ein Stickstoff-Atom *drei* Wasserstoff-Atome binden, Stickstoff-Atome sind hier *dreibindig*. Im Methan-Molekül (CH_4) ist ein Kohlenstoff-Atom *vierbindig*.

Element	Symbol	Bindigkeit
Wasserstoff	H	I
Chlor	Cl	I
Sauerstoff	O	II
Magnesium	Mg	II
Zink	Zn	II
Stickstoff	N	III
Aluminium	Al	III
Kohlenstoff	C	IV
Schwefel	S	IV (II, VI)

Die Formelsprache der Chemie beruht auf international einheitlichen Elementsymbolen.
Ein Elementsymbol steht für einen Stoff oder für ein Atom dieses Stoffes.
Eine Molekülformel gibt die Elemente und die Anzahl der Atome an, aus denen das Molekül aufgebaut ist.

1. Fragen zum Text

a) Nach welchen Regeln hat Berzelius die Elementsymbole eingeführt?

b) Welche Doppelbedeutung haben Elementsymbole und Molekülformeln?

c) Schreibe die Elementsymbole für Wasserstoff, Kohlenstoff, Sauerstoff und Chlor auf.

2. Symbole und Formeln

a) Finde mithilfe dieses Schulbuches heraus, welche chemischen Elemente sich hinter den Symbolen Ne, O, S, P, Au, Ag, Ne, I, Fe, U und Br verbergen.

b) Finde die Namen der Stoffe, die zu diesen Formeln passen: O_2, H_2O, CO_2, O_3, H_2S, CO.

Zwei Modelle für die Bindigkeit

Um den Begriff der Bindigkeit (Wertigkeit) besser zu veranschaulichen, kann man ihn auch mithilfe von Modellen darstellen. Das eine Modell verwendet **Hände,** das andere **Steckbausteine.**

Das Hände-Modell. Die Wertigkeit (Bindefähigkeit) gibt an, wie viele Wasserstoff-Atome ein anderes Atom binden oder ersetzen kann.
Wasserstoff-Atome selbst sind immer **einbindig** (einwertig). Im Hände-Modell bekommt ein Wasserstoff-Atom dementsprechend nur eine Hand zugesprochen. Ein Chlor-Atom kann nur ein Wasserstoff-Atom binden. Auch Chlor ist also **einbindig.** Im Modell bekommt es ebenfalls eine Hand. Verbindet sich nun ein Chlor-Atom mit einem Wasserstoff-Atom, „reichen sich die beiden Atome die Hand", sie verbinden sich also. Der entstehende Stoff heißt Chlorwasserstoff.

Wasserstoff ist einwertig

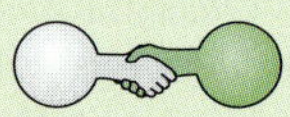
Chlorwasserstoff

Bei anderen Atomen kann man es sich so vorstellen:

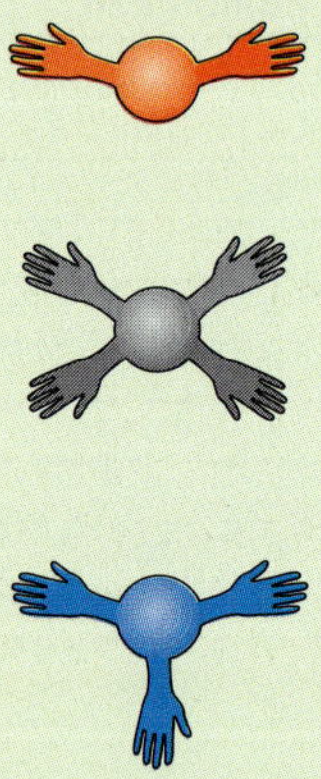

Ein Sauerstoff-Atom ist **zweibindig,** es bekommt also **zwei Hände.**
Beim Kohlenstoff-Atom sind es **vier Hände,** es ist **vierbindig.**
Beim Stickstoff-Atom sind es **drei Hände.**

So kann man auf einen Blick sehen, wie viele Bindungen das Atom eingehen kann.

Um die **Formel** für die Verbindung aus einem Stickstoff-Atom und Wasserstoff-Atomen herauszufinden, braucht man nur die Hände zu verknüpfen. Ein Stickstoff-Atom hat im Modell drei Hände, die Formel muss also NH_3 heißen. Die Wasserstoff-Verbindungen mit Kohlenstoff und Sauerstoff heißen entsprechend CH_4 und H_2O.

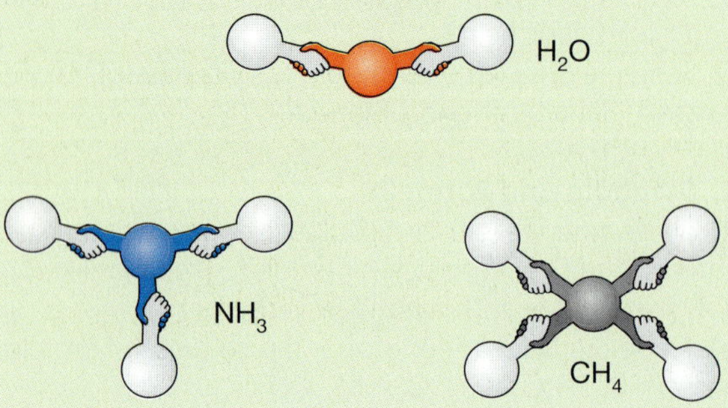

Das Baustein-Modell. Mithilfe von echten oder gezeichneten Steckbausteinen kann man ebenfalls Bindigkeiten darstellen und Formeln ermitteln.

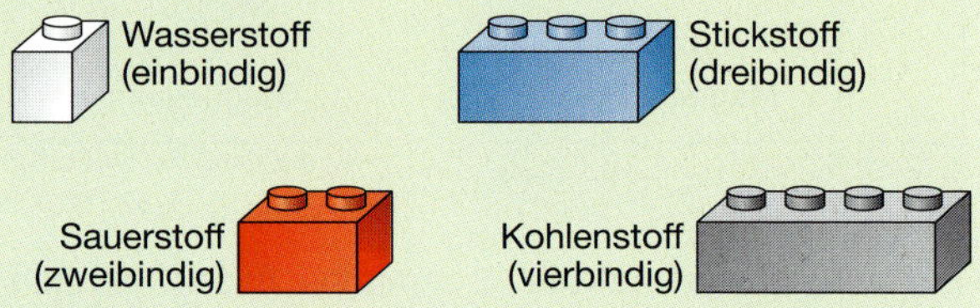

In einer Verbindung muss die Summe der Bindigkeiten *ausgeglichen* sein. Also müssen die Bausteine der Bindungspartner *gleich lang* sein – also gleich viele Noppen haben.

Beispiel: Wie lautet die Formel für die Verbindung aus Wasserstoff-Atomen und Stickstoff-Atomen?

– Als Erstes stellt man in einer Tabelle (siehe S. 31) die Bindigkeit fest: Wasserstoff ist einbindig, Stickstoff ist dreibindig. Man sucht sich also Bausteine mit der entsprechenden Zahl von Noppen.

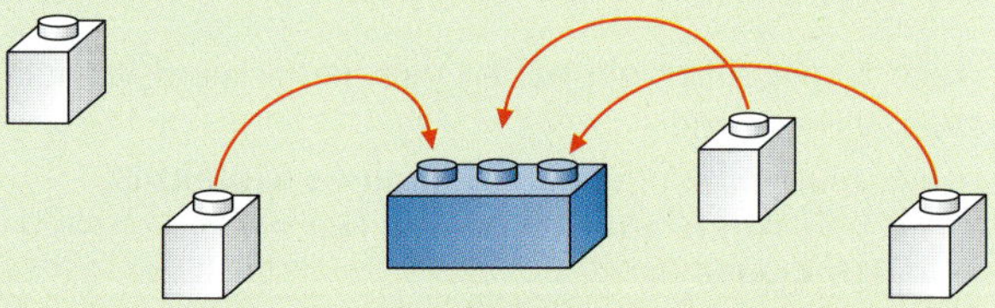

– Nun werden die Bindigkeiten ausgeglichen. Die Bausteine mit einer Noppe werden auf den größeren Baustein aufgesteckt. Es passen natürlich genau drei kleine auf den größeren Baustein.

– Die Formel für das Molekül heißt demnach NH_3.

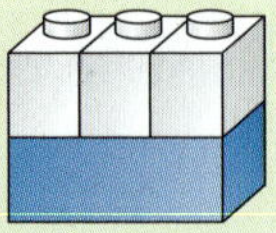

1. Wie sieht das Baustein-Modell für die Moleküle CO_2, CH_4 und H_2O aus?
2. Aluminium ist dreibindig. Ermittle die Formel für Aluminiumoxid mit dem Baustein-Modell. (Tipp: Hier benötigst du zwei Aluminium-Bausteine).
3. Spielt in der Klasse symbolisch das Hände-Modell. Schüler, die H- und Cl-Atome darstellen, dürfen sich nur einhändig binden. Schüler als O-Atome arbeiten zweihändig. Stellt gemeinsam verschiedene Moleküle dar, z. B. H_2O, HCl, O_2, H_2.

Reaktionsgleichungen

1. Magnesium verbrennt

1. Wie man eine Reaktion kurz beschreibt

Magnesium verbrennt an der Luft mit einer sehr hellen Flamme zu Magnesiumoxid.
a) Stelle die Reaktion mit einer Wortgleichung dar.
b) Wie könnte man diese Reaktion kürzer beschreiben?

Reaktionsgleichungen. Die Beschreibung einer chemischen Reaktion mithilfe von Symbolen und Formeln nennt man Reaktionsgleichung. Reaktionsgleichungen sind international verständlich. Das Aufstellen einer Reaktionsgleichung ist gar nicht so schwierig, wenn man sich an folgende Regeln hält.

1. Wortgleichung (Reaktionsschema) aufstellen:

Magnesium + Sauerstoff → Magnesiumoxid

2. Elementsymbole oder Formeln einsetzen:
Dabei muss man beachten, dass Sauerstoff als zweiatomiges Molekül vorkommt.

■ Mg + ■ O_2 → ■ MgO

3. Einrichten auf der Seite der Produkte:
Bei einer chemischen Reaktion bleibt die Anzahl der Atome vor und nach der Reaktion unverändert. Die Anzahl der Atome muss deshalb auf der linken und auf der rechten Seite des Reaktionspfeils gleich groß sein.
Links vom Reaktionspfeil stehen zwei Sauerstoff-Atome, rechts nur eines. Deshalb schreibt man rechts den Faktor 2 vor die Formel MgO:

■ Mg + ■ O_2 → 2 MgO

4. Einrichten auf der Seite der Ausgangsstoffe:
Nun stehen rechts 2 Magnesium-Atome; diese müssen auf der linken Seite bereitgestellt werden. Deshalb schreibt man nun vor das Elementsymbol Mg den Faktor 2.

2 Mg + ■ O_2 → 2 MgO
2 Mg + O_2 → 2 MgO

Jetzt ist die Reaktionsgleichung ausgeglichen. Links und rechts vom Pfeil stehen gleich viele Atome. Den Faktor 1 schreibt man in Reaktionsgleichungen nicht hin.

5. Angabe des Energieumsatzes:
Zusätzlich kann man noch angeben, ob bei der Reaktion Energie frei wird (exotherme Reaktion) oder ob man ständig Energie zuführen muss (endotherme Reaktion):

2 Mg + O_2 → 2 MgO; Energie wird frei

Bei chemischen Reaktionen sind natürlich stets sehr viele Atome und Moleküle beteiligt. Man gibt in Reaktionsgleichungen aber stellvertretend nur die kleinstmögliche Zahl von Teilchen an, die bei einer Reaktion beteiligt sind.

Eine chemische Reaktion kann mit einer Reaktionsgleichung beschrieben werden. Die Reaktionsgleichung gibt die Ausgangsstoffe und Reaktionsprodukte an.

2. Fragen zum Text
a) Welche Vorteile hat eine Reaktionsgleichung gegenüber einer Wortgleichung?
b) Weshalb müssen links und rechts vom Reaktionspfeil gleich viele Atome stehen?

3. Reaktionsgleichung für Ammoniak
Stickstoff reagiert mit Wasserstoff zu Ammoniak (NH_3). Stelle für diese Reaktion die Reaktionsgleichung auf. Denke daran, dass Wasserstoff und Stickstoff zweiatomige Moleküle bilden.

4. Verbrennung von Kohlenstoffmonooxid
a) Das giftige Kohlenstoffmonooxid in Autoabgasen wird in einem Abgaskatalysator mit Luft zu Kohlenstoffdioxid verbrannt. Stelle dazu die Reaktionsgleichung auf.

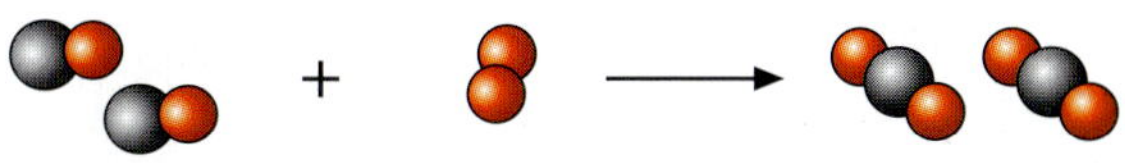

5. Verbrennung von Methan
Bei der Verbrennung von Methan (CH_4) entstehen Kohlenstoffdioxid und Wasser. Stelle die Reaktionsgleichung auf. Verwende als Hilfsmittel eine Teilchendarstellung wie bei dem Beispiel oben.

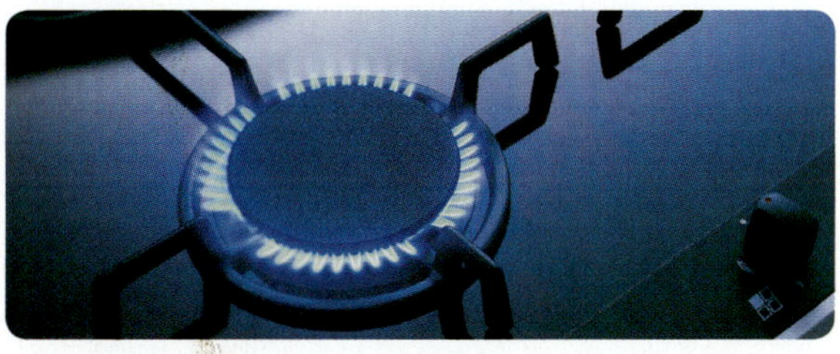

3. Erdgas besteht zu über 90 % aus Methan

Verbrennungsprodukt Wasser: H_2O

▲ 1. Glimmspanprobe

3. Modell eines Wasser-Moleküls ▶

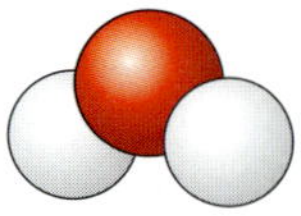

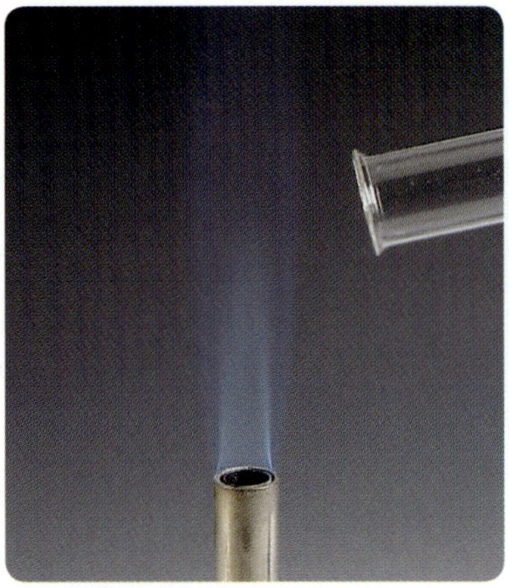

▲ 2. Knallgasprobe

1. Feuchtes Element?

Bei Wasser spricht man oft vom „feuchten Element". Kommentiere das aus der Sicht der Chemie.

Zerlegung (Analyse) des Wassers. Den Beweis, dass Wasser eine chemische Verbindung ist, hat der Chemiker Hofmann in der zweiten Hälfte des 19. Jahrhunderts mit seinem Wasserzersetzungsapparat angetreten. Das Gerät wird mit Wasser gefüllt, dem zur besseren Leitfähigkeit etwas Säure zugesetzt wurde. Wenn man das Gerät an eine Gleichspannungsquelle anschließt, kann man beobachten, dass an beiden Elektroden Gase aufsteigen. Am Minuspol kann das Gas Wasserstoff entzündet werden; am Pluspol lässt sich mit der Spanprobe Sauerstoff nachweisen. Es entsteht immer doppelt so viel Wasserstoff wie Sauerstoff.
Wasser lässt sich also in Wasserstoff und Sauerstoff zerlegen:
Wasser ⟶ Wasserstoff + Sauerstoff.

Bau des Wasser-Moleküls. Ein Wasser-Molekül besteht aus einem Sauerstoff-Atom und zwei Wasserstoff-Atomen. Die Formel des Wassers ist daher H_2O.

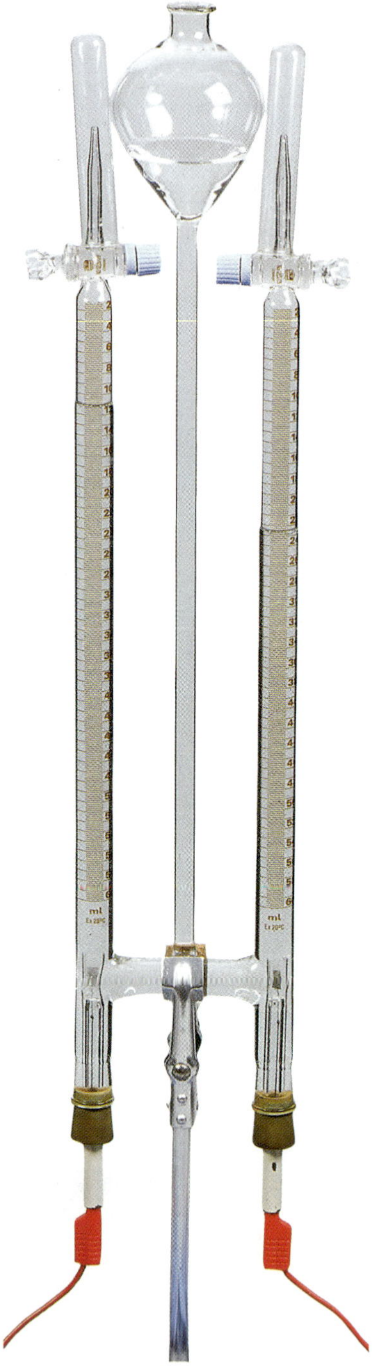

▲ 4. Hofmannscher Wasserzersetzer

Herstellung (Synthese) von Wasser. Zündet man ein Gemisch aus Wasserstoff und Sauerstoff, kommt es zu einer chemischen Reaktion: Es entsteht eine farblose Flüssigkeit, Wasser:

Wasserstoff + Sauerstoff ⟶ Wasser.

Diese Reaktion nennt man auch Knallgasreaktion, weil Sauerstoff und Wasserstoff sehr heftig, oft mit einem gut hörbaren Geräusch, miteinander reagieren.

Die **Analyse** und die **Synthese** des Wassers sind einander entgegengesetzt ablaufende Reaktionen. Bei der Analyse des Wassers wird Energie zugeführt.
Die Synthese läuft unter Energieabgabe ab.

Wasser ist eine chemische Verbindung, deren Moleküle aus Wasserstoff- und Sauerstoff-Atomen bestehen. Die Formel lautet H_2O.

2. Fragen zum Text
a) Welche Gase entstehen bei der Zerlegung von Wasser?
b) Wie nennt man den Nachweis des Sauerstoffs?

Chemische Reaktionen überall

→ **Chemische Reaktion:** Bei einer chemischen Reaktion entstehen aus vorhandenen Stoffen **neue Stoffe** mit **neuen Eigenschaften.**

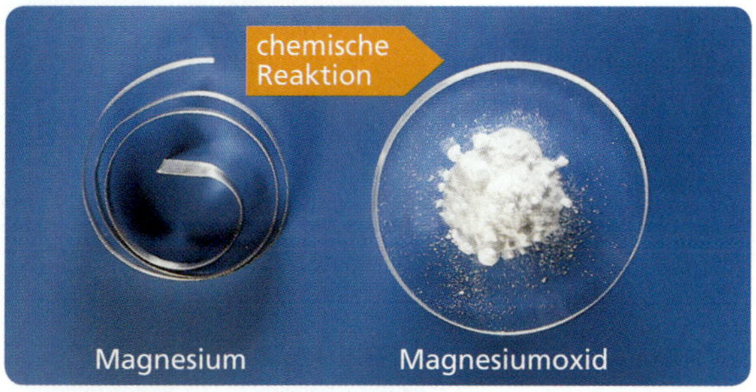

Eine **Oxidation** ist eine chemische Reaktion, bei der sich ein Stoff mit Sauerstoff zu einem **Oxid** verbindet. **Sulfide** entstehen bei Reaktionen mit Schwefel.
Beispiele:
Magnesium + Sauerstoff → Magnesiumoxid
Zink + Schwefel → Zinksulfid

→ **Energie bei chemischen Reaktionen:** Für den Start einer chemischen Reaktion benötigt man **Aktivierungsenergie.**

Bei **endotherm**en Reaktionen muss man ständig Energie zuführen, damit sie ablaufen. Bei **exotherm**en Reaktionen dagegen wird Energie in Form von Wärme oder Licht abgegeben.

→ **Energieerhaltung:** Energie wird bei chemischen Reaktionen niemals vernichtet, sondern nur in andere Energieformen umgewandelt.

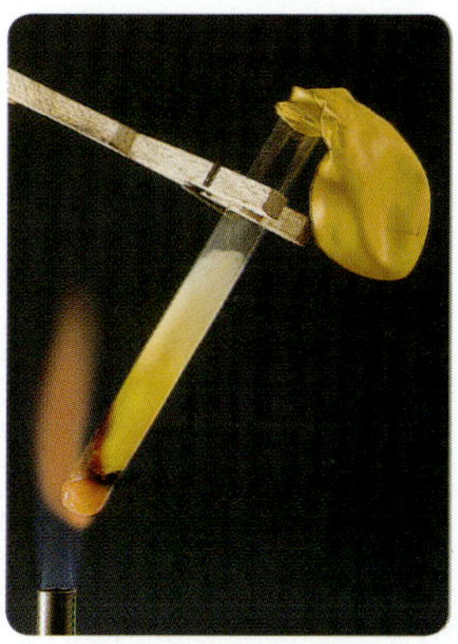

→ **Gesetz von der Erhaltung der Masse:** Bei einer chemischen Reaktion ist die Masse der Ausgangsstoffe genau so groß wie die Masse der Reaktionsprodukte.

→ **Elemente und Verbindungen:** Reinstoffe, die man chemisch nicht weiter zerlegen kann, nennt man **Elemente.** Sie sind aus einer einzigen Atomart aufgebaut.
Verbindungen sind aus Elementen aufgebaut und lassen sich wieder in diese zerlegen.

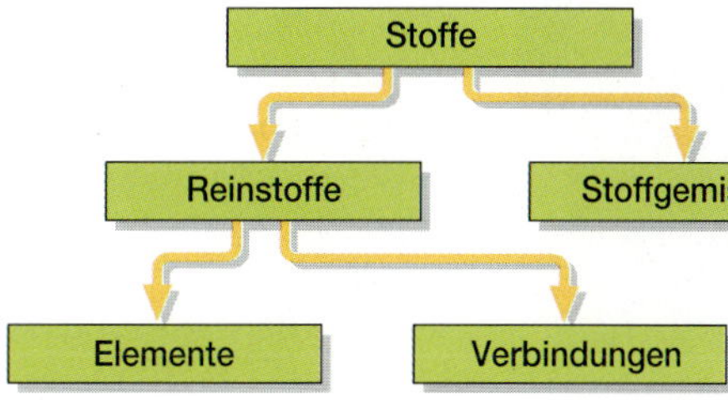

→ **Das Atommodell von Dalton:**
- Alle Stoffe sind aus Atomen aufgebaut.
- Alle Atome eines Elements haben gleiche Größe und Masse.
- Atome verschiedener Elemente unterscheiden sich in Größe und Masse.
- Bei chemischen Reaktionen werden keine Atome neu gebildet oder vernichtet. Die Atome der Ausgangsstoffe werden aber neu angeordnet und miteinander verknüpft.

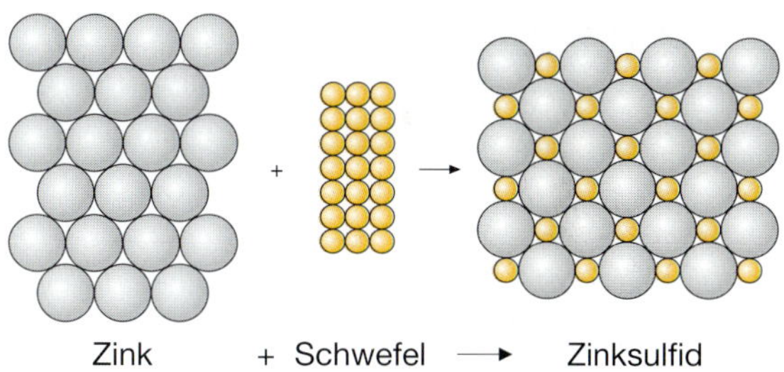

→ **Chemische Symbole: Elementsymbole** stehen für den **Stoff** oder für **ein Atom** dieses Stoffes.
Beispiele: Mg, Zn, S.
Molekülformeln geben an, welche Atome in welcher Anzahl in einem Molekül vorhanden sind.
Beispiele: H_2O, O_2, CO_2.

→ **Reaktionsgleichungen** beschreiben chemische Reaktionen in Kurzform. Beispiel:

$2\ H_2 + O_2 \rightarrow 2\ H_2O$; Energie wird frei

→ **Analyse und Synthese:** Wasser kann man in die Stoffe Wasserstoff und Sauerstoff zerlegen (Analyse). Aus Wasserstoff und Sauerstoff kannm an wieder Wasser herstellen (Synthese).

Chemische Reaktionen überall

1. Auch so kann man ein Feuer entzünden

Zum Entzünden von Stahlwolle genügt es, diese zwischen die Pole einer Batterie zu halten.

a) Erkläre, warum sich Stahlwolle auch auf diese Weise entzünden lässt.

b) Verbrennt die Stahlwolle, ist das Verbrennungsprodukt schwerer. Weshalb ist das kein Widerspruch zum Gesetz von der Erhaltung der Masse?

2. Zinkpulver verbrennt

Zinkpulver ist silbergrau. In einer Brennerflamme verbrennt es hell leuchtend. Dabei entsteht ein weißer Stoff.

a) Woran erkennt man, dass eine chemische Reaktion abgelaufen ist?

b) Welcher Stoff ist entstanden? Formuliere die Wortgleichung (Reaktionsschema).

c) Erstelle eine Skizze, wie man sich nach DALTON diese chemische Reaktion vorstellen kann.

3. Nachweise

Wie kann man nachweisen, …

a) … dass bei der Zerlegung von Silberoxid Sauerstoff entsteht?

b) … dass der Mensch Kohlenstoffdioxid ausatmet?

c) … dass bei der Zerlegung von Wasser Wasserstoff entsteht?

4. Verbindung, Gemisch, Element

a) Ist Luft eine Verbindung, ein Gemisch oder ein Element? Begründe deine Antwort.

b) Nenne jeweils zwei Beispiele für eine Verbindung, ein Gemisch und ein Element.

5. Bedingungen für eine chemische Reaktion

Magnesium und Sauerstoff reagieren miteinander zu Magnesiumoxid, wenn man das Magnesiumband kurz mit dem Brenner erhitzt.

a) Wie heißt die Energie, die zum Starten der Reaktion zugeführt werden muss?

b) Überlege, wofür diese Startenergie konkret benötigt wird. Denke dabei auch daran, wie die Atome vor der Reaktion vorliegen.

6. Welches Gesetz steckt hinter diesem Versuch?

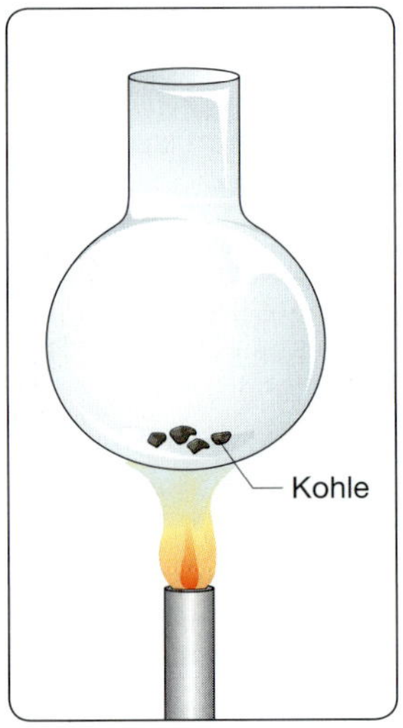

a) Was wirst du wohl beobachten können, wenn du einen Rundkolben mit einigen Krümeln Kohle stark erhitzt und dabei kräftig schwenkst?

b) Was geschieht mit der Kohle in diesem Versuch?

c) Wie wird sich die Gesamtmasse des Kolbens bei diesem Versuch verändern?

d) Was würde man mit der Waage messen, wenn der Kolben bei dem Versuch mit einem Luftballon verschlossen wäre? Begründe deine Vermutung.

e) Stell dir vor, du wärst ein Kohlenstoff-Atom der Kohle im Rundkolben. Schreibe eine kleine Geschichte darüber, wie es dir bei der Verbrennung der Kohle ergehen würde.

7. In der Sprache der Chemie

Stelle in chemischer Formelschreibweise und in Teilchendarstellung dar:

a) …ein Eisen-Atom, drei Helium-Atome, vier Sauerstoff-Moleküle, zwei Wasser-Moleküle.

b) …Schwefeldioxid (SO_2) reagiert mit Sauerstoff zu Schwefeltrioxid (SO_3).

c) …die Knallgasreaktion.

8. So kann man Wasser zerlegen

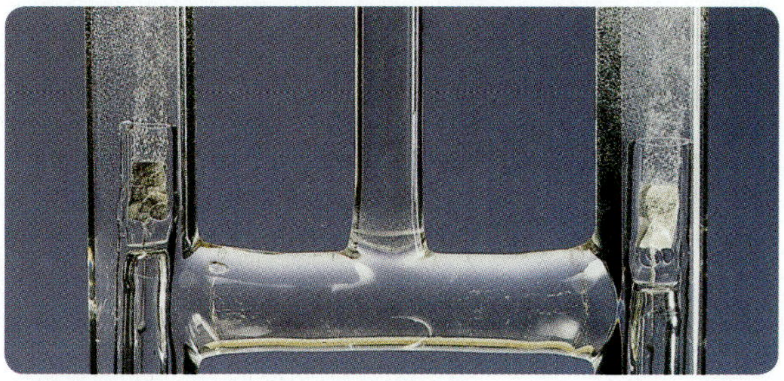

a) Beschreibe die Zerlegung von Wasser durch elektrischen Strom.
b) Wie bezeichnet man allgemein die Zerlegung einer Verbindung?
c) In der Knallgasreaktion wird aus Wasserstoff und Sauerstoff Wasser erzeugt. Wie nennt man diesen Vorgang allgemein?
d) Wie müsste das Produkt aus Wasserstoff und Sauerstoff chemisch exakt benannt werden? Schreibe die Reaktionsgleichung auf.

9. Chemische Reaktion – ja oder nein?

Hier sind Beispiele für Vorgänge, die man in einem Labor durchführen kann. Bei welchen Vorgängen kann man von einer chemischen Reaktion sprechen?
Begründe in jedem Fall deine Entscheidung.
a) Kupferpulver wird mit Schwefel vermischt.
b) Ein kleiner Industriediamant wird verbrannt.
c) Wasser verdampft.
d) Brausepulver wird in Wasser gegeben.
e) Zucker wird in Wasser gelöst.
f) Aus Kupfer und Iod entseht Kupferiodid.
g) Silberoxid wird in Sauerstoff und Silber zerlegt.

10. Namen für Stoffe

Bei der Namensgebung für chemische Verbindungen fügt man zur besseren Unterscheidung oft auch griechische Zahlwörter in die Namen ein. Beispiele: Schwefeldioxid (SO_2), Schwefeltrioxid (SO_3).

Zahl	1	2	3	4	5	6
Bezeichnung	mono	di	tri	tetra	penta	hexa

a) Benenne die folgenden Verbindungen: NO_2, NO, N_2O, P_2O_5.
b) Schreibe die Formeln für Kohlenstoffmonooxid, Kohlenstoffdioxid und für Distickstoffmonooxid auf.

11. Warum werden Silberlöffel schwarz?

Silberbesteck bekommt im Laufe der Zeit häufig einen dunklen Belag. Das passiert am schnellsten, wenn man damit Eier isst.
a) Der schwarze Belag ist Silbersulfid. Er entsteht in einer Reaktion mit Schwefel. Welcher Stoff muss in Eiern vorhanden sein?
b) Auch Silberschmuck läuft oft schwarz an. Wie kann man sich das erklären?

12. Hier irrte der Journalist

In einer alten Zeitung war zu lesen, dass es einem Alchemisten im 15. Jahrhundert gelungen war, aus Zink und Kupfer Gold herzustellen. Allerdings soll der Zauberer das Rezept mit ins Grab genommen haben.
a) Erkläre, weshalb die Meldung so nicht richtig sein kann.
b) Informiere dich über die Zusammensetzung und die Eigenschaften der Legierung Messing. Erkläre damit den Bericht in der Zeitung.

13. Definitionen, Fachwissen und mehr

a) Erläutere den Begriff Aktivierungsenergie.
b) Was entsteht bei der Verbrennung von Metallen?
c) Was ist eine Oxidation?
d) Woran kannst du den Ablauf einer chemischen Reaktion erkennen?
e) Nenne vier Nichtmetalloxide mit Formeln.
f) Beschreibe das Gesetz von der Erhaltung der Masse mit eigenen Worten.
g) Wie kann man mit dem Atommodell von DALTON das Gesetz von der Erhaltung der Masse erklären?
h) Wie unterscheiden sich Edelgase von anderen Gasen?
i) Welche Regeln hat Berzelius für die heute gebräuchliche Symbolschrift in der Chemie entwickelt?

KAPITEL

2 Die Luft, in der wir leben

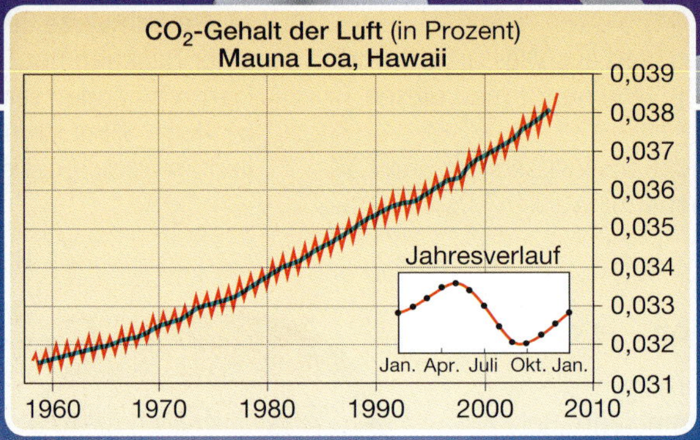

Luft enthält vor allem Stickstoff und Sauerstoff. Doch ein anderes Gas macht den Klimaforschern Sorgen: Kohlenstoffdioxid. Sein Anteil nahm in den letzten Jahrzehnten ständig zu. Es fördert den Treibhauseffekt und ist mitverantwortlich für die Erwärmung der Erde.
Kommt ein globaler Klimawandel?

Es ist schon sinnvoll, etwas mehr über die Luft zu erfahren, denn sie ist wichtig für das Leben auf der Erde.

▲ *1. Welche Vorgänge kennst du, bei denen Kohlenstoffdioxid entsteht?*

◀ *2. Diese bunten Luftballons fliegen nur, weil sie mit dem leichten Gas Helium gefüllt sind. Auch Helium ist ein natürlicher Bestandteil der Luft.*

▼ *3. Ein 20 m großer Laubbaum stellt täglich rund 8 700 Liter Sauerstoff her! Rechne einmal aus, wie viel Liter das pro Jahr sind.*

▲ *4. Ist die Kerzenflamme vor Schreck ausgegangen? Hat hier einfach jemand die Flamme ausgeblasen?*

Die Luft ist ein lebenswichtiger Stoff

1. Die Luft anhalten

a) Schätze, wie lange du es ohne Luft aushältst.
b) Halte einmal die Luft an und stoppe die Zeit.

2. Zähle deine Atemzüge

a) Setze dich auf einen Stuhl und lege eine Handfläche auf den unteren Bereich der Rippen. Jetzt kannst du die Atembewegungen spüren. Zähle die Atemzüge, die du innerhalb einer Minute machst und notiere den Wert.

b) Mache 20 Kniebeugen und zähle wieder die Atemzüge. Vergleiche mit dem Wert in a).
c) Welche Werte haben deine Mitschüler ermittelt?

3. Wie viel Luft atmest du aus?

a) Puste deine Atemluft in einen Kunststoffbeutel (z. B. Gefrierbeutel 5 l) und zwar nur so viel, wie du bei einem ruhigen Atemzug ausatmest. Schließe den Beutel durch Drehen. Die Luftmenge kannst du messen, indem du den Beutel ganz unter Wasser drückst. Das geht sehr gut mit einem durchsichtigen Eimer mit einer Literskala (Kleistereimer).
Der Anstieg des Wasserspiegels im Eimer zeigt das Volumen der ausgeatmeten Luft an.
b) Rechne aus, wie viel Luft du innerhalb einer Stunde ausatmest. Verwende dazu dein Ergebnis aus Aufgabe 2.

4. Ist der Trichter verstopft?

a) Verschließe eine Flasche mit einem durchbohrten Stopfen. Stecke einen Trichter fest in den Stopfen. Wenn du jetzt Wasser in den Trichter füllst, kann es passieren, dass das Wasser gar nicht abläuft. Wie kann man das erklären?
b) Überlege, was man tun muss, damit das Wasser doch abläuft. Probiere es selbst aus und begründe.

5. Hat Luft eine Masse?

a) Pumpe mit einer Ballpumpe einen Ball so auf, dass kein Überdruck entsteht. Schraube die Pumpe ab, lass das Füllventil aber im Ball stecken. Bestimme die Masse.
Pumpe dann den Ball so weit wie möglich auf und bestimme die Masse erneut.
b) Verbinde ein Ende eines passenden Schlauches mit dem Füllventil im Ball. Halte das andere Schlauchende in einen wassergefüllten Messzylinder, der umgekehrt in einer Wanne mit Wasser steht.
Wenn du jetzt das Ventil in den Ball drückst, strömt Luft aus dem Ball in den Messzylinder. Miss möglichst genau 1 Liter Luft ab. Wiege den Ball erneut und bestimme die Masse der ausgeströmten Luft.

▲ 1. *Beim Sport braucht man viel Luft*

Benötigte Luftmenge pro Stunde (in Liter)	
Schlafen	280
Liegen	400
Stehen	450
Gehen	1 000
Radfahren	1 400
Schwimmen	2 600
Bergsteigen	3 100
Rudern	3 600

▲ 2. *Tabelle Luftbedarf*

Luft ist lebensnotwendig. Selbst beim Schlafen müssen wir atmen. Ohne Luft geht für uns nichts. Je mehr wir uns anstrengen, desto mehr Luft atmen wir ein und aus.
Auch Fische und andere Wasserlebewesen brauchen Luft zum Leben. Sie leben von der Luft, die sich im Wasser gelöst hat.

Wozu benötigen Lebewesen die Luft? Die Luft enthält das Gas **Sauerstoff.** Dieses Gas benötigen wir, um aus den Nährstoffen der Nahrung die Energie zum Leben zu gewinnen. Chemisch gesehen handelt es sich dabei um eine Oxidation – also eine chemische Reaktion mit Sauerstoff, bei der Energie frei wird.

Grüne Pflanzen haben es einfacher. Auch Pflanzen benötigen Sauerstoff zum Leben. Sie können den Sauerstoff aber selbst herstellen. Der Vorgang heißt Fotosynthese. Er kann allerdings nur bei Licht ablaufen. Im Dunkeln sind auch Pflanzen auf den Sauerstoff aus der Luft angewiesen.
Grüne Pflanzen stellen wesentlich mehr Sauerstoff her, als sie selbst verbrauchen – vor allem sind es die grünen Algen im Meer. Wir verdanken ihnen, dass wir stets ausreichend mit Sauerstoff versorgt sind.

▲ 3. *Die Lufthülle der Erde – aus dem Weltraum gesehen*

Die Lufthülle der Erde. Auf der Erde ist die Luft für uns unsichtbar. Sie erscheint uns grenzenlos. Doch vom Weltraum aus zeigen Satellitenaufnahmen die Luft nur als hauchdünnen, blau schimmernden Gasmantel.
Mit zunehmender Höhe wird die Luft dünner, sie enthält dann immer weniger Teilchen. In einer Entfernung von 6 km enthält die Atmosphäre nur noch halb so viele Teilchen wie am Erdboden. In 100 km Höhe findet man fast keine Luftbestandteile mehr.

Luft ist ein Körper, sie benötigt Platz. Die Luft ist ein gasförmiger Körper, der einen Raum einnimmt. Deshalb ist eine „leere" Flasche keineswegs leer. Wasser kann erst dann in eine Flasche fließen, wenn die enthaltene Luft durch eine Öffnung entweichen kann (vgl. Aufg. 40.4).

Luft hat eine Masse. Ein Ball wird schwerer, wenn man ihn aufpumpt – weil er dann mehr Luft enthält. Lässt man genau 1 l Luft aus einem Ball ausströmen, dann wird er 1,2 g leichter. Luft hat bei normalem Druck und Zimmertemperatur eine Masse von 1,2 g.

Luft ist ein farbloser, gasförmiger Körper, der einen Raum einnimmt. Ein Liter Luft hat bei Normaldruck eine Masse von 1,2 g. Der Sauerstoff der Luft ist für die meisten Lebewesen lebensnotwendig.

1. Fragen zum Text
a) Weshalb ist die Luft lebensnotwendig?
b) Viele Lebewesen können im Wasser atmen. Nenne Beispiele und begründe, warum das geht.
c) Wie viel Raum nehmen 1,2 g Luft bei Normaldruck ein?

Woraus besteht Luft?

1. Versuch mit der Kerzenflamme

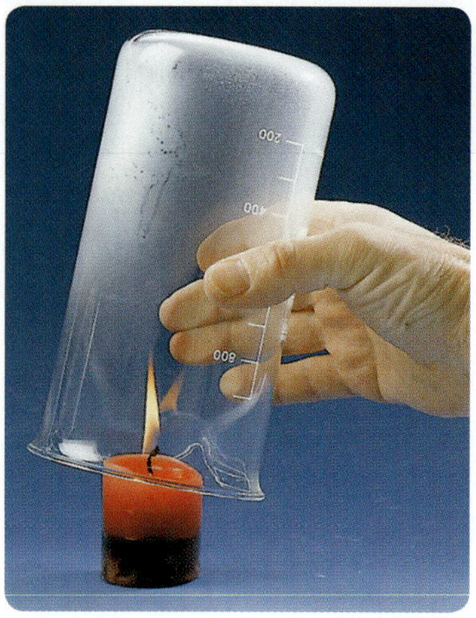

a) Zünde eine Kerze an. Stelle ein Becherglas oder ein anders Glasgefäß umgekehrt über die brennende Kerze. Beobachte, was geschieht.
b) Stelle anschließend das Glasgefäß über eine zweite brennende Kerze. Erkläre deine Beobachtungen.

2. Die Glimmspanprobe

Lass dir vom Lehrer einen Standzylinder oder ein Reagenzglas mit reinem Sauerstoff füllen. Verschließe das Gefäß mit einem Deckel.
Entzünde ein Holzstäbchen an einer Flamme; blase es nach einigen Sekunden wieder aus, sodass es noch weiter glimmt. Halte diesen Glimmspan in den Standzylinder. Beschreibe und erkläre deine Beobachtungen.

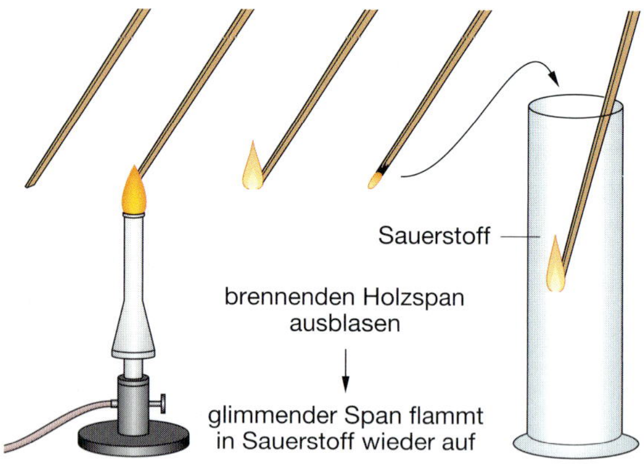

3. Ist Sauerstoff leichter oder schwerer als Luft?

a) Wie kannst du mithilfe eines Experiments feststellen, ob Sauerstoff leichter oder schwerer als Luft ist?
b) Führe den Versuch selbst durch.

4. Magnesium brennt

a) Fülle eine Wanne halb mit Wasser. Setze eine leere Schale eines Teelichtes auf die Wasseroberfläche. Gib ein Stück Magnesiumband (F) in die kleine Schale. Zünde das Magnesiumband mit der Brennerflamme an und stülpe rasch einen Standzylinder über die Teelichtschale. Was geschieht?

b) Verschließe den Standzylinder unter Wasser mit einem Glasdeckel. Drehe nun den Standzylinder um und halte einen brennenden Holzspan hinein. Erkläre deine Beobachtungen zu a) und b).

5. Der Kalkwasser-Test

a) Puste einen großen Luftballon auf. Leite deine ausgeatmete Luft vom Ballon in klares Kalkwasser. Überlege, wie du die Luft aus dem Ballon langsam ableiten kannst.
Diesen Versuch verwendet man zum Nachweis von Kohlenstoffdioxid. Was kannst du beobachten?
b) Leite nun über einen Ballon normale Luft aus der Umgebung in eine frische Kalkwasserlösung ein – also keine Ausatemluft.

6. Versuch mit dem Kolbenprober

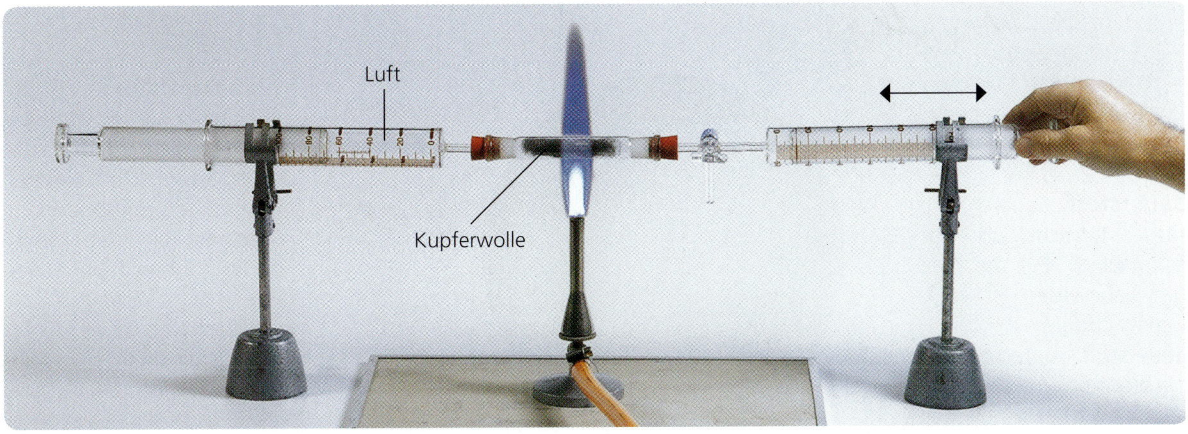

Die Apparatur wird so zusammengebaut wie in der Abbildung zu sehen. Zunächst füllt man einen Kolbenprober mit 100 ml Luft. Der andere bleibt leer. Die Kupferwolle wird mit dem Bunsenbrenner erhitzt. Nun drückt man die Luft solange über die erhitzte Kupferwolle von einem Kolbenprober in den anderen, bis das Kupfer nicht mehr hell aufglüht. Wenn das Kupfer trotz Erhitzens mit dem Brenner nicht mehr glüht, beendet man den Versuch und lässt die Apparatur abkühlen.

a) Wie hat sich die Kupferwolle bei dem Versuch verändert?

b) Vergleiche die Gasmengen in den Kolbenprobern vor und nach dem Experiment.

c) Was kann man mit diesem Versuch zeigen?

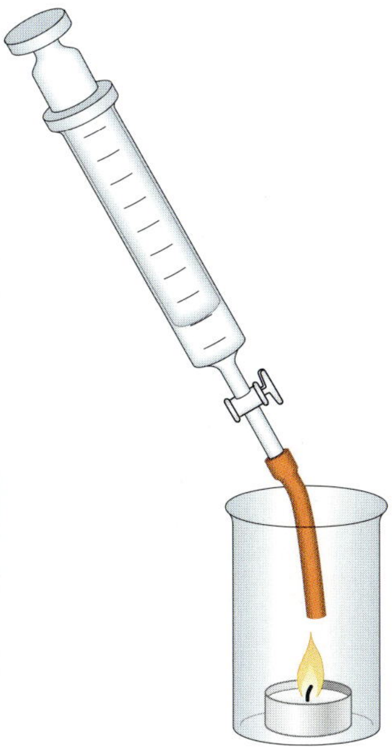

7. Das Restgas aus dem Kolbenproberversuch

a) Fülle das Restgas aus dem Kolbenproberversuch ganz langsam in ein hohes Becherglas mit brennendem Teelicht. Welche Eigenschaft des Restgases kannst du feststellen?

b) Der größte Teil des Restgases ist Stickstoff. Was könnte der Grund für diesen Namen sein?

c) Für Stickstoff gibt es keine einfache Nachweisreaktion im Schullabor. Vermute, woran das liegen könnte.

8. Verwendung von Stickstoff

Auf verpackten Lebensmitteln mit Wurst, Fleisch, Käse oder Fisch findet man manchmal den Aufdruck „unter Schutzatmosphäre verpackt". Meistens befindet sich in der Verpackung das Gas Stickstoff. Finde heraus, weshalb man das macht.

9. Nachweis für Wasserdampf

Erhitze Wasser in einem Gefäß mit Stopfen und gewinkeltem Glasrohr. Leite den entstehenden Wasserdampf auf weißes Kupfersulfat (Xn, B2).
Beschreibe, was mit dem weißen Kupfersulfat passiert.

Woraus besteht Luft?

Die Luft ist ein Gemisch. Ein Liter trockene Luft (1000 ml) enthält etwa:
- 780 ml Stickstoff
- 210 ml Sauerstoff
- 10 ml andere Gase, darunter 9,3 ml Edelgase und 0,4 ml Kohlenstoffdioxid.

Sauerstoff. Sauerstoff ist farb-, geruch- und geschmacklos. Für die meisten Lebewesen ist er lebenswichtig.
Sauerstoff unterhält die Verbrennung, brennt aber selbst nicht. Diese Eigenschaft nutzt man als Nachweis: Ein Holzspan, der an der Luft noch glimmt, brennt in reinem Sauerstoff mit heller Flamme. Man nennt diesen Nachweis **Glimmspanprobe.**

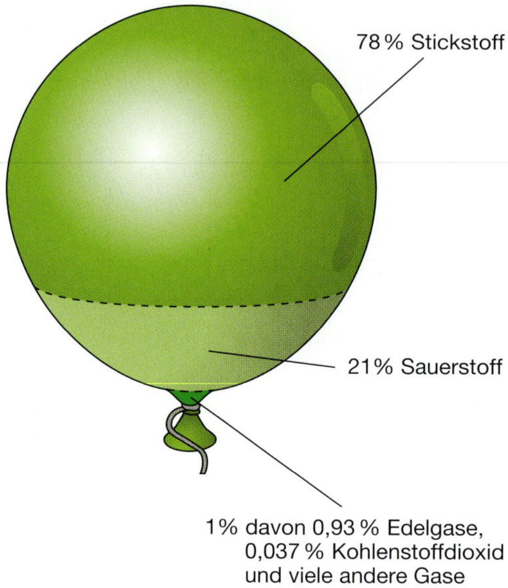

▲ *1. Zusammensetzung trockener Luft*

Stickstoff. Es ist das Gas, das beim Kolbenproberversuch (vgl. Aufg. 13.6) übrig bleibt, wenn der Sauerstoff mit der Kupferwolle reagiert hat. In reinem Stickstoff würden Lebewesen ersticken. So hat er seinen Namen bekommen. Auch Stickstoff ist farb-, geruch- und geschmacklos.
Bei normalen Bedingungen ist er sehr reaktionsträge. Es gibt daher keinen einfachen Stickstoffnachweis für das Schullabor.
Verpackte Lebensmittel werden oft unter Stickstoff gelagert; sie bleiben dadurch länger haltbar.

Edelgase. Nahezu keine chemischen Reaktionen gehen die Edelgase ein: Helium, Neon, Argon, Krypton, Xenon und Radon.

Kohlenstoffdioxid ist nur ein kleiner, aber bedeutsamer Bestandteil der Luft. Dieses Gas entsteht bei den meisten Verbrennungen im Alltag. Es spielt eine wichtige Rolle beim Treibhauseffekt.
Zum Nachweis leitet man es durch **Kalkwasser.** Es entsteht eine *milchige Trübung* (vgl. S. 61).

Weitere Stoffe. Die Lufthülle der Erde enthält immer auch Wasserdampf, bis zu 23 ml pro Liter Luft.
Staub und viele andere Gase stammen aus Verkehr, Industrie und Haushalten sowie aus natürlichen Quellen.

Luft besteht im Wesentlichen aus 78 % Stickstoff, 21 % Sauerstoff und 1 % sonstigen Gasen. Außerdem sind Wasserdampf, Staub sowie Fremdstoffe in der Luft enthalten.

1. Fragen zum Text
a) Welches ist der Hauptbestandteil der Luft?
b) Was ist eine Glimmspanprobe?
c) Wie weist man Kohlenstoffdioxid nach?
d) Wofür ist Sauerstoff besonders wichtig?

Steckbrief: Sauerstoff

Physikalische Eigenschaften: Farb-, geruch- und geschmacklos, gasförmig;
Dichte (bei 20 °C): 1,33 g je Liter
Schmelztemperatur: –219 °C
Siedetemperatur: –183 °C
Löslichkeit in 1 l Wasser (bei 20 °C): 31 ml

Chemische Eigenschaften: Verbindet sich mit sehr vielen Stoffen. Unterhält die Verbrennung, brennt aber selbst nicht.
Verwendung: Schweißen, Atemgeräte, Bestandteil von Raketentreibstoff.

Steckbrief: Stickstoff

Physikalische Eigenschaften: Farb-, geruch- und geschmacklos, gasförmig;
Dichte (bei 20 °C): 1,17 g je Liter
Schmelztemperatur: –210 °C
Siedetemperatur: –196 °C
Löslichkeit in 1 l Wasser (bei 20 °C): 16 ml

Chemische Eigenschaften: Verbindet sich schlecht mit anderen Stoffen. Lebewesen ersticken in Stickstoff.
Verwendung: Schutzgas beim Schweißen, Herstellung von Mineraldünger.

Sauerstoff in Medizin und Technik

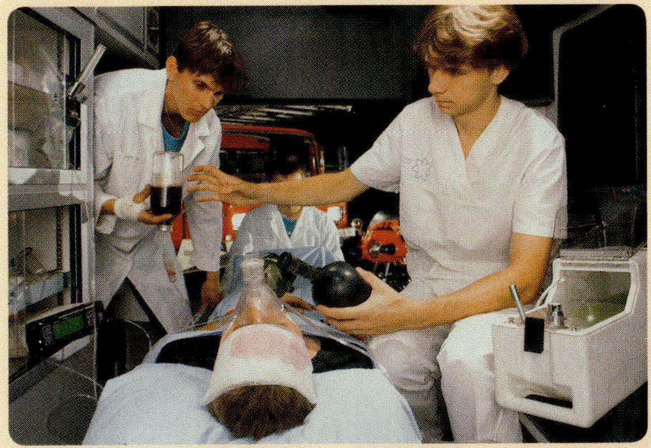

▲ 1. *Der Notarzt beatmet mit Sauerstoff*

Lebenswichtiger Sauerstoff. Ohne Sauerstoffzufuhr überlebt ein Mensch gerade einmal etwa vier Minuten. Die menschlichen Körperzellen müssen also ständig mit Sauerstoff versorgt werden. Man wird müde und unkonzentriert, wenn man Zimmer nicht regelmäßig lüftet.

Bekommt man wenige Minuten lang nicht genug Sauerstoff, etwa bei einem Unfall, kann das zu bleibenden gesundheitlichen Schäden führen.
Bei einem Notarzteinsatz wird deshalb einem bewusstlosen Patienten eine Atemmaske aufgesetzt, die ihn mit dem lebensnotwendigen Sauerstoff versorgt. Die Atemluft, die man durch eine solche Atemmaske erhält, ist mit Sauerstoff angereichert. Sie sorgt dafür, dass der Patient meist schnell wieder zu Bewusstsein kommt.

Auch bei einer Operation unter Vollnarkose wird der Patient künstlich beatmet. Hier übernimmt ein Narkosegerät die Beatmung des Menschen. Messgeräte ermitteln ständig die Atemwerte des Patienten und übertragen sie an einen Computer. Der errechnet die erforderliche Zusammensetzung der Atemluft. Der Narkosearzt überwacht die Mischung von Narkose- und Atemgas. Der Sauerstoffgehalt liegt zwischen 21 % und 33 %.

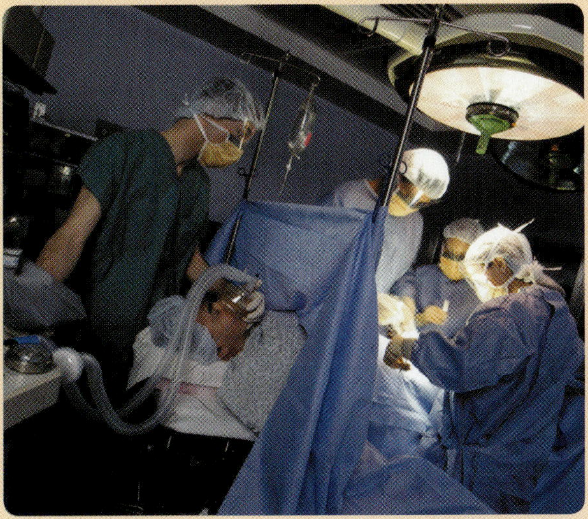

2. Operation unter Narkose ▶

Schweißen und Schneiden mit Sauerstoff. Beim Schweißen werden Stahlteile fest miteinander verbunden. Dazu erhitzt man die Verbindungsstellen mit einem **Schweißbrenner** so stark, dass sie miteinander verschmelzen. Die Temperatur erreicht man durch Verbrennung von Schweißgasen wie Acetylen oder Wasserstoff mit reinem Sauerstoff. Geschmolzener Stahl fließt zusammen. Nach dem Abkühlen sind die Teile fest miteinander verbunden.

▲ 3. *Schweißen mit Sauerstoff und Acetylen*

Soll eine Stahlplatte zerteilt werden, benutzt man einen **Schneidbrenner.** Wie beim Schweißen erhitzt man das Metall an der Trennstelle. Kurz bevor der Stahl schmilzt, wird Sauerstoff auf die Trennstelle geblasen. Der erhitzte Stahl verbrennt dort und das Stahlstück wird zerteilt.

1. Wann verwendet man Sauerstoff in der Medizin?
2. Welche Aufgaben hat reiner Sauerstoff beim Schweißen und Schneiden von Stahl?
3. Finde weitere Anwendungsbeispiele für Sauerstoff.
Recherchiere dazu in Büchern oder im Internet.
4. Idee für einen 10-Minuten-Vortrag: Wie gewinnt man in der Technik Sauerstoff?

Edelgase sind reaktionsträge

1. Kennst du die Edelgase?

a) Überlege, in welchem Zusammenhang du einige Namen der Edelgase schon einmal gehört hast.
b) Was könnte die Vorsilbe „edel" bei den Edelgasen bedeuten? Denke auch an die Edelmetalle.

Edelgase in der Luft. Auch die Edelgase Helium, Neon, Argon, Krypton, Xenon und das radioaktive Radon sind Bestandteile der Luft. Ihr Anteil beträgt allerdings insgesamt weniger als 1 %. Ein Liter Luft (1000 ml) enthält nur 9,324 ml Edelgase. Davon sind 9,3 ml Argon.

▲ *1. Leuchtröhren enthalten Edelgase*

Edelgase sind reaktionsträge. Argon ist griechisch und bedeutet **„träge".** Träge bedeutet hier chemisch reaktionsträge. Diese Eigenschaft haben alle Edelgase gemeinsam. Weil sie kaum Verbindungen eingehen, bezeichnet man sie auch als „edel".
Da alle Edelgase auch noch farb- und geruchlos sind, kann man sie chemisch kaum nachweisen.

Edelgase sind auch nützlich. In der Technik werden Edelgase vielfach genutzt. **Argon,** das am häufigsten vorkommt, wird beim Schweißen als Schutzgas eingesetzt. Es verhindert, dass geschmolzener Stahl an der Luft verbrennt, weil es den Sauerstoff an der Schweißstelle verdrängt. **Helium** ist viel leichter als Luft und wie alle Edelgase nicht brennbar. Man verwendet es als Füllgas für Ballons und Luftschiffe.

Argon und **Krypton** werden als Füllgas in Glühlampen eingesetzt. Dann verdampft der hell glühende Metallfaden nicht so schnell. Das blauweiße Licht moderner Autoscheinwerfer stammt meist von Blitzentladungslampen, die mit **Xenon** gefüllt sind.

Lampen mit farbiger Lichtreklame bezeichnet man auch heute oft noch als Neonröhren, weil die ersten roten Leuchtröhren mit Neon gefüllt waren. Heutzutage enthalten diese Lampen meistens ein Gemisch aus **Neon, Argon** und Quecksilberdampf. Ihre Leuchtfarbe erhalten diese Lampen durch eine Beschichtung, die innen auf das Glas aufgebracht wird, manchmal auch durch die Farbe des Glases selbst.

Die Luft enthält etwa 1 % Edelgase. Sie sind sehr reaktionsträge. Deshalb eignen sich die Edelgase als Füll- und Schutzgas.

2. Fragen zum Text
a) Welche Edelgase gibt es?
b) Erläutere den Begriff Edelgas.
c) Welches ist das häufigste Edelgas in der Luft?
d) Warum ist Argon beim Schweißen so nützlich?

▲ *2. Xenonlampen leuchten heller als Halogenlampen*

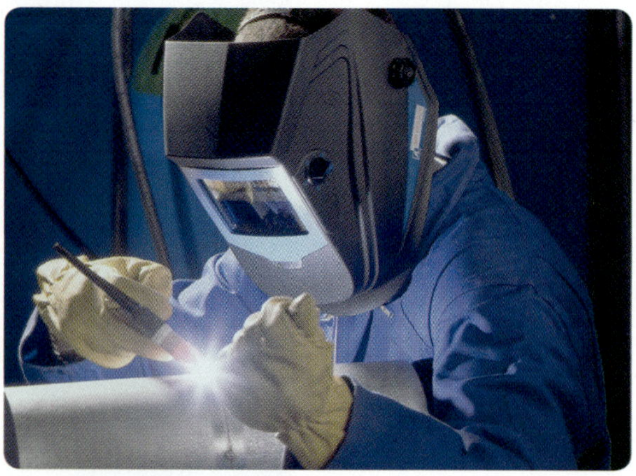

▲ *3. Argon schützt vor Oxidation*

Mit Helium in die Luft

Auf Rummelplätzen und den unterschiedlichsten Festen gibt es sie fast immer: bunte **Luftballons.** Bei Kindern sind sie sehr beliebt, weil sie nicht zu Boden sinken, sondern nach oben steigen.

Diese Luftballons sind mit dem Edelgas Helium gefüllt. Es ist viel leichter als Luft. Deshalb steigen die Ballons in Luft immer auf. Das ist ein teures Vergnügen, wenn sie losgelassen werden, denn Ballons mit Heliumfüllung kosten einige Euro.

Seit vielen Jahren werden mit Helium gefüllte Gasballons in der Wetterforschung eingesetzt. Die Latexhülle solcher **Wetterballons** ist hauchdünn – sie ist nur 0,02 mm dick! Trotzdem können sie Kameras und Wettersatelliten bis in etwa 30 km Höhe tragen. Die Ballons können rund 1 kg Last pro Kubikmeter Gasfüllung tragen. Nach einem Flug von einem Tag werden die Geräte durch ein Funksignal vom Ballon gelöst. An einem Fallschirm sinken sie zur Erdoberfläche zurück.

Zeppeline, die in der Luft schweben, wecken unsere Aufmerksamkeit. Heute sind solche Luftfahrzeuge eher selten. Von den unterschiedlichsten Firmen werden die mit Helium gefüllten Luftschiffe vor allem als attraktive Werbeträger genutzt.

Früher gab es riesige Luftschiffe, die zur Personen- und Lastenbeförderung eingesetzt wurden. Sie waren mit dem preiswerten Gas Wasserstoff gefüllt. Der Wasserstoff ist noch leichter als Helium. Allerdings ist er brennbar. Sein Einsatz hat schon zu schweren Feuerkatastrophen geführt. Heute fahrende Luftschiffe sind aus Gründen der Sicherheit mit dem reaktionsträgen Edelgas Helium gefüllt.

1. Vergleiche die Eigenschaften der Gase Wasserstoff und Helium miteinander. Welche Eigenschaften sprechen für die Verwendung von Helium als Ballongas, welche für Wasserstoff?

2. Idee für einen 10-Minuten-Vortrag: Die Luftschiff-Katastrophe in Lakehurst 1937.

Steckbrief: Helium

Physikalische Eigenschaften: Farb- und geruchloses Gas

Dichte (bei 20 °C):	0,1785 $\frac{g}{l}$
Schmelztemperatur:	–272 °C
Siedetemperatur:	–269 °C
Löslichkeit in 1 l Wasser:	1,5 ml
Preis für 1 l:	9 €

Chemische Eigenschaften: Sehr reaktionsträges Edelgas, nicht brennbar.

Verwendung: Schutzgas, Füllgas für Ballons, Kühlmittel (als Flüssigkeit).

▲ *4. Eigenschaften von Helium*

Steckbrief: Wasserstoff

Physikalische Eigenschaften: Farb- und geruchloses Gas

Dichte (bei 20 °C):	0,0899 $\frac{g}{l}$
Schmelztemperatur:	–259 °C
Siedetemperatur:	–253 °C
Löslichkeit in 1 l Wasser:	1,6 ml
Preis für 1 l:	2 €

Chemische Eigenschaften: Verbindet sich mit vielen Stoffen; ist brennbar.

Verwendung: Rohstoff in der Chemieindustrie (z. B. Düngemittel, Benzin).

▲ *5. Eigenschaften von Wasserstoff*

Die Katastrophe am Nyos-See

Kamerun, 21. August 1986. Aus zunächst ungeklärter Ursache kam es rund um den Nyos-See zu einer rätselhaften Katastrophe. Bis in einer Entfernung von 25 km starben über Nacht fast 2000 Menschen und zahllose Tiere. Die Menschen lagen auf den Straßen, als ob sie mitten im Gespräch umgekippt wären. Das Vieh war ebenso gestorben wie die Vögel und die Insekten.
Überlebende konnten nur feststellen, dass die Menschen und Tiere offensichtlich erstickt waren. Ein Team von Wissenschaftlern aus verschiedenen Ländern begann mit der Suche nach der Ursache.

Der Nyos-See im Nordwesten Kameruns, in Westafrika, liegt im Krater eines erloschenen Vulkans. Aus der Magmakammer unterhalb des Sees entweicht immer noch Kohlenstoffdioxid. Es steigt nach oben und gelangt gelöst im kühlen Grundwasser in den See. Von dort entweicht es aber nicht, sondern es reichert sich am Grund des Sees an. Das liegt daran, dass der See rund 200 m tief ist. Unter dem großen Druck kann das kalte Wasser am Seeboden zehnmal mehr Kohlenstoffdioxid lösen als das übrige Wasser. Das kühle kohlenstoffdioxidgesättigte Wasser ist schwerer und bleibt deshalb am Grund.

▲ 2. *Der Nyos-See ist ein Kratersee in Westafrika*

In den meisten Seen wird das Wasser im Laufe des Jahres immer wieder umgewälzt, doch nicht beim Nyos-See. Hier bleibt das wärmere Wasser oben und das kühle Wasser unten. Das Kohlenstoffdioxid ist also in der Tiefe „gefangen".

Das Gas reichert sich so immer mehr an. Es ist wie eine tickende Zeitbombe, denn irgendwann kann das Wasser kein Kohlenstoffdioxid mehr aufnehmen. Dann reicht der kleinste Auslöser, etwa eine Sturmböe oder ein kleiner Erdrutsch, um schlagartig eine gewaltige Menge Gas freizusetzen. Dadurch werden die Wasserschichten verwirbelt und das kohlenstoffdioxidhaltige Wasser gelangt nach oben. Ohne den hohen Druck von 200 m Wassertiefe perlt das Gas aus und steigt nach oben. Es reißt dabei weiteres Wasser mit sich. Aus wenigen Bläschen wird so bald ein gewaltiges Schäumen. Explosionsartig schießt dann das gashaltige Wasser in Form einer Fontäne nach oben – wie bei einer Sektflasche, die man nach kräftigem Schütteln geöffnet hat. Das freigesetzte Gas entweicht. Da es anderthalbmal schwerer als Luft ist, verdrängt es die Atemluft in der Umgebung des Sees – und erstickt so alles Leben.

Die Wissenschaftler sind nach Abschluss ihrer Untersuchungen überzeugt, dass es tatsächlich das „harmlose" Gas Kohlenstoffdioxid war, das die Katastrophe verursacht hat. Das Gas, das in jedem sprudelnden Getränk enthalten ist und das wir selbst ausatmen.

1. Schütte warmes Leitungswasser in kaltes Sprudelwasser. Beobachte und erkläre, was geschieht.
2. Vergleiche die Vorgänge beim Unglück am Nyos-See mit dem Öffnen einer Sprudelflasche.
3. Das Kohlenstoffdioxid gelangt weiter in den Nyos-See. Überlege, welche Maßnahmen man ergreifen könnte, um ein weiteres Unglück zu verhindern.
4. Recherchiere im Internet, was man tatsächlich unternommen hat – und ob die Maßnahmen ausreichen.
5. Berichte deinen Klassenkameraden in einem 10-Minuten-Vortrag über die Vorgänge im Nyos-See.

Die Dunsthöhle in Bad Pyrmont

▲ *1. An der Dunsthöhle in Bad Pyrmont*

Ein Naturphänomen. In der Stadt Bad Pyrmont am Rande des Weserberglandes kann man ein interessantes Naturphänomen besichtigen. Obwohl man streng genommen nicht viel sehen kann, denn es handelt sich dabei um das farblose Gas Kohlenstoffdioxid. Es steigt dort schon seit mindestens dreihundert Jahren aus einer Felsspalte und hat schon manche Zeitgenossen verblüfft.

Woher stammt das Gas? Kohlenstoffdioxid entsteht bei den meisten Verbrennungen und auch bei der Oxidation von Nährstoffen im menschlichen Körper. In der Gegend um Bad Pyrmont stammt das Gas aus vulkanischem Gestein in 3 000 Metern Tiefe. Durch Spalten gelangt es nach oben und löst sich im Grundwasser. Im sauren Quellwasser kommt es an die Oberfläche.
Im Sandstein unterhalb einer Grube verliert das Wasser einen Teil des gelösten Kohlenstoffdioxids. Das Gas steigt durch Risse im Sandstein nach oben und strömt aus einer Felsspalte ins Freie. Heute ist diese Stelle eingefasst und überdacht.

Wie ist die Dunsthöhle entdeckt worden? Um 1700 befand sich auf dem Gelände in Pyrmont ein Steinbruch. Dort kam es immer wieder vor, dass die Steinbrucharbeiter von einer bestimmten Tiefe an ohnmächtig geworden sind. Auch fand man dort öfter tote Tiere in der Grube. Ab 1712 untersuchte der Arzt Dr. JOHANN SEIP diese merkwürdigen Erscheinungen. Er tippte auf „Schwefeldunst", also Schwefeldämpfe. Damit lag er falsch, doch das war kein Wunder: Kohlenstoffdioxid war zu dieser Zeit noch gar nicht entdeckt. Erst 1775 erkannte man in Pyrmont, dass es sich um dieses Gas handelt.

Wirkungen des Gases. Durch Selbstversuche hatte der Arzt festgestellt, dass der „Dunst" in der Grube die Durchblutung fördert und dadurch ein Wärmegefühl erzeugt. Man hat es deshalb früher schon zu Heilzwecken eingesetzt – wie übrigens heute noch im Therapiezentrum Königin-Luise-Bad.

◀ *2. Gleich verlöscht die Kerze*

3. Die Seifenblasen schweben ▼

Die Vorführung. In einer kurzen Vorführung an der „Dunsthöhle" bekommt man einige Eigenschaften von Kohlenstoffdioxid gezeigt: Eine Kerzenflamme erlischt, sobald sie ins unsichtbare Gas taucht. So kann man erkennen, wie hoch der Gaspegel liegt. Seifenblasen bleiben längere Zeit auf dem schwereren Gas liegen. Und wenn man sich etwas bückt und sich mit der Hand das Gas in Mund und Nase fächelt, verspürt man einen leicht sauren Geschmack.

1. Weshalb gehen Flammen im CO_2-Gas aus?
2. Wie kann man in einem Experiment zeigen, ob das Gas leichter oder schwerer ist als Luft?
3. Auch bei der Vergärung von Most zu Wein sowie in Güllegruben und Futtersilos bildet sich CO_2. Würde dort eine Atemmaske mit Filter vor CO_2 schützen?
4. Wann kann das „harmlose Sprudelgas" Kohlenstoffdioxid sogar tödlich für Menschen sein?

So erstellt man Diagramme

Bilder sind anschaulicher als Worte. Deshalb stellt man Informationen oft bildlich dar.
Besonders, wenn es um Zahlen geht, lassen sich Daten mithilfe von Diagrammen schneller und leichter erfassen.
Bevor man ein Diagramm anfertigt, muss man überlegen, welcher **Diagrammtyp** am besten zu den Informationen passt.

Säulendiagramme eigenen sich gut, um Größen miteinander zu vergleichen. So kann man zum Beispiel den Energieverbrauch in verschiedenen Ländern übersichtlich darstellen.

Energieverbrauch pro Kopf (in kg SKE)

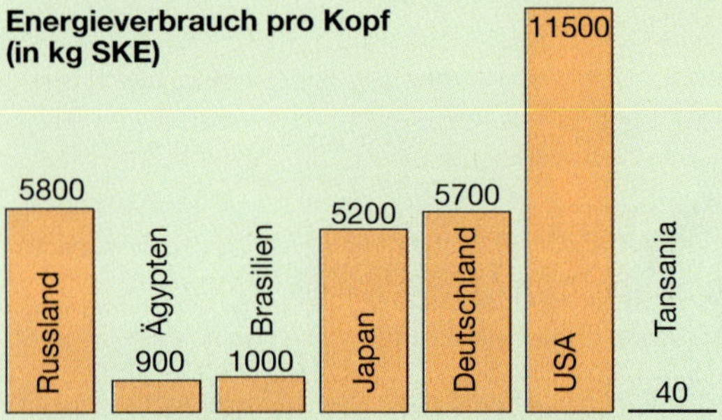

▲ *1. Säulendiagramm*

Streifendiagramme eignen sich gut zur Darstellung von Prozentsätzen. Die volle Länge des Streifens entspricht 100%. Wenn man dafür einen gut passenden Wert wählt, etwa 10 cm, dann lassen sich die Anteile leicht einzeichnen – 1 mm entspricht dann gerade 1 %.

Zusammensetzung der Luft

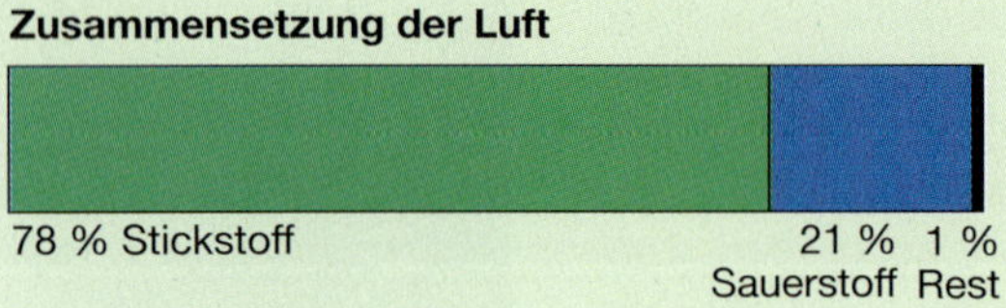

▲ *2. Streifendiagramm*

Kreisdiagramme machen unterschiedliche Prozentsätze als verschieden große „Kuchenstücke" anschaulich. Die Größe des entsprechenden Kreisausschnittes ermittelt man so:
100 % Anteil entsprechen dem vollen Kreis mit 360 Grad; 1 % Anteil entspricht dann 3,6 Grad. Der jeweilige Prozentsatz muss also mit 3,6 multipliziert werden, um die Winkelgröße zu erhalten.

Rechenbeispiel:
10 % entsprechen einem Winkel von 36 Grad, da 10 · 3,6 Grad = 36 Grad
15 % entsprechen einem Winkel von 54 Grad, da 15 · 3,6 Grad = 54 Grad

So lässt sich zum Beispiel gut zeigen, welche Anteile bei den Stickstoffoxiden von Autos, Kraftwerken, der Industrie oder von Haushalten stammen.

Stickstoffoxide NO_x Verursacher

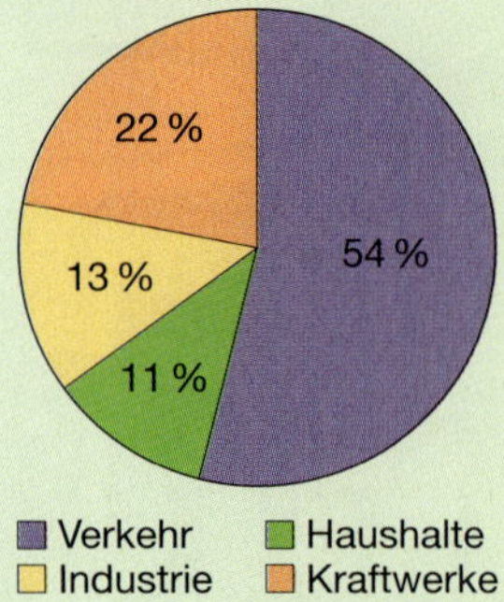

▲ *3. Kreisdiagramm*

Liniendiagramme (Kurvendiagramme) setzt man oft ein, um den zeitlichen Verlauf einer Größe zu zeigen, etwa die Zahl der zugelassenen Kraftfahrzeuge in Deutschland (PKW, LKW, Zweiräder, Sonstige).

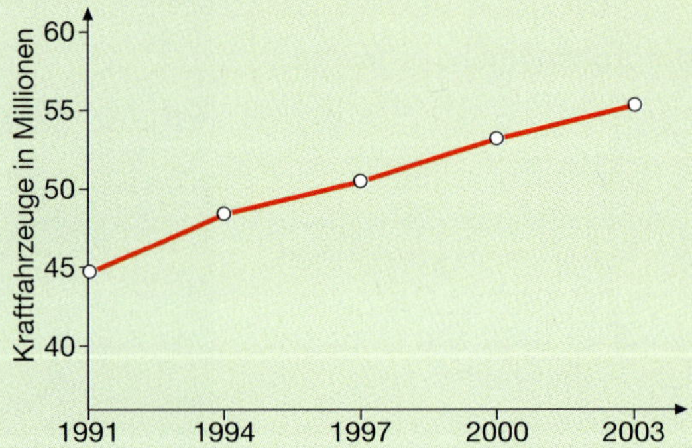

▲ *4. Liniendiagramm*

Vor allem bei etwas umfangreicheren Zahlenangaben ist es sinnvoll, vor dem Zeichnen des Diagramms eine Tabelle anzulegen. So behält man leichter die Übersicht.

Kraftfahrzeuge in Deutschland (in Millionen)					
Jahr	1991	1994	1997	2000	2003
Zahl	44,87	47,33	50,69	53,11	55,24

▲ *5. Wertetabelle*

1. Mit welchem Diagrammtyp kann man Prozentsätze gut darstellen?
2. Erläutere das Kreisdiagramm Abbildung 3.
3. Welchen Vorteil bietet ein Streifendiagramm gegenüber einem Kreisdiagramm?
4. Du sollst ein Schaubild zur Menge der Stickstoffoxide in der Luft von 1980–2005 erstellen. Welche Diagrammform bietet sich dafür an? Begründe deine Entscheidung.

Suchen und Finden im Internet

Nie zuvor war es so leicht, in kürzester Zeit über ein Thema eine Fülle an Informationen zu bekommen. Darin liegt allerdings gerade auch das Problem: Die Zahl der Trefferseiten ist oft unüberschaubar. Was tun?

→ **Zur Übersicht: Web-Katalog.** Um eine Übersicht über ein Thema zu bekommen kann man zunächst in einem Web-Katalog suchen. Hier hat man ein kleineres Angebot, das in Themen und Unterthemen geordnet ist und daher relativ übersichtlich ist. Web-Kataloge sind zum Beispiel:
www.allesklar.de
www.dino-online.de
www.web.de
www.yahoo.de

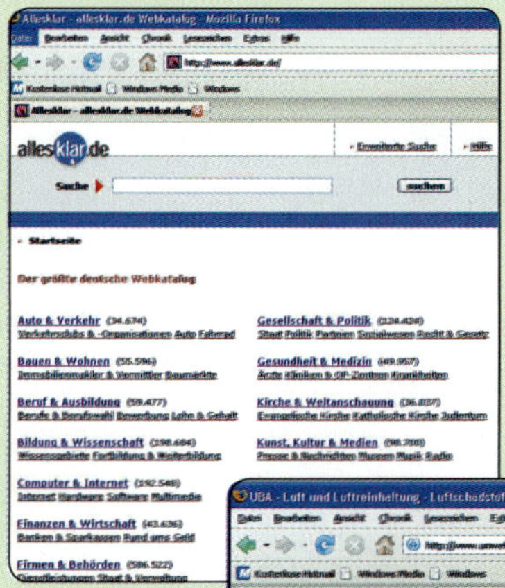

Details und speziellere Fragen lassen sich eher durch klassische Suchmaschinen aufspüren, etwa durch www.abacho.de
www.altavista.de
www.fireball.de
www.google.de
www.lycos.de

Allerdings sollte man dann die folgenden Suchtipps beachten.

→ **Suchbegriff eingrenzen.** Wer passende Treffer sucht, muss das Thema möglichst genau mit Suchbegriffen beschreiben. Am besten trägt man gleich zwei, drei oder mehr Begriffe in die Suchmaske ein; bei den meisten Suchmaschinen werden die Begriffe dann miteinander verknüpft. Das heißt, dass nur Seiten angezeigt werden, auf denen alle Begriffe gleichzeitig auftauchen. Sollten die Suchwörter nicht automatisch verknüpft werden, kann man sie mit einem Pluszeichen zusammen eintragen. Nur mit verknüpften Suchbegriffen bekommt man eine sinnvolle Zahl von Treffern. Beispiel:

- Feinstaub ergibt über 1 Million Treffer;
- Feinstaub + Luftschadstoff ergibt 51 500 Treffer;
- Feinstaub + Luftverschmutzung + Hannover führt zu etwa 680 Treffern;
- Feinstaub + Luftverschmutzung + Hannover + Umweltzone ergibt etwa 270 Treffer; bei
- Feinstaub + Luftverschmutzung + Hannover + Umweltzone + Plakette werden „nur" noch rund 160 Treffer angezeigt.

→ **Unpassende Begriffe ausschließen.** Setzt man direkt vor ein Suchwort ein Minuszeichen, werden Seiten mit diesem Begriff *nicht* angezeigt.

→ **Achtung, Werbung.** Die ersten Ergebnisse von einer Internet-Suchmaschine sind oft bezahlte Werbe-Links. Manchmal sind sie farbig unterlegt oder ganz am Rand untergebracht. Solche Werbe-Links helfen einem meistens nicht weiter bei der Suche für die Schule.

→ **Achtung, Abzocke!** Inzwischen gibt es viele Internetseiten für Referate oder Hausaufgabenhilfe, die kostenpflichtig sind. Solche Seiten sollte man gleich wieder wegklicken.

→ **Wichtige Fundstellen als Favoriten speichern.** „Gute" Internetadressen sollte man sich als Favorit („Lesezeichen") abspeichern, am besten in einem neuen Favoriten-Ordner des Browser-Programms. Dann genügen ein, zwei Klicks, um auch komplizierte Adressen blitzschnell wieder auf dem Bildschirm zu haben.

→ **Gezielt auswählen.** Nur passende Treffer sollte man anklicken und dann gegebenenfalls auch ausdrucken. Mithilfe der kurzen Auszüge auf den Ergebnislisten kann man oft schon erkennen, ob sich die jeweilige Seite wohl lohnen wird.

1. Informiere dich im Internet über die Umweltzone in Hannover. Welche Bedeutung hat die grüne Plakette?
2. Suche einige Meinungen zum Thema Umweltzone. Wie wird der Nutzen dieser Maßnahme darin beurteilt? Berücksichtige auch, von wem die Aussagen jeweils stammen.
3. Einmal im Jahr kann man einen besonders hohen Wert für Feinstaub messen, vor allem in den Städten. An welchem Tag könnte das sein?

Die Belastung der Luft

Feinstaub: Winzig und gefährlich! Für viele Fachleute ist die Belastung durch Feinstaub heute eines der gravierendsten Umweltprobleme in Europa.
Feinstaub (PM 10) ist ein Sammelbegriff für winzigste Teilchen in der Größe bis zu 10 Mikrometern (= 10 Millionstelmeter). Es sind feinste Rußpartikel, Reifenabrieb, Schwermetalle, Salze und schädliche Kohlenstoffverbindungen.

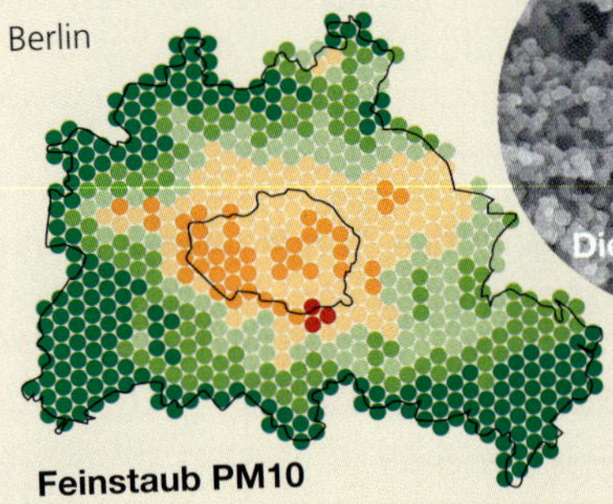

Sie stammen aus der unvollständigen Verbrennung von Brenn- und Treibstoffen, aus Produktionsprozessen, aus dem Abrieb von Reifen, Bremsen und Straßenbelägen sowie aus der Natur. Besonders aggressiv scheint Dieselruß zu sein, der auch als Krebs erregend gilt. Die Oberfläche der Rußpartikel ist sehr zerklüftet, sodass sich dort weitere Schadstoffe anlagern können.

1. Welche gesundheitlichen Folgen verursacht Feinstaub? Recherchiere im Internet und in Lexika.
2. Untersuchungen haben ergeben, dass Feinstaub umso schädlicher für Menschen ist, je kleiner die Partikel sind. Woran könnte das liegen?
3. Suche im Internet aktuelle Messwerte für Feinstaub, für Hannover sowie ganz Deutschland.
4. Wie hoch ist der aktuelle Feinstaub-Grenzwert?
5. Welche Maßnahmen würdest du vorschlagen, um die Feinstaubmenge zu verringern?

Wintersmog Luftschadstoffe vermischen sich meist mit frischer Luft aus höheren Luftschichten. Dabei werden sie verdünnt. Im Winter legt sich jedoch manchmal eine warme Luftschicht über die kalte Luft am Boden. Die Schadstoffe können dann nicht mehr entweichen und sammeln sich in Bodennähe an. Die Mischung aus Abgasen (engl. *smoke*) und feuchter Luft (engl. *fog*) nennt man *Smog*. Er belastet vor allem bei älteren Menschen Kreislauf und Atemwege.

6. Weshalb ist wohl der Wintersmog in Europa inzwischen sehr selten geworden?

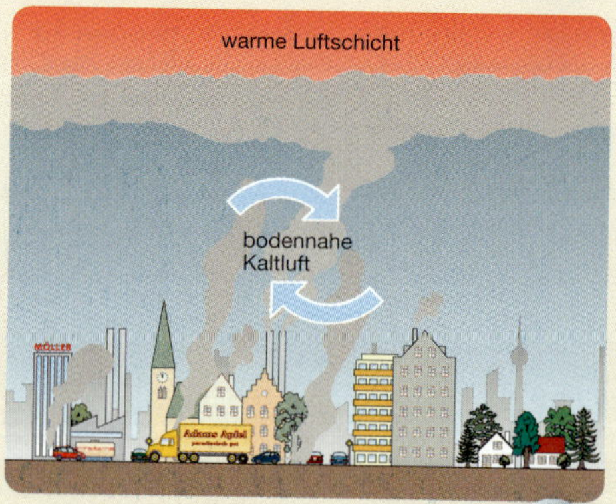

Sommersmog (photochemischer Smog) entsteht, wenn Schadstoffe in der Luft bei intensiver Sonneneinstrahlung miteinander reagieren. Es sind vor allem die Stickstoffoxide, die z.B. mit unverbranntem Benzin und Sauerstoff zu dem Gas Ozon und weiteren Schadstoffen reagieren. Ozon ist giftig und kann zu Erkrankungen der Atemwege und der Augen führen. Es greift auch die Blätter der Pflanzen an. Bei Ozonwerten über 200 Mikrogramm pro Kubikmeter Luft sollten Anstrengungen im Freien vermieden werden.

7. Lies auch den Text zum Wintersmog und beschreibe die Unterschiede zwischen Sommer- und Wintersmog.

Die Belastung der Luft

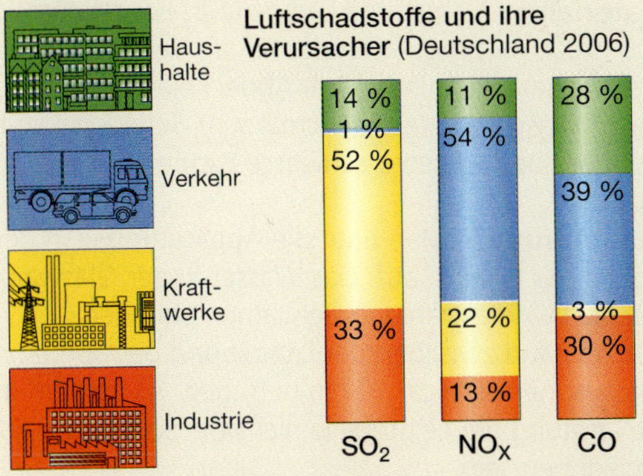

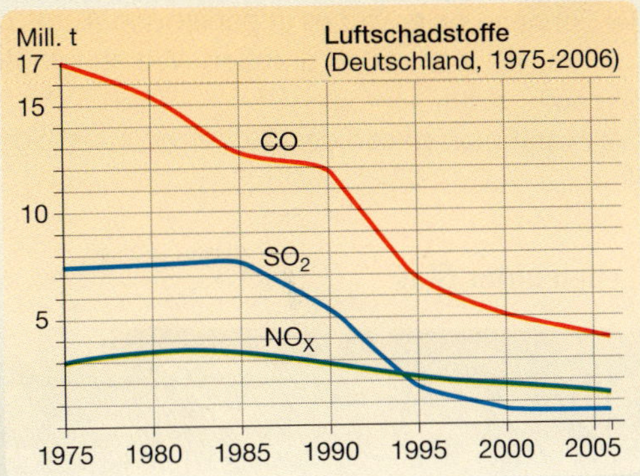

Kohle, Erdgas, Erdöl und Erdölprodukte werden verbrannt, um die Energie zu nutzen, die in diesen Stoffen enthalten ist. Als Reaktionsprodukte entstehen vor allem Kohlenstoffdioxid und Wasser.

Daneben werden noch große Mengen anderer Verbrennungsgase an die Atmosphäre abgegeben. Diese Gase verursachen die schlechte Luft in unseren Innenstädten und sind für Menschen und Umwelt schädlich.

Schwefeldioxid (SO_2) gelangt hauptsächlich mit den Abgasen aus der Verbrennung von Kohle und Öl in die Luft. Es greift direkt die Lungen an.
Stickstoffoxide (N_2O, NO, NO_2, abgekürzt: NO_X) stammen oft aus Autoabgasen. Sie reizen die Augen und lösen Kopfschmerzen und Atembeschwerden aus.
Kohlenstoffmonooxid (CO) entsteht vor allem in Benzinmotoren. Es behindert die Sauerstoffaufnahme des Blutes.

Seit 1974 hat man in Deutschland zahlreiche Gesetze zur Reinhaltung der Luft erlassen. Darin ist genau festgelegt, welche Abgasmengen abgegeben werden dürfen.

1. Nenne die wichtigsten Luftschadstoffe.
2. Wer erzeugt die meisten Stickstoffoxide und wer das meiste Schwefeldioxid?
3. Erläutere die Abbildung zur zeitlichen Entwicklung der Luftschadstoffe in Deutschland.

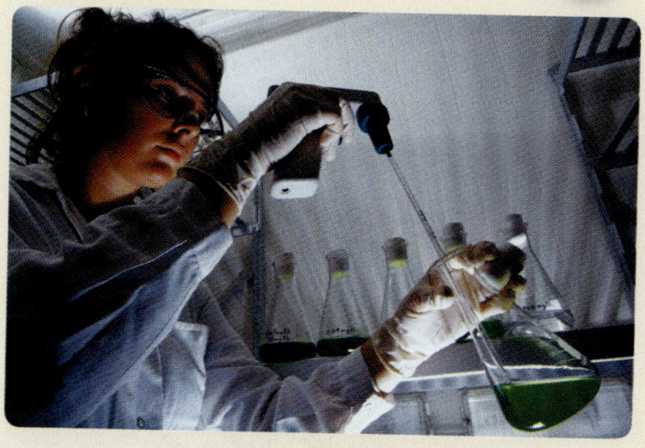

Berufe. Umweltanalysen im Labor werden oft von **Chemisch-technischen Assistenten (CTAs)** mit dem Schwerpunkt Umweltanalytik durchgeführt.
Voraussetzung für die Ausbildung zum CTA ist die mittlere Reife oder ein vergleichbarer Abschluss. Die Ausbildung findet an privaten und öffentlichen Berufsfachschulen statt und dauert im Regelfall zwei Jahre. Etwa die Hälfte des Unterrichts ist Theorie, die andere Hälfte praktischer Unterricht.
In der Umweltanalytik muss sehr konzentriert und genau gearbeitet werden, denn es geht um sehr kleine Mengen. Die Messverfahren sind oft gesetzlich vorgeschrieben, damit man die Werte überall miteinander vergleichen kann.

4. Finde heraus, welche Voraussetzungen man für die Ausbildung zum Chemikanten und zum Chemielaboranten benötigt (z.B. über die Seiten der Bundesagentur für Arbeit www.berufenet.de).

Der natürliche Treibhauseffekt

1. Autos in der Sonne

a) Bei Sonnenschein wird es in parkenden Autos oft sehr warm, viel wärmer als draußen. Woran könnte das liegen?
b) Was kann man gegen das Aufheizen in der Sonne tun?

2. Leben unter Glas

a) Warum lässt man Pflanzen in Glashäusern wachsen?
b) Welche Vorteile hat der Anbau eines Wintergartens?
c) Was muss man beachten, wenn man Gewächshäuser und Wintergärten nutzt?

3. Sonnenkollektoren

Finde heraus, wie Sonnenkollektoren (keine Solarzellen!) funktionieren, die man oft auf Hausdächern sieht.

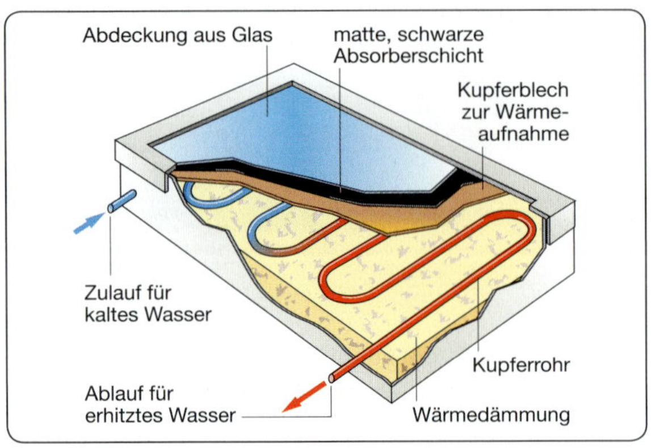

4. Modellversuch zum Treibhauseffekt

Materialien: Lichtstarke Lampe (z. B. Baustrahler 500–1000 W), großes Glasgefäß als Versuchsbehälter (z. B. Aquarium, mind. 10 l), Abdeckplatte aus Glas, flache Glaswanne (etwa 3 cm hoch), Temperaturfühler oder Thermometer, schwarze Pappe; Kohlenstoffdioxid.
Durchführung: Man baut die Apparatur wie in der Abbildung gezeigt auf. Das Wasser in der Glaswanne soll die Wärmestrahlung der Lampe abhalten.
Der Abstand zwischen der Lampe und der oberen Glaswanne sollte ca. 10 cm betragen. Außerdem darf die Leistung der Lichtquelle nicht viel schwächer als angegeben sein.
Das untere Glasgefäß ist einmal mit Luft gefüllt; später wiederholt man den Versuch mit einer Kohlenstoffdioxid-Füllung. Dabei muss man darauf achten, dass die Geräte vor dem zweiten Versuch wieder vollständig abgekühlt sind.

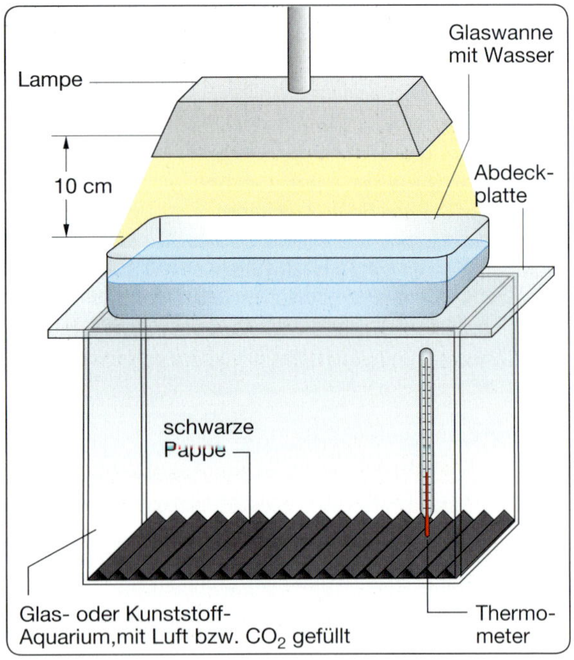

Nach dem Einschalten der Lampe wird die Temperatur im Versuchsgefäß alle zwei Minuten gemessen. Die Versuchsdauer beträgt 15–20 Minuten.
Aufgaben: a) Trage die gemessenen Temperaturen in eine Tabelle ein.
b) Beschreibe, was während des Experiments geschieht.
c) Weshalb führt man zwei Messreihen durch?
d) Versuche, das Messergebnis zu erklären.
e) Welche Fehlermöglichkeiten können bei diesem Experiment auftreten?

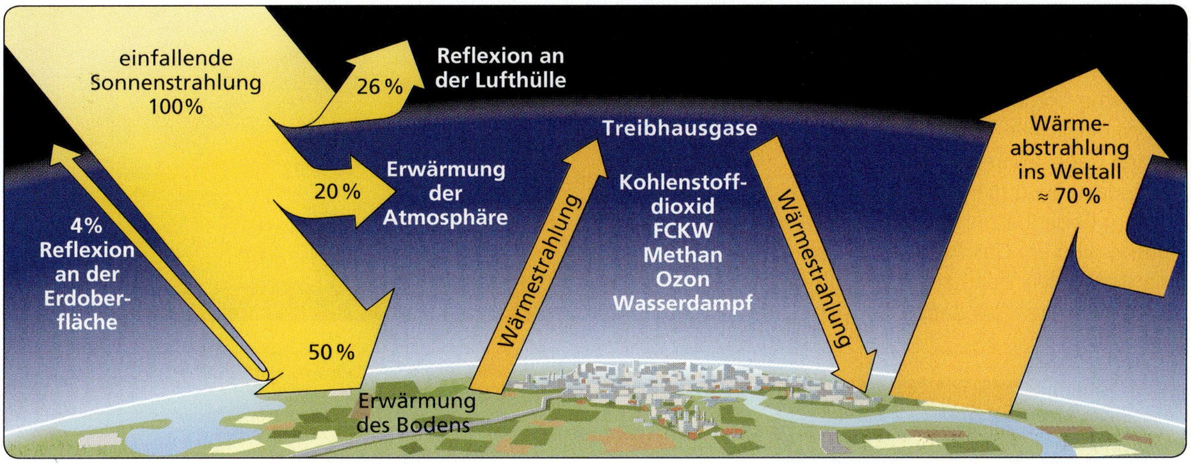

▲ *1. Der natürliche Treibhauseffekt; ohne ihn wäre es auf der Erde bitterkalt*

Im Gewächshaus. Wenn die Sonne scheint, ist es im Gewächshaus und in einem Wintergarten immer wärmer als außerhalb.

Sonnenstrahlung kann leicht durch die Glaswände eines Gewächshauses gelangen. Wenn sie innen auf Pflanzen und Erde trifft, erwärmen sich diese und strahlen selbst Wärme ab. Die Wärmestrahlung kann aber die Glaswände kaum durchdringen, das Gewächshaus erwärmt sich.

Ein Gewächshaus nennt man auch Treibhaus, weil darin Pflanzen wegen der Wärme früher austreiben und schneller wachsen. Die Wirkung des Glases in einem Gewächshaus bezeichnet man daher als **Treibhauseffekt** oder auch als **Glashauseffekt.**

Natürliche Treibhausgase und Temperaturerhöhung	
Wasserdampf (H_2O)	21 °C
Kohlenstoffdioxid (CO_2)	7 °C
Stickstoffoxide (vor allem N_2O)	1,4 °C
Ozon (O_3)	2,4 °C
Methan (CH_4)	0,8 °C
Andere (zusammen)	0,4 °C

▲ *3. Wirkung unterschiedlicher Treibhausgase (durchschnittliche Temperaturerhöhung)*

Der natürliche Treibhauseffekt. Die Lufthülle der Erde wirkt ähnlich wie ein riesiges Glasdach: Sonnenstrahlung kann leicht hindurchgelangen, Wärmestrahlung dagegen wird aufgenommen und so zum Teil zurückgehalten.
Ohne diesen **natürlichen Treibhauseffekt** wäre es auf der Erde sehr viel kälter. Die Durchschnittstemperatur läge nicht bei +15 °C sondern bei –18 °C. Bei diesen Bedingungen hätte sich Leben, so wie wir es heute kennen, nicht entwickeln können.

Treibhausgase. An der Erhöhung der Durchschnittstemperatur der Erde um rund 33 °C sind die Gase in der Luft unterschiedlich stark beteiligt. Die stärkste Wirkung hat Wasserdampf, dann folgt Kohlenstoffdioxid – und das, obwohl es nur zu 0,038 % in der Luft enthalten ist.
Diese Gase entstehen bei natürlichen Ereignissen: Wasser verdunstet, Vulkane brechen aus, Wälder geraten in Brand, abgestorbenes Material wird zersetzt.

Die Lufthülle der Erde wirkt ähnlich wie das Glas in einem Gewächshaus: Wärmestrahlung wird teilweise zurückgehalten. Erst durch diesen natürlichen Treibhauseffekt haben wir auf der Erde angenehme Durchschnittstemperaturen.

1. Fragen zum Text
a) Wie wirkt die Sonne bei einem Gewächshaus?
b) Erläutere den natürlichen Treibhauseffekt auf der Erde.
c) Welche Bedeutung hat der natürliche Treibhauseffekt für die Lebewesen auf der Erde?
d) Erkläre die Bedeutung der Pfeile in Abb. 1.
e) Welche Gase sind vor allem an der Entstehung des natürlichen Treibhauseffektes beteiligt?

Der Mensch verstärkt den Treibhauseffekt

1. Treibhausgase aus Technik und Landwirtschaft

a) Welche Vorgänge sind in den Bildern dargestellt und welche Gase werden dabei in die Luft abgegeben? Nutze dazu auch die Tabelle.
b) Beim Reisanbau und bei der Rinderhaltung wird ein Gas frei, das Wissenschaftler zu den Treibhausgasen zählen. Um welches Gas handelt es sich?

Treibhausgase	Herkunft und Anteil am zusätzlichen Treibhauseffekt	
Kohlenstoffdioxid (CO_2)	Verbrennung fossiler Brennstoffe (Kohle, Erdöl, Erdgas, Holz)	50 %
Methan (CH_4)	Sumpfgas, Reisanbau, Rinderhaltung, Mülldeponien, Öl- und Gasförderung	20 %
Stickstoffoxide (NO_X)	Verbrennungsvorgänge, aus Böden, aus Dünger	5 %
Fluorchlorkohlenwasserstoffe	Früher als Kältemittel, Lösemittel, Treibgas in Spraydosen und für Schaumstoffe	10 %
Ozon (O_3)	unter Sonneneinstrahlung aus Abgasen und Methan	15 %

2. Die Menschheit wächst

a) Beschreibe grob den Verlauf der Kurve unten.
b) Wie stark ist die Weltbevölkerung zwischen 1700 und 1800 angewachsen und wie stark zwischen 1900 und 2000?
c) Überlege, welche Gründe es für die starke Zunahme der Weltbevölkerung geben könnte.
d) Menschen brauchen Nahrung, Energie und Rohstoffe. Was bedeutet es dann, wenn die Weltbevölkerung so rasch wächst, wie zurzeit noch?
e) Was kann man den Grafiken rechts entnehmen?
f) Vergleiche den Verlauf der Kurve links mit dem der Kurven rechts. Was für einen Schluss könnte man daraus ziehen?

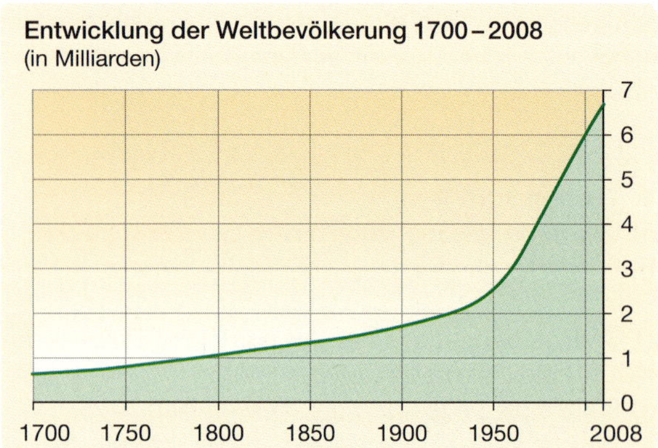

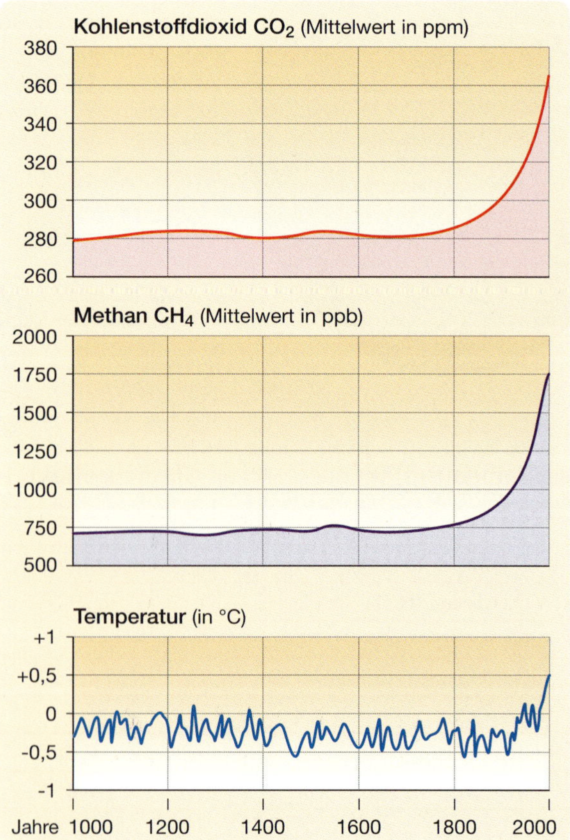

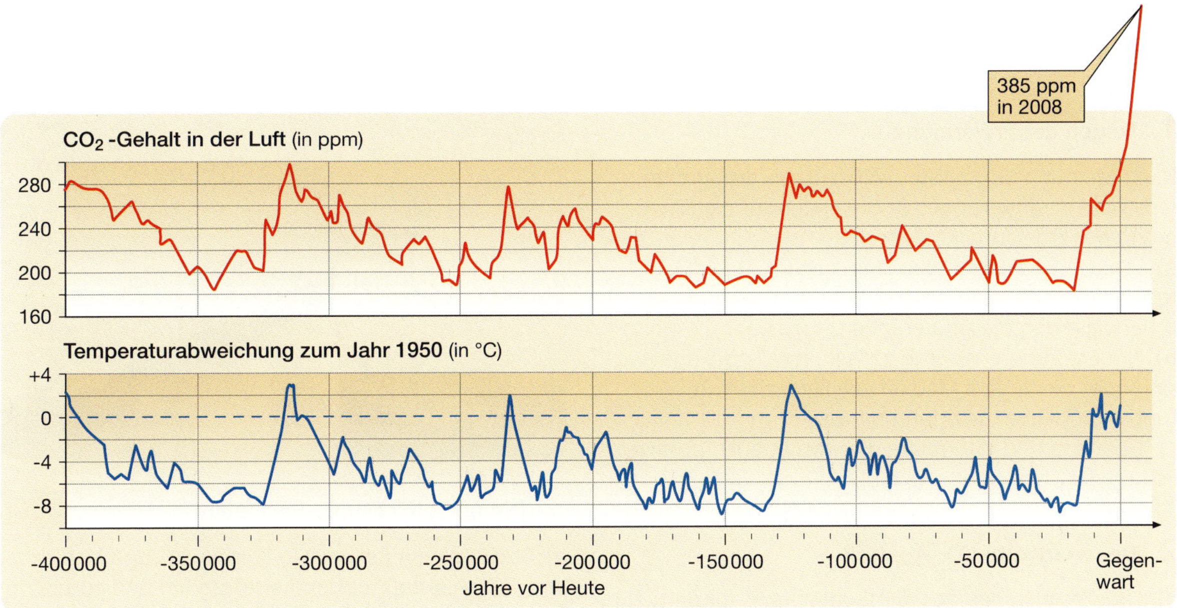

▲ *1. 400 000 Jahre Klimageschiche – rekonstruiert aus der Untersuchung von Eisproben aus der Antarktis*

Die Erde erwärmt sich. Die letzten zehn Jahre des 20. Jahrhunderts waren die wärmsten des Jahrtausends. Fast jedes Jahr wird eine Rekordtemperatur gemessen. Man hat festgestellt, dass die Durchschnittstemperatur auf der Erde in den letzten 50 Jahren um durchschnittlich 0,7 °C angestiegen ist.

Zusätzliche Treibhausgase. Die Mehrheit der Klimaforscher ist davon überzeugt, dass dieser Anstieg im Wesentlichen vom Menschen verursacht worden ist – und zwar durch die große Menge an zusätzlichen Treibhausgasen. Es handelt sich vor allem um **Kohlenstoffdioxid (CO_2)** und **Methan (CH_4).** Sie gelangen aus der Verbrennung fossiler Brennstoffe und durch die extreme Nutzung der Landwirtschaft in die Luft.
Ursache für die zusätzlichen Treibhausgase sind die starke **Zunahme der Weltbevölkerung** (Abb. 26.5), die Industrialisierung und der wachsende Anspruch an einen höheren Lebensstandard. Für immer mehr Menschen werden **immer mehr Nahrungsmittel, Energie** und **Rohstoffe** benötigt.

Klimaforschung am Südpol. Aus der Untersuchung von Eisbohrkernen bei der russischen Forschungsstation Wostok in der Antarktis konnte man die Klimabedingungen der letzten 420 000 Jahre rekonstruieren. Die Grafik oben zeigt, dass die Temperaturen deutlich schwanken.
Man sieht auch sehr deutlich, dass die **Temperaturkurve parallel** zur Kurve mit dem **CO_2-Gehalt** der Luft verläuft. Ein **hoher CO_2-Gehalt** war immer verknüpft mit einer **höheren Temperatur** – und das Hunderttausende von Jahren lang. Es ist also nur logisch, das auch für die Zukunft so anzunehmen.

Die CO_2-Werte bewegten sich früher allerdings nur zwischen 180 und 300 ppm (= 0,03 %). Erst in den letzten zweihundert Jahren ist der Wert stark angestiegen, bis auf 385 ppm (0,0385 %) im Jahr 2008. Das ist der höchste Wert seit über 400 000 Jahren!
Weil dieser Wert so hoch liegt und weil er so dramatisch schnell angestiegen ist, haben die Wissenschaftler Alarm geschlagen.

Die derzeitige Erderwärmung ist wahrscheinlich zu einem großen Teil auf die Zunahme von Treibhausgasen zurückzuführen, die der Mensch verursacht hat.

1. Fragen zum Text
a) Wodurch verstärkt der Mensch den natürlichen Treibhauseffekt?
b) Was ist die Ursache für den starken Anstieg der Treibhausgase?
c) Welche Erkenntnisse fanden die Klimaforscher besonders alarmierend?

▲ *2. Untersuchung von Eisbohrkernen*

Die Folgen der Erwärmung – und was man dagegen tun kann

1. Folgen der Erwärmung

Nach Meinung der meisten Wissenschaftler sind bereits viele Veränderungen in der Natur auf die Erwärmung der Erde zurückzuführen.

a) Welche Veränderungen sind aus der Abbildung rechts ersichtlich und welche Gefahren gehen möglicherweise von diesen Veränderungen aus?

b) Notiere andere Veränderungen, die dir bekannt sind oder die du aus Medien wie Fernsehen, Zeitungen und Internet erfahren hast.

c) Überlege und informiere dich, ob es auch positive Folgen der Erderwärmung gibt.

2. Der weltweite CO_2-Ausstoß

a) Ordne die Zahlen aus der Grafik unten für den CO_2-Ausstoß pro Person der Größe nach.

b) Vergleiche die Reihenfolge aus a) mit der Rangfolge der verschiedenen Nationen beim jährlichen CO_2-Ausstoß. Was fällt dabei auf?

c) China, Mexiko und Indien zählen zu den so genannten Schwellenländern. Informiere dich über diesen Begriff.

d) Welche Probleme werden auftreten, wenn sich die Schwellenländer zu Industriestaaten entwickeln?

CO_2-Ausstoß weltweit
Energiebedingte Emissionen

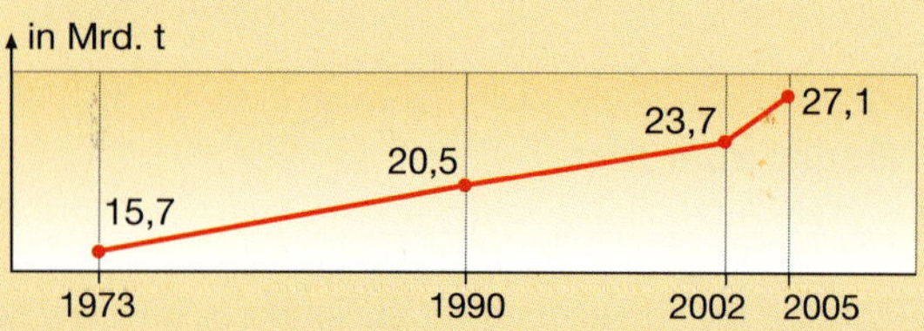

Gesamt in Mio. t (Stand: 2005)		Pro Kopf in t
USA	5817	19,6
China	5060	3,9
Russland	1544	10,8
Japan	1214	9,5
Indien	1147	1,1
Deutschland	813	9,9
Kanada	549	17,0
Großbritannien	530	8,8
Italien	454	7,8
Mexiko	389	3,7
Frankreich	388	6,2
Brasilien	330	1,8
Südafrika	330	7,0
Kenia	8,5	0,3

3. Die persönliche CO_2-Rechnung

a) Suche dir ein Reiseziel in Europa aus und berechne den CO_2-Ausstoß für den Reiseweg hin und zurück. Führe die Rechnung für verschiedene Verkehrsmittel durch. Verwende dazu die Angaben aus der Abbildung unten. Vergleiche die Ergebnisse.

CO_2-Ausstoß pro Person

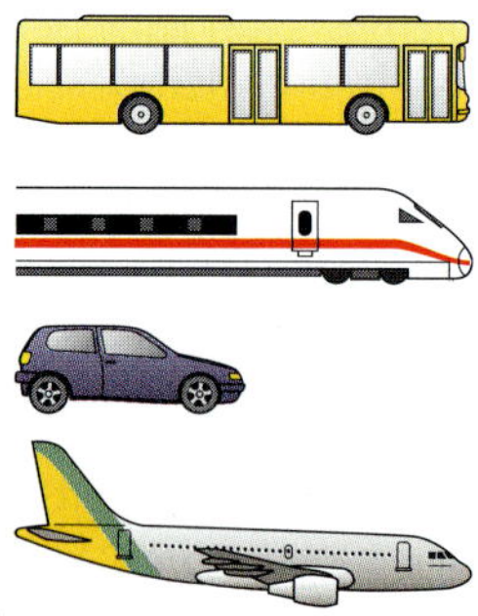

Verkehrsmittel	CO_2-Ausstoß pro Person
Bus	44 g/km
Bahn	50 g/km
Auto	161 g/km
Flugzeug	215 g/km

b) Im Internet gibt es Programme, um die persönliche CO_2-Menge zu berechnen. Gib dazu in eine Suchmaschine „CO_2-Rechner" oder „CO_2-Fußabdruck" ein.

4. Ein T-Shirt verursacht weltweit CO_2

Erläutere die Zusammenstellung unten.

Ein T-Shirt verursacht Kohlenstoffdioxid

Rohstoff
Baumwolle aus Brasilien
- Waldrodung
- Traktor
  - Herstellung
  - Betrieb
- Düngemittel
- Pestizide
- Transporte

Verarbeitung in Vietnam
- Maschinen
- Strom
- Chemikalien

Verkauf in Europa
- Transporte
- Kaufhäuser

Der Klimawandel ist da. Die Alpengletscher schrumpfen immer weiter. Einige Zugvögel ziehen im Winter nicht mehr weg; manche Tier- und Pflanzenarten aus Südeuropa kann man nun auch bei uns finden.

▲ 1. *Alpengletscher 1904 und im Jahr 2005*

Prognosen aus dem Computer. Die momentane Erwärmung der Erde ist messbar. Wie die langfristige Klimaentwicklung aussieht, ist allerdings nur sehr schwierig vorauszusagen. Das liegt daran, dass das Klima von sehr vielen verschiedenen Faktoren beeinflusst wird.
Für Vorhersagen werden komplexe Klimamodelle auf Hochleistungscomputern mit den verschiedensten Daten „gefüttert". Je nach Klimamodell und angenommenen Voraussetzungen bekommt man anschließend ein Ergebnis, das das Modell in die Zukunft überträgt. Ob es genau zutrifft, ist unsicher.
Folgende **Veränderungen** werden vorhergesagt:
- Das Polareis und die Gletscher schmelzen, der Meeresspiegel steigt an; Küstengebiete und einige Inseln werden überflutet.
- Extreme Wetterlagen (Stürme, Überschwemmungen, Hitzewellen) nehmen zu.
- Manche Tier- und Pflanzenarten sterben aus.
- Der Dauerfrostboden der Tundra taut auf und setzt klimaschädliches Methan frei.
- In Südeuropa wird es sehr trocken werden; die Ernteerträge werden zurückgehen.

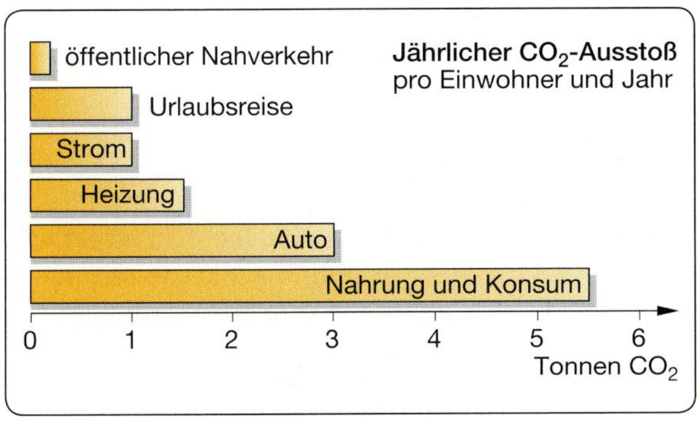

▲ 2. *CO_2-Ausstoß in Deutschland, pro Person*

Was können die Staaten tun? Es gibt auch Kritiker, die andere Ursachen für die Erwärmung der Erde verantwortlich machen. Doch die allermeisten Wissenschaftler und Umweltorganisationen raten dringend dazu, die Treibhausgasmengen zu reduzieren.

Auf der **Weltklimakonferenz** 1997 im japanischen Kyoto wurden zum ersten Mal konkrete Maßnahmen beschlossen. Die Industriestaaten verpflichteten sich, den Gesamtausstoß der Treibhausgase zu senken. Doch unterschiedliche Interessen behindern die Umsetzung der Beschlüsse.

Was kann jeder Einzelne tun? Die privaten Haushalte haben einen Anteil von 25 % am gesamten CO_2-Aufkommen. Hier kann jeder durch einen genügsameren Lebensstil dazu beitragen, CO_2 zu sparen, etwa:
- Langlebige Produkte bevorzugen;
- Lebensmittel ohne lange Transportwege kaufen;
- Energie sparen bei elektrischen Geräten, beim Heizen und durch Nutzung öffentlicher Verkehrsmittel.

Als Folge der globalen Erderwärmung kann es zu massiven Veränderungen in der Natur kommen.
Um diese Folgen abzumildern, sollten wir klimafreundlicher leben – also CO_2 einsparen.

1. Fragen zum Text
a) Welche Folgen der Erwärmung werden diskutiert?
b) Weshalb ist es schwierig, die Klimaentwicklung langfristig vorherzusagen?
c) Wie verhält man sich klimafreundlich?

2. Mindmap oder Poster zum CO_2-Sparen
Überlegt, was man im Alltag konkret tun kann, um CO_2 einzusparen. Schreibt die Vorschläge in Form einer Mindmap auf oder gestaltet ein Plakat.
Denkt dabei an die Bereiche Heizung, Strom, Verkehr, Nahrung, Konsum (Kleidung, Elektronik, ...).

So führt man eine Umfrage durch

Eine Umfrage erfordert Teamarbeit und muss sorgfältig geplant werden. Sie erfolgt in drei Phasen.

→ Phase 1: Die Vorbereitung

- Legt zunächst fest, was ihr von den Befragten wissen wollt.
- Formuliert die Fragen; es sollten nicht zu viele sein.
- Überlegt, welche Frageform ihr jeweils verwenden wollt:
  - Ja-Nein-Fagen
  - Fragen mit verschiedenen Antwortmöglichkeiten zur Auswahl
  - Fragen mit freien Antworten
- Besprecht, welchen Personenkreis ihr befragen wollt (Mitschüler, Eltern, Experten ...).
- Prüft an einigen Testkandidaten, ob die Fragen verständlich sind.
- Wann und wo soll die Umfrage stattfinden?
- Überlegt, wie die Antworten dokumentiert werden (als Tonaufnahme, als Video, als Fragebogen ...).
- Verteilt die Aufgaben: Wer stellt die Fragen? Wer bedient die Technik? Wer wertet aus?

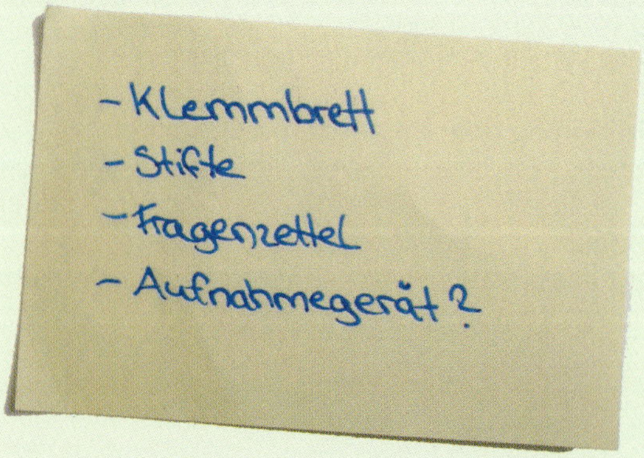

→ Phase 2: Die Durchführung der Umfrage

- Über eine Umfrage an eurer Schule müsst ihr den Schulleiter informieren.
- Begrüßt eure Gesprächspartnerin oder euren Gesprächspartner und erklärt kurz, worum es geht.
- Befragt nur Leute, die einer Befragung zugestimmt haben.
- Stellt eure Fragen; lasst den Angesprochenen Zeit zum Überlegen und lasst sie zu Ende sprechen.
- Bedankt euch bei denen, die bei eurer Aktion mitgemacht haben.

→ Phase 3: Die Auswertung

- Bei den freien Antworten ist die Auswertung schwieriger. Hier sortiert ihr die Ergebnisse nach ähnlichen Aussagen und fasst später zusammen.
- Bei den anderen Frageformen addiert man einfach die Zahl der Antworten. Die Ergebnisse können in Tabellenform oder besser noch als Schaubild präsentiert werden.
- Präsentiert eure Umfrageergebnisse an der Schule möglichst so, dass alle Schüler sie mitbekommen.

Was tust du gegen den Klimawandel?

Lea: „Ich fahre viel mit dem Fahrrad."

Kemal: „Ich nehme für Computerausdrucke meistens schon einseitig bedrucktes Papier."

Nicolas: „Ich weiß gar nicht, was ich da als einzelne Person machen soll. Da müssten doch eher die Kraftwerke und die großen Firmen etwas tun!"

Dennis: „Keine Ahnung, ist mir ziemlich egal. Wer weiß, ob das alles stimmt."

Sina: „Ich sage meinen Eltern, dass sie nicht mehr so oft mit dem Auto fahren sollen."

Claire: „Schon eine Stunde bevor ich ins Bett gehe schalte ich die Heizung herunter."

1. Wie beurteilst du diese Aussagen der Schüler?
2. Führt eine Umfrage zum Thema Treibhauseffekt und Klimawandel durch. Ihr könntet beispielsweise fragen,
- ob die Befragten dieses Problem überhaupt kennen
- ob sie es für wichtig halten
- ob sie in ihrem Verhalten im Alltag darauf Rücksicht nehmen usw.

Die Luft, in der wir leben

→ **Lufthülle:** Die Erde ist von einer dünnen Lufthülle umgeben.

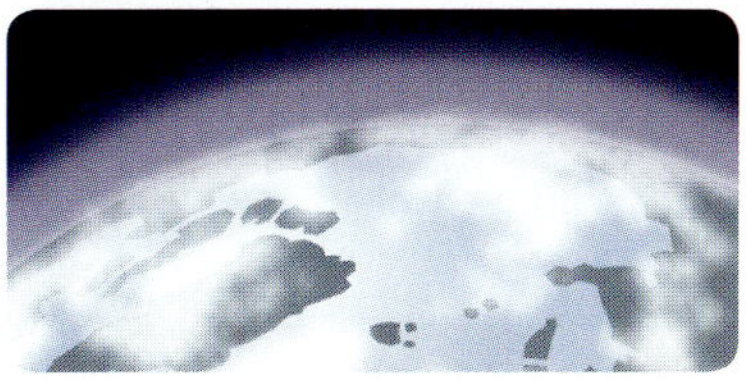

→ **Masse:** 1 Liter Luft wiegt bei 20 °C rund 1,2 g.

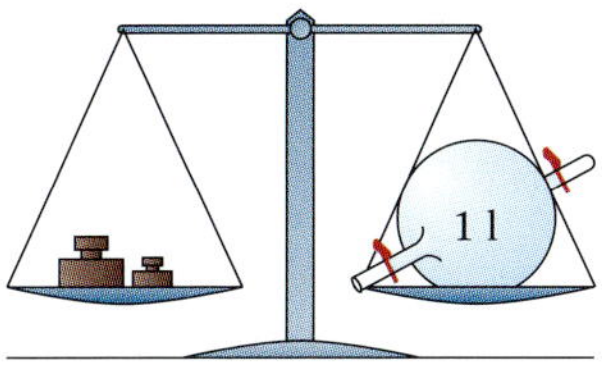

→ **Zusammensetzung trockener Luft:**

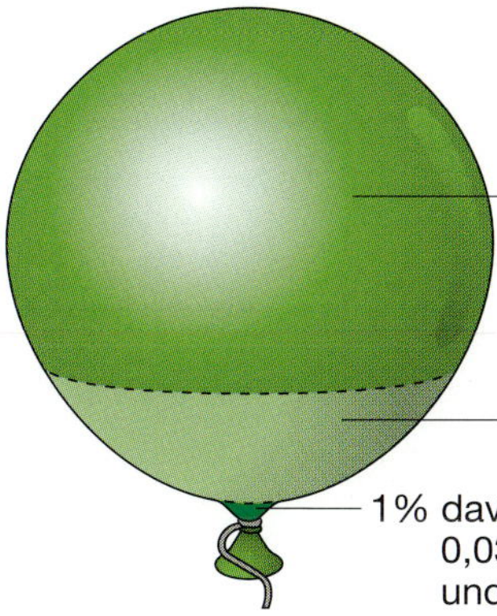

→ **Stickstoff (N_2):**
- farbloses, geruchloses Gas
- erstickt Flammen
- reaktionsträge

→ **Sauerstoff (O_2):**
- farbloses, geruchloses Gas
- wichtig für die Atmung
- reagiert mit vielen Elementen zu Oxiden
- Nachweis: Glimmspanprobe

→ **Edelgase:**
- äußerst reaktionsträge
- Verwendung als Füll- und Schutzgas

→ **Kohlenstoffdioxid (CO_2):**
- farbloses, geruchloses Gas
- schwerer als Luft
- entsteht bei Verbrennungen
- wichtig beim Treibhauseffekt
- Nachweis: Kalkwasserprobe

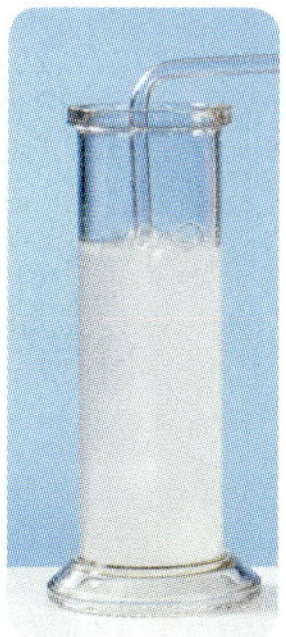

→ **Luftschadstoffe:** Sie entstehen vor allem bei der Verbrennung von Treib- und Brennstoffen. Unter Sonneneinwirkung kann daraus giftiges **Ozon** entstehen. Auch **Feinstaub** belastet den Körper.

→ **Treibhauseffekt:** Die Atmosphäre der Erde wirkt ähnlich wie die Glaswände eines Gewächshauses: Sie hält die Wärme zurück. Nur deshalb herrschen auf der Erde angenehme Temperaturen.

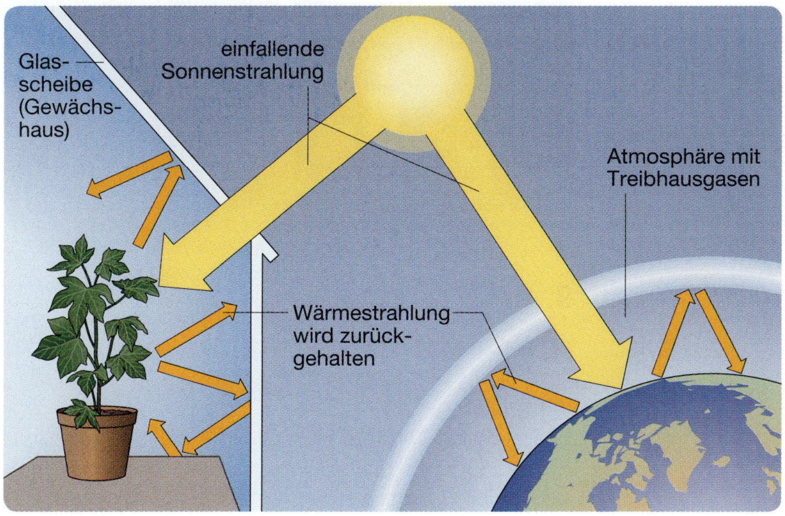

→ **Klimawandel:** In den letzten Jahrzehnten hat sich die Atmosphäre der Erde erwärmt. Ursache dafür sind vermutlich die Treibhausgase, die der Mensch in großen Mengen in die Atmosphäre bläst. Es ist vor allem Kohlenstoffdioxid aus der Verbrennung von fossilen Brennstoffen wie Kohle, Öl und Erdgas.

→ **Was tun?** Wissenschaftler raten dringend dazu, den CO_2-Ausstoß weltweit möglichst stark einzuschränken, damit die vorhergesagten Klimaänderungen nicht so stark ausfallen.

Die Luft, in der wir leben

1. Eigenschaften der Luft

Nenne drei Eigenschaften der Luft.

2. Rechnen mit Luft

a) Ein Liter Luft wiegt bei 20 °C rund 1,2 Gramm. Berechne die Masse der Luft, die sich in einem Sitzball mit 40 Liter Volumen befindet.
b) Schätze die Masse der Luft im Klassenzimmer und berechne sie anschließend. Rechne dazu zunächst die Masse von 1 m^3 Luft (= 1 000 Liter) aus.

3. Einatmungsluft und Ausatmungsluft

a) Vergleiche die Zusammensetzung von Aus- und Einatmungsluft beim Menschen.
b) Wie entstehen die Unterschiede?

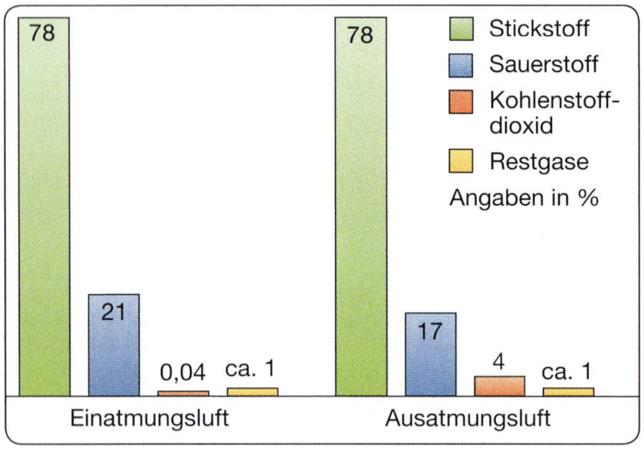

4. Schlechte Luft im Klassenzimmer

In einem Klassenzimmer wurde an einem Schultag die Menge an Kohlenstoffdioxid in der Luft gemessen.
a) Beschreibe den Kurvenverlauf.
b) Erkläre die Schwankungen im Kurvenverlauf.

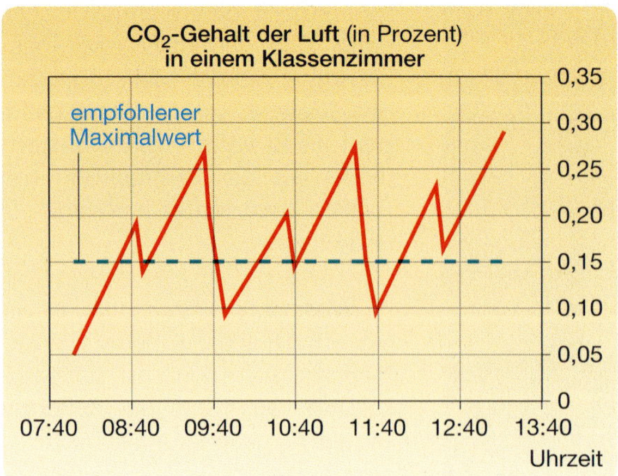

5. Kolbenproberversuch

a) Was kann man mit der abgebildeten Versuchsapparatur feststellen?
b) Wie führt man den Versuch durch?

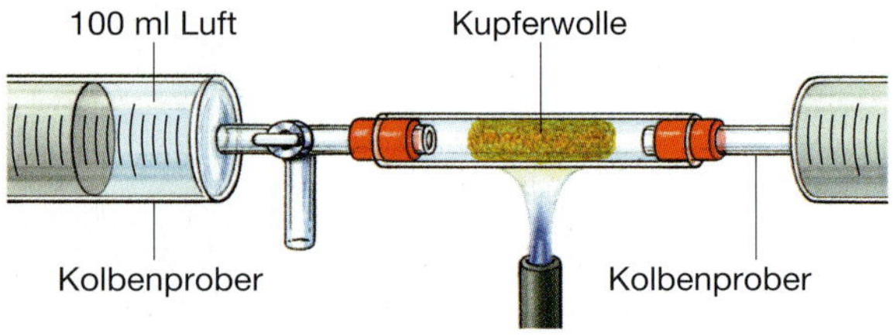

6. Wichtiges Gas für Pflanzen gesucht

Welcher Stoff wird von Mensch und Tier als Abfallstoff abgegeben, aber von Pflanzen benötigt?

7. Tüftelei: Wo ist der Sauerstoff?

Von zwei Gefäßen ist eines mit Sauerstoff gefüllt, das andere mit Kohlenstoffdioxid. Wie kannst du nachweisen, welches Gas in welchem Gefäß ist?

8. Kerzenversuch im Aquarium

Betrachte den abgebildeten Versuch. Erkläre und begründe, was deiner Meinung nach bis zum Ende des Experiments geschehen wird.

9. Füllgas für Luftballons

a) Wasserstoff ist das leichteste Gas. Weshalb werden Luftballons dennoch nicht mit Wasserstoff, sondern mit Helium gefüllt?
b) Ein Ballon wird mit Helium gefüllt, ein anderer mit Kohlenstoffdioxid. Was wird geschehen, wenn man die beiden Ballons aneinander bindet und loslässt?

10. Edelgas-Nachweis?

Weshalb gibt es für die Edelgase keine einfachen Nachweisreaktionen?

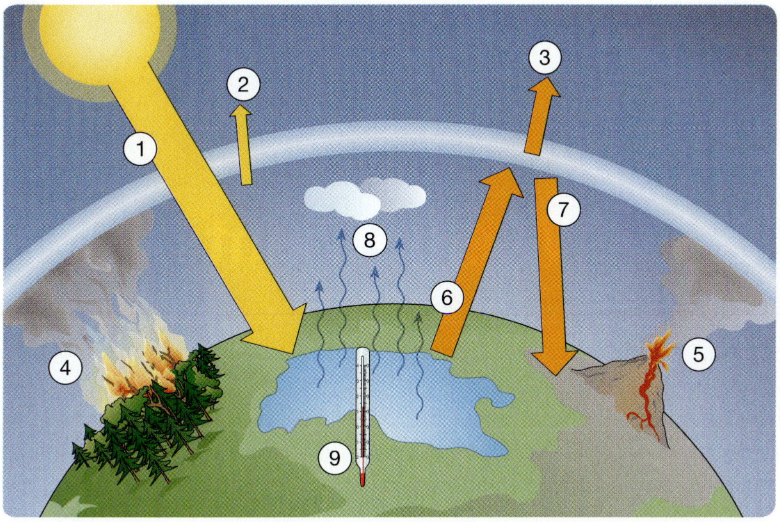

11. Gefahr durch CO_2

a) Kohlenstoffdioxid ist schwerer ist Luft. Wann kann sich diese Eigenschaft als gefährlich für Mensch und Tier herausstellen?
b) Was kann man tun, um die Gefahr zu verringern?

12. Golfstrom-Hypothese

Welche Folgen könnten sich ergeben, wenn der warme Golfstrom wegen des Klimawandels ausbleiben würde? Informiere dich über diese „Golfstrom-Hypothese". Berichte deinen Mitschülern in einem 10-Minuten-Vortrag davon.

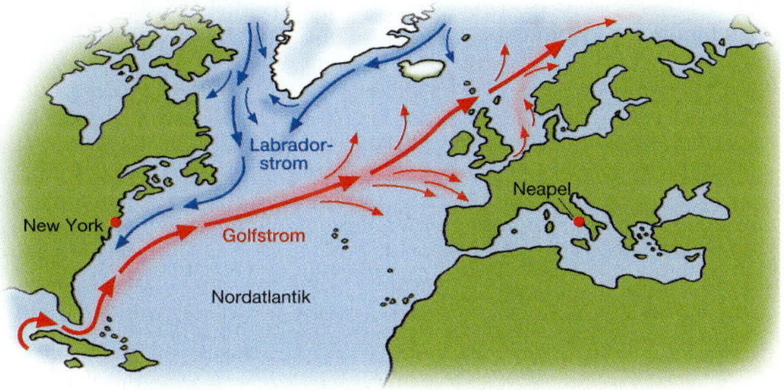

13. CO_2-Messung am Mauna Loa, Hawaii

a) Seit 1958 wird am Berg Mauna Loa die Konzentration von Kohlenstoffdioxid in der Luft genau gemessen. Beschreibe den Verlauf der Kurve.
b) Die gemessenen Werte schwanken regelmäßig im Jahresverlauf. Woran könnte das liegen?

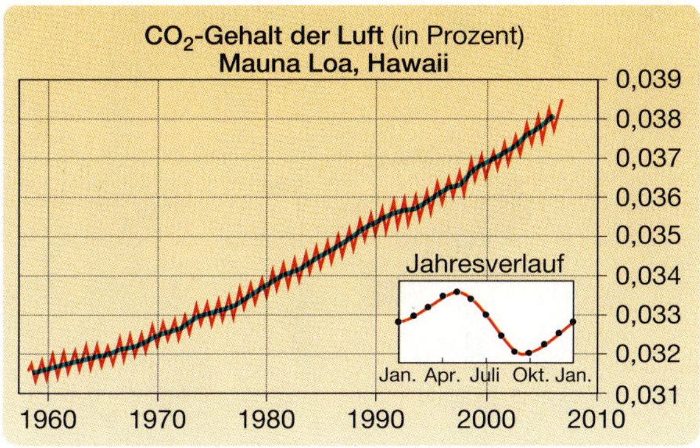

14. Arbeiten in Zweiergruppen: Grafik erläutern

Schreibt in euer Heft, welche Zahlen aus der Abbildung oben zu den folgenden Aussagen gehören:

A Nur ein Teil der Wärmestrahlung wird gleich wieder ins Weltall abgegeben.
B Die Lichtstrahlen der Sonne dringen zum Teil durch die Atmosphäre.
C Wasserdampf ist ein natürliches Treibhausgas.
D Sonnenstrahlen werden zum Teil ins Weltall zurückgeworfen (reflektiert).
E Sonnenstrahlung erwärmt die Erde; daraufhin wird Wärmestrahlung abgegeben.
F Treibhausgase „halten" die Wärmestrahlung in der Erdatmosphäre.
G Kohlenstoffdioxid ist ein natürliches Treibhausgas.
H Die Temperatur der Atmosphäre erhöht sich.

15. Treibhauseffekt, Nutzen und Gefahr

a) „Der natürliche Treibhauseffekt ist ein großer Vorteil für die Menschheit." Erkläre diese Aussage.
b) Weshalb kann es aber tatsächlich von Nachteil sein, wenn sich die Erde weiter erwärmt?

16. Maßnahmen gegen die Erwärmung

a) Nenne zehn Maßnahmen, die helfen können, den Treibhauseffekt abzumildern.
b) Umweltorganisationen raten dringend, weniger Energie aus fossilen Rohstoffen zu nutzen. Stattdessen sollen Wind-, Wasser- und Sonnenenergie gefördert werden. Welche Vorteile bringt das?
c) Kritiker der Theorie vom Klimawandel wollen abwarten, bis diese ganz sicher bewiesen ist. Welches Risiko besteht hierbei?

3 Wie gewinnt man Metalle?

1. „Vogelnest" wird das Olympiastadion in Peking genannt. Es ist 330 m lang, 220 m breit und rund 70 m hoch. Die gigantische Rahmenkonstruktion besteht aus Tausenden von Hohlkastenträgern aus Stahl, die miteinander verschweißt sind. Die längsten sind bis zu 350 Tonnen schwer. Doch trotz der beeindruckenden Größe wirken die „Stahlzweige" des Vogelnestes filigran und ästhetisch.

▲ 1. Das Bild zeigt ein durchgeschnittenes und angeschliffenes Stück Kupfererz. Solche interessanten Stücke kann man zum Beispiel auf Mineralienbörsen sehen. Die grünen Stellen zeigen Malachit, die blauen Azurit. Es sind Kupferverbindungen, aus denen man metallisches Kupfer herstellen kann.

Metalle sind wichtige Werkstoffe des Menschen. Kupfer, Eisen, Aluminium, Silber, Gold – viele Metalle finden in unserem täglichen Leben Verwendung. Sie werden zur Herstellung von Werkzeugen, Maschinen und Autos, aber auch für Schmuckstücke gebraucht.

Woher kommen eigentlich die Metalle?
Wie wird zum Beispiel Kupfer gewonnen, oder Eisen?

▲ 3. Keiner möchte gerne mit rostigem Besteck essen. Deshalb nimmt man als Material nicht rostenden Edelstahl. Lies in diesem Kapitel nach, wie Edelstahl hergestellt wird.

▲ 2. Können Chemiker vielleicht doch Silber und Gold herstellen...? Das Rezept zur Verwandlung von Kupfermünzen findest du in diesem Kapitel.

4. Auch wenn Rost aus der Nähe betrachtet vielleicht ganz interessant aussieht ... Rost gefährdet alle Teile aus Eisen und Stahl.
Kennst du Methoden, wie man das Rosten verhindern oder zumindest verzögern kann? ▶

Ötzi – ein Steinzeitmensch

1. Leben in der Steinzeit

a) Woher weiß man, wie Menschen in der Steinzeit gelebt haben?
b) Welchen Zeitraum ordnen wir heute der Steinzeit zu? Betrachte dazu Abbildung 1.
c) 1992 wurde die Leiche eines Steinzeitmenschen im Gletschereis der Alpen gefunden. Suche im Atlas das Ötztal, den Fundort der Leiche. In welchem Land liegt der Fundort?

2. Ötzis Ausrüstung

a) Der Steinzeitmensch wird wegen seines Fundortes auch „Ötzi" genannt. Beschreibe anhand der Rekonstruktion die Materialien, die er für seine Bekleidung und Ausrüstung verwendet hat. Trage es in eine Tabelle in dein Heft ein.
b) Welche Materialien würdest du heute verwenden? Trage sie ebenfalls in die Tabelle ein.

	Material Ötzi	Material heute
Schuhe	Rindleder	
„Hose"	Schaffell, Fell	

c) Welche Ausrüstung würdest du heute für eine Gebirgswanderung mitnehmen?

3. Ötzis Waffen

a) Welche Waffen führte Ötzi mit sich? Aus welchen Materialien sind sie gefertigt?
b) Überlege, warum Waffen und Werkzeuge aus Feuerstein in späterer Zeit durch Waffen und Werkzeuge aus Metall ersetzt wurden.

▲ *2. So ähnlich sah Ötzi wahrscheinlich aus*

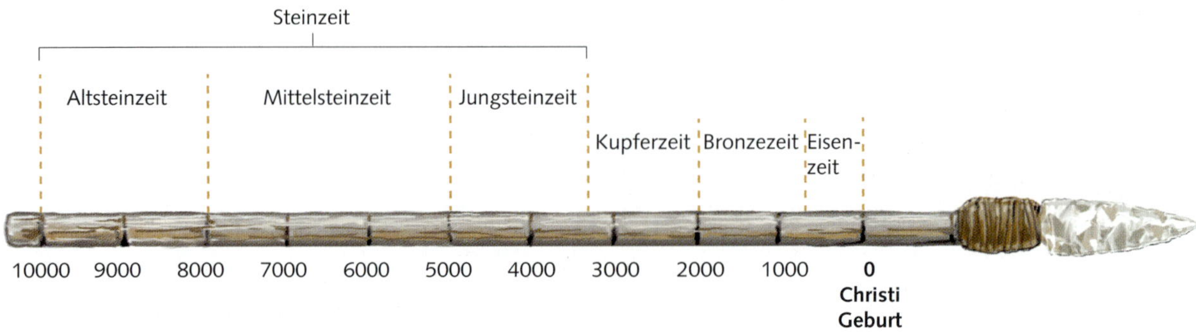

▲ *1. Wichtige Abschnitte in der Geschichte des Menschen*

▲ 2. *Fundort von Ötzi: Zwischen der Similaunhütte und dem Hauslabjoch*

So wurde Ötzi gefunden. Am 19. September 1991 entdeckte ein deutsches Ehepaar in den Ötztaler Alpen in 3200 m Höhe einen Toten. Er war durch das Abtauen des Eises zum Vorschein gekommen.
Die Polizei nahm zunächst an, dass es sich um einen verunglückten Bergsteiger handeln könnte. Wissenschaftliche Untersuchungen ergaben jedoch, dass es sich um eine etwa 5300 Jahre alte Leiche aus der Steinzeit handelt. In Anlehnung an den Fundort wird sie Ötzi genannt. Heute befindet sie sich in einem Museum in Bozen.

Wie sah Ötzi aus? Ötzi war für einen Steinzeitmenschen mit 1,60 m normal groß und wog etwa 50 kg. Er trug einen Bart und hatte sehr wahrscheinlich lange dunkelbraune Haare.

Wer war Ötzi? War Ötzi ein Hirte auf dem Weg zu seinen Tieren im Gebirge? War er vielleicht Häuptling einer Jungsteinzeitsippe? Hier kann man nur spekulieren.

Ötzis Tod. Als Ötzi starb, war er etwa 45 Jahre alt. Das war im Frühjahr oder im Frühsommer vor etwa 5300 Jahren. Aufgrund von Blutspuren wird angenommen, dass sich noch vier weitere Menschen in seiner Nähe befunden haben müssen.
Wahrscheinlich starb er an einem Pfeilschuss aus dem Hinterhalt. Der Pfeil durchschlug das linke Schulterblatt und zerstörte wichtige Blutgefäße.

Ein wertvoller Fund für die Wissenschaft! Ötzi war für viele Wissenschaftler ein äußerst wertvolles Untersuchungsobjekt. Seine Bekleidung und seine Ausrüstung (Abb. 66.2) brachten viele Erkenntnisse über das Leben in der Steinzeit.

▲ 1. *Die Gletscherleiche aus der Steinzeit am Fundort*

Besonders interessant war sein Beil mit einer Klinge aus Kupfer. Dieses **Kupferbeil** war die eigentliche Sensation! Es beweist, dass die Menschen im Alpenraum schon 1000 Jahre früher als bisher angenommen in der Lage waren, Kupfer zu gewinnen.

▼ 2. *Das Kupferbeil der Gletscherleiche*

Bisher ging die Wissenschaft nämlich davon aus, dass die Herstellung und Verarbeitung von Metall den Menschen der Steinzeit unbekannt war.
Wie ist es den Menschen der Steinzeit wohl gelungen, Kupfer herzustellen?

Der Steinzeitmensch Ötzi lebte vor etwa 5300 Jahren. Die gut erhaltene Leiche und die Ausrüstung erbrachten viele wissenschaftliche Erkenntnisse über das Leben in der Jungsteinzeit. Erstaunlich ist, dass er im Besitz eines Kupferbeils war.

1. Fragen zum Text:
a) Zu welcher Zeit hat Ötzi gelebt?
b) Erkläre, warum der Fund des Kupferbeils so sensationell war.

Kupfer aus grünen Steinen

▲ 1. Kupfererz Malachit

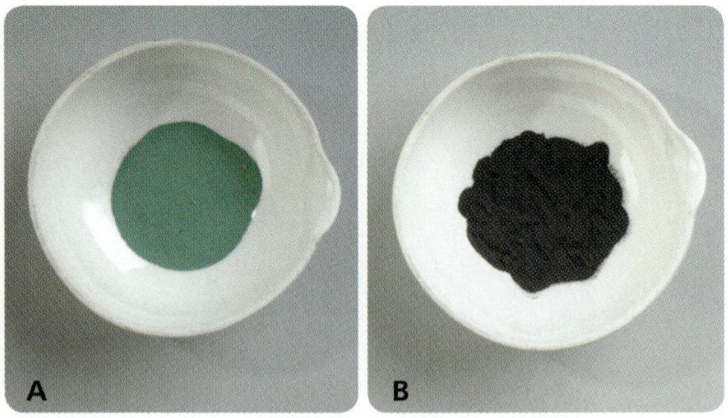

▲ 2. Malachit vor (A) und nach dem Erhitzen (B)

▲ 3. Kupfer aus Malachit

▲ 4. Malachit

1. Malachit wird erhitzt

Malachit ist ein dunkelgrünes Erz, das Kupferverbindungen enthält.

a) Zerkleinere einige Stücke Malachit (Xn, B2) im Mörser und gib einen Spatel davon in ein Reagenzglas. Erhitze das Malachit in der Brennerflamme.

b) Was geschieht? Kannst du metallisches Kupfer erkennen?

2. Erhitzen mit Holzkohle

a) Vermische das abgekühlte Produkt aus Versuch 1 in einem Mörser mit einem Spatel zermahlener Holzkohle. Fülle das Gemisch in ein Reagenzglas und erhitze es in der Brennerflamme. Lass das Gemisch abkühlen und schütte es dann auf ein Uhrglas.

b) Untersuche das Gemisch, am besten mit einer Lupe. Was könnte entstanden sein?

c) Die Menschen der Steinzeit verwendeten neben Holzkohle wahrscheinlich auch Holz. Du kannst den Versuch also auch mit mehreren kleinen Stückchen Holz ausprobieren. Vermische alles gut und erhitze dabei kräftig mit der rauschenden Brennerflamme.

Kupfer aus Malachit. Zunächst konnten die Menschen der Steinzeit nur das seltene metallische Kupfer verarbeiten.
Vermutlich ist die Herstellung von Kupfer aus Malachit Zufall gewesen. Die Menschen der Steinzeit verzierten ihre Tongefäße gerne mit einer Farbschicht. Die mit der Farbschicht versehenen Gefäße wurden in Töpferöfen gebrannt. Sie versuchten wahrscheinlich auch, mit dem grünen Erz Malachit eine Farbschicht zu erzeugen. Beim Brennen mit Holz oder Holzkohle stellten sie dann fest, dass keine grüne Farbschicht, sondern ein rotglänzender neuer Stoff entstanden war, das Kupfer. Das war der Beginn der Kupfergewinnung. Jetzt war es möglich, Kupfer in größeren Mengen herzustellen.

Wird Malachit stark erhitzt, zersetzt es sich und ein schwarzer Stoff entsteht, aber noch kein Kupfer. Wird dieser schwarze Stoff zusammen mit Holzkohle erhitzt, so entsteht reines Kupfer und Schlacke bleibt zurück.

Aus der Kupferverbindung Malachit lässt sich in einer chemischen Reaktion Kupfer gewinnen.

3. Fragen zum Text

a) Wie kamen die Menschen der Steinzeit an Kupfer?

b) Wie kann man aus Malachit Kupfer gewinnen?

◀ 5. So wurde früher aus Kupfererz Kupfer gewonnen

Kupfer aus dem Labor – durch Reduktion

▲ *1. Kupferoxid und Holzkohlepulver sind die Ausgangsstoffe*

1. Kupfer aus Kupferoxid

a) Gib einen Spatel mit trockenem, schwarzem Kupferoxid in ein Reagenzglas. Erhitze das Reagenzglas in der Brennerflamme. Verändert sich etwas?
b) Gib nun einen Spatel eines Gemisches aus Kupferoxid und Holzkohlepulver in ein Reagenzglas und erhitze es kräftig. Nimm das Reagenzglas aus der Flamme, sobald eine Reaktion eintritt.
c) Vergleiche die Versuche a und b und erkläre.

2. Die Kalkwasserprobe

a) Was für ein Ergebnis erwartest du, wenn du Versuch 1 b) wiederholst und das dabei freiwerdende Gas in Kalkwasser einleitest?
b) Wiederhole Versuch 1 b) und führe die Kalkwasserprobe durch.
c) Vergleiche das Ergebnis mit deinen Erwartungen.

Erhitzt man das dunkelgrüne Kupfererz Malachit, wird es in schwarzes Kupferoxid umgewandelt. Aus dem Kupferoxid lässt sich auch durch weiteres Erhitzen kein Kupfer gewinnen. Erst wenn das Kupferoxid mit Holzkohle vermischt wird, gelingt es, daraus elementares Kupfer zu gewinnen.

Redoxreaktion. Bei dieser Reaktion entzieht der Kohlenstoff dem Kupferoxid den Sauerstoff. Das Kupferoxid wird dadurch zu Kupfer **reduziert.** Der Kohlenstoff nimmt den Sauerstoff auf. Er wird **oxidiert.**

Diese Reaktion, bei der einem Oxid der Sauerstoff entzogen wird, heißt **Reduktion.** Die Reaktion mit Sauerstoff ist eine **Oxidation.**
Beide Reaktionen, **Red**uktion und **Ox**idation, sind stets miteinander gekoppelt. Deshalb wird diese Reaktion als **Redoxreaktion** bezeichnet.

Kohlenstoff bindet Sauerstoff stärker. Die Reaktion zwischen Kupferoxid und Kohlenstoff kann nur deshalb ablaufen, weil der Kohlenstoff den Sauerstoff stärker bindet als das Kupfer. Das Kupferoxid gibt deshalb seinen Sauerstoff ab und ermöglicht die Oxidation des Kohlenstoffs. Kupferoxid ist ein **Oxidationsmittel.** Der Kohlenstoff ist das **Reduktionsmittel,** da er dem Kupferoxid den Sauerstoff entzogen hat.

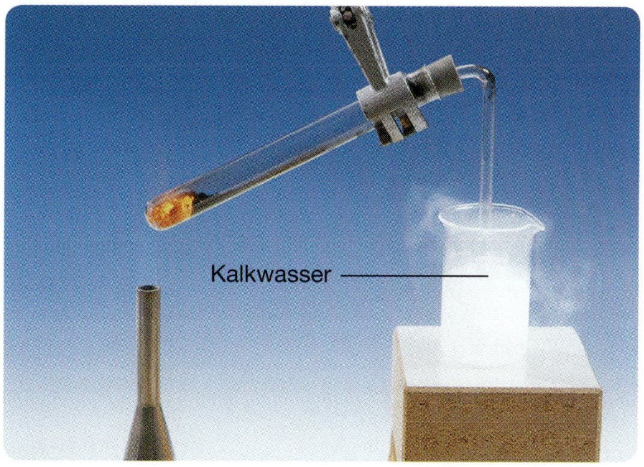

▲ *2. Die Kalkwasserprobe*

Eine chemische Reaktion, bei der einem Oxid der Sauerstoff entzogen wird, heißt Reduktion. Der Reaktionspartner wird dabei oxidiert. Bei einer Redoxreaktion laufen Reduktion und Oxidation gleichzeitig ab.

3. Fragen zum Text
a) Was ist eine Reduktion, was eine Oxidation?
b) Welcher Stoff wird bei der Reaktion zwischen Kupferoxid und Kohlenstoff oxidiert, bzw. reduziert?
c) Was ist dabei das Reduktionsmittel bzw. das Oxidationsmittel?

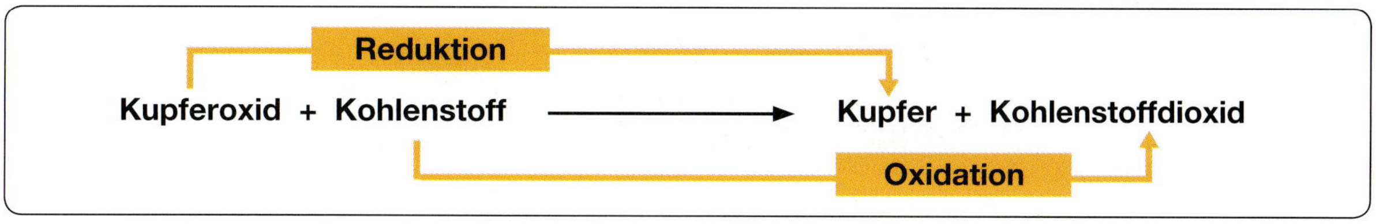

▲ *3. Redoxreaktion: Reduktion und Oxidation*

Metalle als Reduktionsmittel

▲ *1. Ausgangsstoffe*

1. Eisen und Kupferoxid

a) Gib ein Gemisch aus 2 g Eisenpulver und 3,5 g Kupferoxid in ein Reagenzglas. Befestige es leicht schräg an einem Stativ und erhitze das Gemisch. Entferne den Brenner, sobald die Reaktion beginnt.
b) Untersuche nach der Reaktion die abgekühlten Reaktionsprodukte mit der Lupe.
c) Wiederhole den Versuch, mit einem Gemisch aus Eisenoxid und Kupferpulver.
d) Schreibe die Wortgleichung auf. Zeige, welcher Stoff reduziert und welcher oxidiert wird. Gib das Reduktionsmittel und das Oxidationsmittel an.

Wer reduziert wen? Nicht nur Kohlenstoff, sondern auch Eisen kann Kupferoxid reduzieren. Andererseits kann Kupfer dem Eisenoxid nicht den Sauerstoff entziehen. Eisen hat ein *größeres Bestreben* als Kupfer, sich mit Sauerstoff zu verbinden. Eisen ist deshalb ein stärkeres Reduktionsmittel.

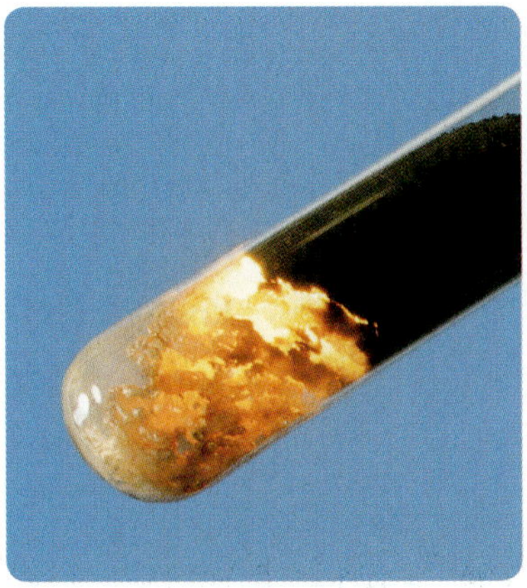

▲ *2. Eisen reagiert mit Kupferoxid*

Auch andere Metalle können Kupferoxid reduzieren. Wichtig ist nur, dass sie ein größeres Bestreben als Kupfer haben, sich mit Sauerstoff zu verbinden.

Aluminium, Magnesium oder Zink *können* Kupferoxid reduzieren. Da sie bei ihrer Oxidation viel Energie in Form von Wärme liefern, sind es starke Reduktionsmittel.

Die Edelmetalle Gold, Silber und Platin können Kupferoxid *nicht* reduzieren. Ihr Bestreben, sich mit Sauerstoff zu verbinden, ist noch schwächer als bei Kupfer.

Redoxreihe. Metalle und Kohlenstoff lassen sich nach ihrer Stärke als Reduktionsmittel ordnen. In einer Redoxreihe stehen links die stärkeren, rechts die schwächeren Reduktionsmittel (Bild 4).

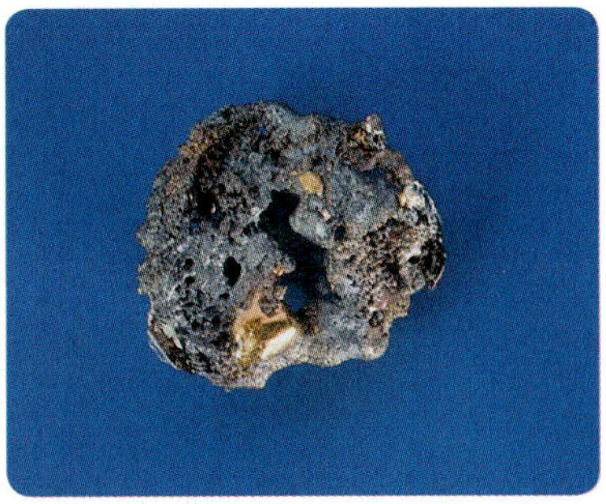

▲ *3. Endprodukt*

Metalle und Nichtmetalle lassen sich in einer Redoxreihe anordnen. Die stärksten Reduktionsmittel stehen ganz links.

2. Fragen zum Text
a) Weshalb kann Eisen dem Kupferoxid den Sauerstoff entziehen?
b) Welche Metalle können Kupferoxid reduzieren, welche nicht?
c) Warum sind Edelmetalle keine geeigneten Reduktionsmittel?

3. Reduktionsmittel gesucht
a) Mit welchen Reduktionsmitteln lässt sich Blei aus Bleioxid herstellen?
b) Begründe, warum man aus Aluminiumoxid mit Eisen kein Aluminium gewinnen kann.

4. Modell zur Redoxreaktion
Besorge dir zwei unterschiedlich starke Magnete und eine magnetisierbare Münze. Spiele die Reduktion von Kupferoxid nach. Kupferoxid wird durch den schwachen Magneten plus Münze dargestellt. Eisen wird durch den stärkeren Magneten dargestellt.

Magnesium – Aluminium – Zink – Kohlenstoff – Eisen – Blei – Kupfer – Silber – Gold – Platin

▲ *4. Redoxreihe; die reduzierende Wirkung nimmt von links nach rechts ab*

Schienenschweißen mit Thermit

Schnell muss es gehen, wenn an einer viel befahrenen Bahnstrecke ein schadhaftes Schienenstück ausgewechselt werden soll.

Vorbereitung. Zuerst wird das schadhafte Teil herausgeschnitten; dann wird das neue Schienenstück so eingepasst, dass an jeder Seite ein Spalt von etwa 2,5 cm frei bleibt. Um eine feste, auch elektrisch leitende Verbindung herzustellen, wird diese Lücke mit **flüssigem Eisen** verschweißt. Dieses Eisen wird an Ort und Stelle mithilfe einer Redoxreaktion aus **Thermit** gewonnen. Thermit ist eine Mischung aus grobkörnigem Eisenoxid und Aluminium.

Die Thermitreaktion. Zum Verschweißen wird am Schienenspalt eine Gießform angebracht, die mit einem feuerfesten Reaktionsofen verbunden ist. In dieses Gefäß wird das Thermit gegeben. Es enthält noch einige andere Metalle wie Vanadium und Mangan, damit die Schweißnaht fester wird.
Die Schienenenden werden zunächst auf 900 °C vorgewärmt. Dann wird die Mischung mit einer Art Wunderkerze entzündet. Sofort setzt eine heftige Reaktion ein, Eisen und Aluminiumoxid entstehen. Dabei werden Temperaturen bis etwa 2000 °C erreicht.
Die bei dieser Reaktion entstandene weißglühende Eisenschmelze fließt aus dem Ofen in die Gießform und füllt die Lücke zwischen den beiden Schienenstücken aus. Nach dem Abkühlen wird die Gießform zerschlagen. Die Schienenoberfläche wird glatt geschliffen. In weniger als einer halben Stunde ist die Reparatur beendet.

▲ 1. *Thermitschweißen bei Eisenbahnschienen*

1. a) Erläutere die Thermitreaktion. Welcher Stoff ist reduziert, welcher oxidiert worden?
b) Welcher Stoff dient als Reduktionsmittel, welcher als Oxidationsmittel?
c) Formuliere die Reaktionsgleichung (Eisenoxid: Fe_2O_3)

Eisenoxid + Aluminium → Eisen + Aluminiumoxid

▲ 2. *Thermitreaktion im Labor*

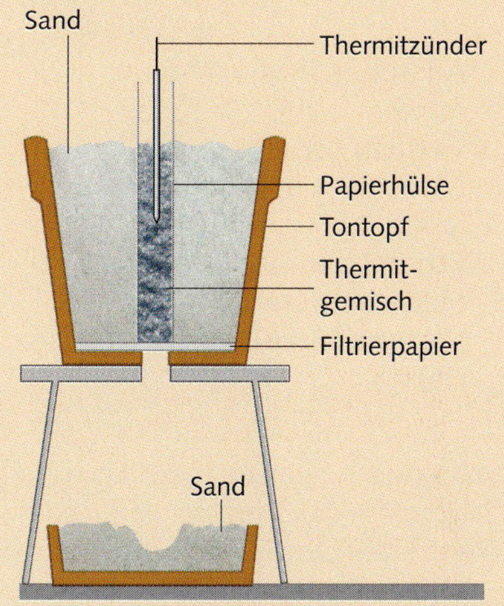

▲ 3. *Reaktionsgefäß im Querschnitt*

▲ 4. *Fertig geschweißte Schiene*

Kupfer – ein wichtiger Werkstoff

1. Kupfer in Alltag und Technik

Überlege, wo dir Gegenstände oder Bauteile aus Kupfer schon begegnet sind.

2. Leitet Kupfer Wärme gut oder schlecht?

Finde mithilfe eines Becherglases mit heißem Wasser heraus, ob Kupfer ein guter oder schlechter Wärmeleiter ist. Vergleiche zum Beispiel mit Holz, Kunststoff, Eisen oder Aluminium.

3. Stoffeigenschaften von Kupfer

a) Ritze Kupferblech mit einem Eisennagel, Aluminiumblech, Holzstab und Stein.
b) Vergleiche die Verformbarkeit eines Kupferdrahtes mit der von Eisendraht und Aluminiumdraht.
c) Prüfe die Magnetisierbarkeit und elektrische Leitfähigkeit von Kupfer.
d) Stelle fest, ob Kupfer brennbar ist.

4. Einen Steckbrief erstellen

a) Übertrage den Steckbrief in deine Mappe und ergänze ihn aufgrund deiner Beobachtungen aus den Versuchen 2 und 3.

Steckbrief: Kupfer

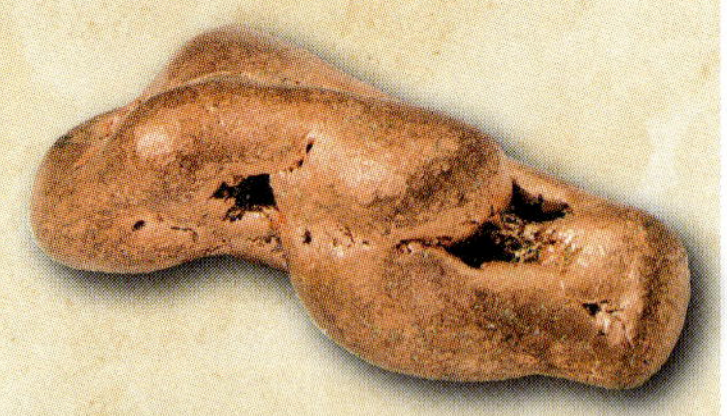

Aussehen: fest, glänzend, rötlich
Geruch: geruchlos
Löslichkeit in Wasser: nicht löslich
Schmelztemperatur:
Siedetemperatur:
Verformbarkeit:
Härte:

b) Trage in deinen Steckbrief außerdem die Schmelz- und Siedetemperatur sowie die Dichte von Kupfer ein.

5. Elektrische Leitfähigkeit

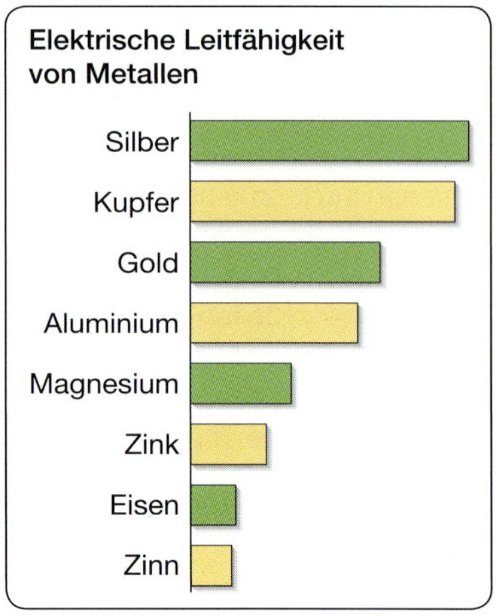

Überlege, warum Metalle wie Silber oder Eisen nicht als elektrische Leiter für Elektrokabel im Haushalt verwendet werden.

Kupfer begleitet den Menschen. Seit Jahrtausenden begleitet Kupfer die Menschen. Es ist eines der ältesten Gebrauchsmetalle. Aus Kupfer wurden Schmuck, Werkzeuge aber auch Waffen hergestellt. Als es dem Menschen gelang, Kupfer aus Kupfererz zu gewinnen, nahm die Bedeutung von Kupfer als Gebrauchsmetall noch zu.

Verwendung von Kupfer. Heute wird Kupfer aufgrund seiner sehr **guten elektrischen Leitfähigkeit** sehr vielfältig in der Elektrotechnik verwendet. Computer, Handys, Radios und Fernseher sind ohne Kupfer nicht denkbar.
Kupferkabel und Kupferdrähte werden auch für Generatoren, Transformatoren und Spulen benötigt. Hierbei ist auch noch eine besondere Eigenschaft des Kupfers wichtig: Es lässt sich problemlos zu extrem dünnen Drähten ziehen. Diese sind oft dünner als ein Haar.

Wegen seiner guten **Wärmeleitfähigkeit** bestehen Autokühler, Kälteanlagen oder Wärmetauscher in Heizkesseln und Durchlauferhitzern oft aus Kupfer. Manche Edelstahlkochtöpfe haben im Boden eine Schicht Kupfer.

Kupfer rostet nicht. Wegen seiner **Korrosionsbeständigkeit** ist es ein bewährter Werkstoff für Dacheindeckungen, Dachrinnen sowie Gas- und Wasserleitungen. Auf Kupferdächern bildet sich an der Oberfläche ein grüner, witterungsbeständiger Belag, die Patina.

Kupfer **tötet Bakterien.** Diese Eigenschaft bringt vor allem bei kupferhaltigen Geldmünzen, Türgriffen und Geländern Vorteile.

Kupfer lässt sich **gut verformen,** weil es relativ weich und dehnbar ist. Das bringt Vorteile in der Verarbeitung und in der Montage.

Durch seine ansprechende **Farbe** und weil es **feinste Formen abbilden kann,** findet Kupfer auch im Kunsthandwerk Verwendung.

Kupferlegierungen wie Messing und Bronze erweitern die Verwendungsmöglichkeiten von Kupfer.

Kupfer ist aufgrund seiner Eigenschaften ein vielseitiger Werkstoff. Er wird vor allem in der Elektro- und in der Bauindustrie verwendet.

1. Fragen zum Text

a) Welche Eigenschaft des Kupfers ist für die Elektroindustrie wichtig?
b) Welche Vorteile bieten Geldmünzen aus Kupfer?
c) Für welche Anwendungen ist die gute Wärmeleitfähigkeit wichtig?

2. Kupfer als Standardmetall?

Kupfer hat zahlreiche günstige Eigenschaften. Warum stellt man nicht auch Autokarosserien und Brücken aus diesem Metall her? Begründe deine Entscheidung. Du kannst dazu auch im Internet recherchieren.

▼ *1. Kupfer wird vielfältig eingesetzt*

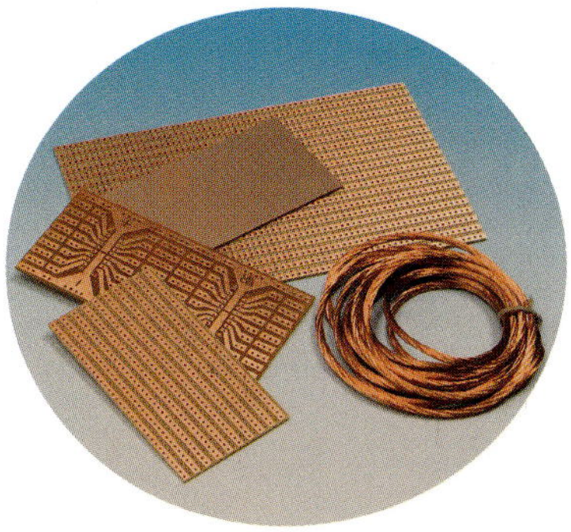

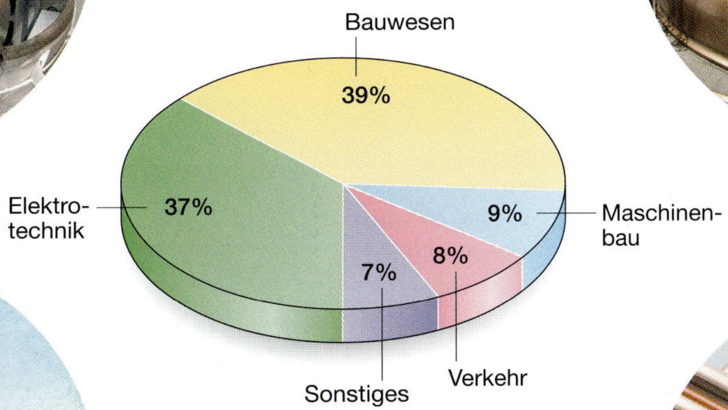

Kupfergewinnung heute

▲ *1. Die Kupfermine von Chiquicamata in Chile, der größte Kupfertagebau der Welt*

Erzabbau. Über Jahrtausende hinweg wurde Kupfererz auf mühsame Weise in primitiven Bergwerken gewonnen Das Erz wurde mit dem Pickel oder mit Hammer und Meißel aus dem Fels geschlagen. Auch Feuer und Sprengung durch Schießpulver wurden genutzt. Das Erz wurde zerkleinert und vom Gestein abgetrennt.
Heute ersetzen Maschinen und Sprengstoffe die Handarbeit. Das gewonnene Erz wird noch in der Kupfermine vom Gestein abgetrennt. Danach beträgt der Kupferanteil etwa 30 Prozent. Dieses Erzkonzentrat wird dann mit Schiff oder Bahn zur Kupferhütte transportiert.

Verhüttung. In der Kupferhütte wird das Kupfer mit Kohle bei 1300 °C zu Rohkupfer reduziert. Dabei wird der größte Teil der Verunreinigungen entfernt.
Das Rohkupfer enthält danach nur noch etwa 1–2 Prozent an Begleitstoffen. Auch diese müssen noch entfernt werden, denn für die Elektro- und Elektronikindustrie muss das Kupfer sehr rein sein.
Das Rohkupfer wird zu großen Platten gegossen. In einem weiteren Verarbeitungsschritt wird mithilfe des elektrischen Stromes aus dem Rohkupfer Reinstkupfer. Die im Rohkupfer vorhandenen Begleitstoffe wie Eisen, Nickel, Gold oder Platin werden dabei abgetrennt und weiter verwertet.

Umweltprobleme. Der Abbau und die Verhüttung von Kupfererz haben seit jeher die Umwelt belastet. So gab es im Mittelalter in der Umgebung von Kupferschmelzhütten Waldschäden durch die giftigen Rauchgase. Außerdem wurde der Wald zur Herstellung von Holzkohle abgeholzt.
Als zu Beginn des 20. Jahrhunderts die großen Kupferminen in den USA und Lateinamerika entstanden, wurden die riesigen Mengen Abraum zum Problem. Zusätzlich wurde zur Aufbereitung des Erzes wie auch zur Beseitigung des Abraums viel Wasser benötigt.

Vieles konnte inzwischen verbessert werden. Rauchgase werden gereinigt, das Wasser wird aufbereitet und wiederverwendet. Dennoch belastet die Kupfergewinnung die Umwelt auch heute noch.

1. Stelle mithilfe des Atlas fest, wo überall auf der Erde sich Kupferlagerstätten befinden.
2. Suche im Atlas die Standorte der Kupferverhüttung in Deutschland.

▼ *2. Gießen von Kupferplatten*

Kupfer lässt sich wiederverwerten

Dreiste Kupferdiebe

Leipzig. Während des Umbaus in einem Mehrfamilienhaus in Leipzig entwendeten Diebe sämtliche Heizungs- und Wasserrohre aus Kupfer, insgesamt zwei Kilometer Rohre. „Die haben die Wände aufgestemmt und einfach alle Rohre aus den Wänden gerissen", teilte ein Polizeisprecher mit. Der Schaden beträgt über 100 000 Euro.

▲ *1. Eine Zeitungsmeldung*

1. Kupfer ist begehrt

Immer wieder berichten die Medien darüber, dass der Diebstahl von Metallen zunimmt. Besonders oft haben es die Diebe auf Kupfer abgesehen. Was sind die Gründe?

Aus alt wird neu. Kupfer kann ohne Qualitätsverlust wiederverwertet werden. Etwa 60 Prozent der Kupferprodukte in Deutschland werden aus Kupferschrott hergestellt Die weltweit steigende Nachfrage nach Kupfer und anderen Rohstoffen lässt die Preise auf dem Weltmarkt steigen. Das bringt Kupferdieben einen guten Erlös.

Recycling ist nützlich. Durch das Recycling können die weltweiten Kupfervorräte geschont werden. Außerdem benötigt man für das Recycling weniger Energie und belastet die Umwelt weniger.

Kupfer und viele Begleitmetalle. Eine moderne Recyclinghütte verarbeitet heute Kupferschrott mit einem Kupfergehalt zwischen einem und 99 Prozent. Beim Recycling ist es deshalb nicht nur wichtig, das Kupfer wiederzugewinnen, sondern auch die im Schrott befindlichen anderen Metalle. Dies sind im Wesentlichen Zink, Blei, Zinn, Eisen, Nickel, Aluminium. Aus Elektronikschrott werden sogar Edelmetalle gewonnen.

In der Recyclinghütte. Der Schrott wird in einem Ofen geschmolzen. Die Begleitmetalle trennt man in mehreren Verfahrensschritten vom Kupfer ab.
Anschließend wird es, wie in der normalen Kupferhütte, mithilfe von elektrischem Strom zu Reinstkupfer verarbeitet.
In der Gießerei bekommt das Kupfer die gewünschte Form: Als Draht oder als Rundbarren wird es an die weiter verarbeitende Industrie geliefert.

Kupfer lässt sich aus Kupferschrott ohne Qualitätsverlust wiedergewinnen.
Metallrecycling spart Energie sowie Rohstoffe und belastet die Umwelt weniger.

2. Fragen zum Text

a) Warum ist Kupferschrott so ein begehrtes Handelsobjekt?
b) Warum ist das Recycling von Kupfer sinnvoll und wichtig?
c) Welche Begleitmetalle sind im Kupferschrott oft enthalten?

3. Kupferrecycling

Beschreibe mithilfe der Abbildung unten den Recycling-Kreislauf von Kupfer.

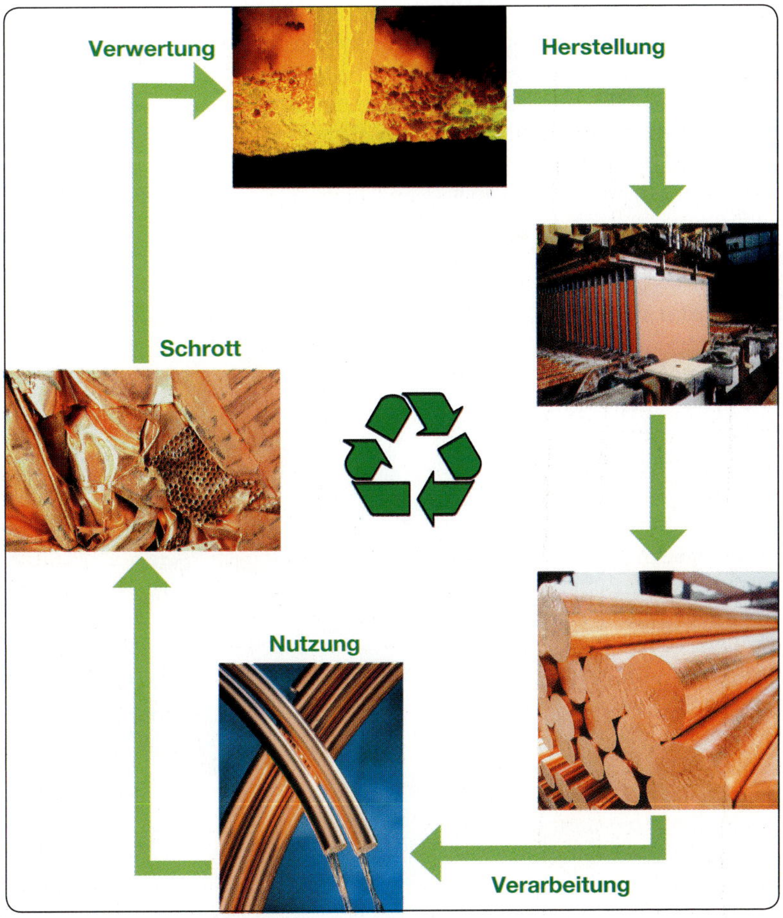

▲ *2. Recycling von Kupfer*

Kupferlegierungen

Reine Metalle sind für viele Verwendungszwecke wenig geeignet. Ihre Verwendungsmöglichkeiten lassen sich aber erweitern, wenn sie mit anderen Metallen zusammengeschmolzen werden. Die so entstandenen Stoffe heißen **Legierungen.** Neben der Härte ändern sich beim Legieren auch die Dichte und die Schmelztemperatur.

▲ *1. Bootsglocke aus Messing*

Messing. Messing ist eine Legierung aus **Kupfer und Zink.** Der Zinkanteil kann dabei bis zu 45 % betragen. Aufgrund ihrer Farbe kann diese Legierung leicht mit Gold verwechselt werden. Messing wird zu Blechblasinstrumenten und dekorativen Gegenständen verarbeitet. Aber auch Armaturen, Türklinken, Zahnräder für Uhren und Schiffbauteile werden aus dieser sehr beständigen Legierung hergestellt.

Bronze. Eine wichtige Entdeckung im Altertum war die Erkenntnis, dass sich aus **Kupfer und Zinn** ein neuer Werkstoff herstellen ließ, der viel härter ist als reines Kupfer. Dieser neue Werkstoff ist eine Legierung aus etwa 80 % Kupfer und 20 % Zinn. Nach dieser Legierung wurde sogar ein ganzes Zeitalter benannt, die Bronzezeit (2500–800 v. Chr.). Waffen, Schmuck, Münzen, sogar Teller und Trinkgefäße wurden aus Bronze hergestellt. Bis heute werden daraus Glocken und Skulpturen gegossen. Auch die Medaille für den dritten Platz bei Wettkämpfen besteht aus Bronze.

2. Bronzeplastik ▶

▲ *3. Instrument aus Neusilber*

Neusilber. Die Legierung aus **Kupfer, Nickel und Zink** wird als Neusilber bezeichnet. Sie sieht aus wie Silber, ist aber viel preiswerter. Wegen ihres Nickelgehaltes ist sie besonders hart und korrosionsbeständig. Neusilber lässt sich vielseitig verwenden, etwa für Essbestecke, Modeschmuck und chirurgische Instrumente.

Gold aus Kupfer?

Gib 30 ml konzentrierte Natronlauge (C; B1) und einen halben Spatel mit Zinkpulver (F) in ein Becherglas. Gib anschließend eine gereinigte und polierte Kupfermünze hinzu. Erhitze das Gemisch bis zum Sieden. Rühre dabei mit einem Glasstab ständig um. Nimm die Münze mit einer Tiegelzange heraus, sobald das Gemisch siedet. Spüle sie mit Wasser ab und trockne sie vorsichtig ab. Halte die Münze danach mit der Tiegelzange kurz in die blaue Brennerflamme. Hast du genau beobachtet? Was ist hier wohl geschehen?

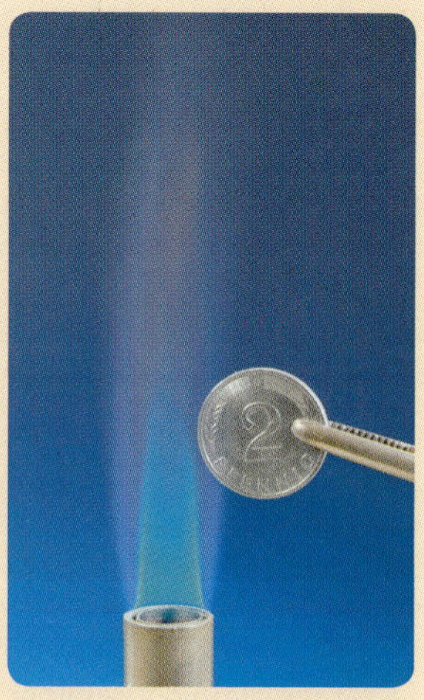

1. a) Welche Stoffeigenschaften des Kupfers werden beim Legieren verändert?

b) Für welche Gegenstände wird Messing vor allem verwendet?

c) Welche Stoffeigenschaften hat Neusilber?

Edel und beständig: Gold, Silber und Platin

Gold. Ein Jahrtausende alter Goldschatz glänzt, als wäre er eben erst vergraben worden. Das Gold hat über die Jahrtausende hinweg seinen Glanz behalten.
Diese Beständigkeit und der warme goldgelbe Glanz macht dieses Metall bis in unsere Zeit begehrenswert.
Gold ist das dehnbarste aller Metalle. Es lässt sich zu extrem dünnem Blattgold auswalzen. Aus 1 g Gold lässt sich ein 3 km langer Draht ziehen!
Da es sich auch im kalten Zustand durch Hämmern leicht verformen lässt, wurde es bereits im Altertum zu Schmuck verarbeitet. Schmuck aus reinem Gold ist aber zu weich für den täglichen Gebrauch. Deshalb wird es mit Silber oder Kupfer gemischt. Diese Legierungen sind härter und haben oft auch eine andere Farbe.
In der Elektronik werden hochwertige Steckverbindungen mit Gold beschichtet, um sie vor Oxidation zu schützen. In der Zahntechnik, für Münzen und als Wertanlage findet Gold ebenfalls Verwendung.

▲ *1. Vergoldete Kuppel einer Pagode in Myanmar*

Silber. Silber kommt in der Natur ebenfalls in reiner Form vor. Allerdings nicht so häufig wie Gold. Silber ist auch nicht so beständig wie Gold. Es reagiert leicht mit schwefelhaltigen Stoffen in der Luft und in Lebensmitteln zu schwarzem Silbersulfid. Schmuck und Besteck aus Silber laufen daher mit der Zeit schwarz an.
Das meiste Silber wird zur Herstellung von Schmuck, Filmen, Fotopapier und Batterien verwendet.
Silber ist auch für die Elektro- und Elektronikindustrie wichtig, denn es ist der beste elektrische Leiter. Eine wichtige Eigenschaft des Silbers ist seine keimtötende Wirkung. So wurden in der Antike Silberplättchen auf Wunden gelegt, um sie zu desinfizieren.

Platin. Platin wurde oft zusammen mit Gold gefunden. Allerdings konnte man früher mit dem Metall wenig anfangen. Deshalb wurde es als Verunreinigung des Goldes herausgelesen und verächtlich als „kleines Silber", spanisch „platina" bezeichnet.
Platin ist ein besonders widerstandfähiges Metall. Es wird zu Schalen, Tiegeln und Laborgeräten in der Chemie verarbeitet. In der Glasindustrie werden Platintiegel zur Fabrikation von Spezialgläsern benötigt. Besonders geeignet ist Platin als Katalysator. In fein verteilter Form ist es in Abgaskatalysatoren der Autos enthalten und sorgt dort für die Entgiftung der Abgase.

Edelmetalle. Silber, Gold und Platin und einige andere Metalle werden zu den Edelmetallen gezählt. Sie sind nämlich gegenüber Luft, Feuchtigkeit und vielen Chemikalien besonders beständig. Da sie sehr selten sind, sind sie auch sehr teuer.

1. a) Warum wird Gold für den täglichen Gebrauch mit anderen Metallen gemischt?
b) Weshalb läuft Silber an der Luft schwarz an?
c) Wofür verwendet man Platin heute?

Steckbrief Gold

Schmelztemperatur:	1064 °C
Dichte in g/cm³:	19,3
Weltproduktion 2007:	2600 t
Preis je kg (2008):	19 300 €

Verwendung: Schmuck, Münzen, Wertanlage, elektrische Kontakte

Steckbrief Silber

Schmelztemperatur:	962 °C
Dichte in g/cm³:	10,5
Weltproduktion 2007:	21 000 t
Preis je kg (2008):	380 €

Verwendung: Fotografie, Elektrotechnik, Schmuck, Münzen

Steckbrief Platin

Schmelztemperatur:	1770 °C
Dichte in g/cm³:	21,5
Weltproduktion 2007:	220 t
Preis je kg (2008):	44 800 €

Verwendung: Katalysatoren, Laborgeräte, Schmuck

Der Preis des Goldes

Goldsuche wie vor 100 Jahren. Aus Wildwestfilmen ist das Goldwaschen aus goldhaltigen Flusssanden bekannt. Wegen seiner großen Dichte lässt sich Gold mithilfe von Wasser in einer Goldwäscherpfanne vom leichteren Sand abtrennen. Doch diese Methode macht nur noch als Urlaubsvergnügen Sinn, die Ausbeute ist viel zu gering.

▲ 1. *Goldsucher in Brasilien*

Goldgewinnung mit Quecksilber. Versetzt man goldhaltigen Flusssand mit Quecksilber, lösen sich darin selbst winzige Goldteilchen. Es entsteht Goldamalgam. Wenn man es später erhitzt, verdampft das Quecksilber, Gold bleibt zurück.
Doch Quecksilberdämpfe sind extrem giftig. Daher darf das Amalgam-Verfahren nur in geschlossenen Anlagen eingesetzt werden. Die meisten Goldsucher verwenden dieses Verfahren aber ohne Schutzeinrichtungen – und vergiften damit sich und die Umwelt.

▲ 3. *Goldnugget, 22 mm lang*

▲ 2. *Gold löst sich in Quecksilber*

Goldgewinnung mit Cyaniden. Früher enthielten bergmännisch abgebaute Lagerstätten 10–50 g Gold pro Tonne Gestein. Diese Lagerstätten sind heute erschöpft. Man beutet jetzt auch Lagerstätten aus, die nur 0,5–3 g Gold je Tonne Gestein enthalten. Dazu wird das Gestein zermahlen und mit einer wässrigen Lösung von Natriumcyanid versetzt. Das Gold löst sich darin auf. Gibt man Zink oder Aluminium hinzu, lässt sich das Gold daraus wieder gewinnen. Die anfallenden Abraumschlämme werden in riesigen Becken gelagert.

▲ 4. *Dammbruch eines Sammelbeckens*

Das Problem ist: Natriumcyanid ist hochgiftig. Bereits 0,2 g sind für einen Erwachsenen tödlich. Die Abraumschlämme enthalten neben Cyaniden auch noch giftige Schwermetalle sowie Arsen. Ein Teil des Cyanids entweicht als giftige Blausäure in die Luft. Die Becken für die Abwässer sind oft nur unzureichend gesichert. In westlichen Ländern ist die Cyanidlaugerei daher so nicht zulässig; in ärmeren Ländern wird sie aber weiter betrieben.

Eine Umweltkatastrophe hat sich in Rumänien im Februar 2000 ereignet, als 100 000 m^3 Abraumschlämme des Sammelbeckens der Goldmine in Baia Mare ausgelaufen waren. In Rumänien und Ungarn sind 200 Tonnen toter Fische aus den Flüssen geholt worden, zahlreiche Wasservögel sind verendet. Die Trinkwasserversorgung war lange Zeit beeinträchtigt. Viele Menschen in der Fischerei, der Landwirtschaft und im Tourismus haben ihre Existenzgrundlage verloren. Doch dies war leider kein Einzelfall. Überall auf der Welt ereignen sich derartige Unfälle, oft unbemerkt von der Weltöffentlichkeit.

1. Welche Maßnahmen könnte man ergreifen, um die Umweltbelastung im Goldbergbau zu verringern?

Die Dichte von Stoffen

Besteht die Kuchengabel aus dem teuren Besteck wirklich aus reinem Silber? Wenn du das herausbekommen möchtest, musst du die **Dichte** der Gabel bestimmen. Alle Stoffe haben nämlich eine unterschiedliche Dichte. Damit lassen sich Stoffe identifizieren. Die Dichte sagt aus, **welche Masse 1 Kubikzentimeter** eines Stoffes hat. So geht man vor:

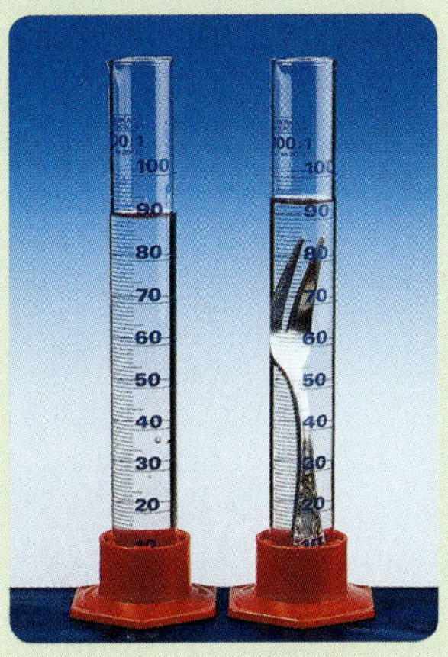

1. Bestimmung der Masse

Masse: 31 g

2. Bestimmung des Volumens

Volumen: 3,5 cm^3

3. Berechnen der Dichte

$$\text{Dichte} = \frac{\text{Masse}}{\text{Volumen}} = \frac{31\,g}{3{,}5\,cm^3} = 8{,}9\,\frac{g}{cm^3}$$

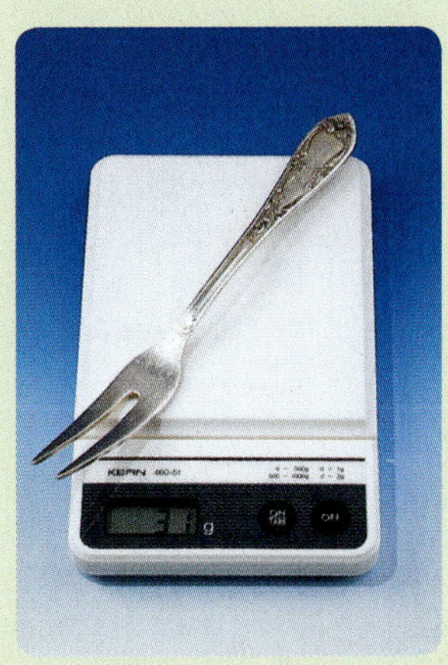

Die Dichte von Silber beträgt 10,5 g/cm^3. Die untersuchte Kuchengabel kann also nicht aus reinem Silber sein. Sie ist wahrscheinlich nur an der Oberfläche versilbert worden.

Dichtebestimmung von Flüssigkeiten. Auch Flüssigkeiten haben eine Dichte. So hat Speiseöl eine geringere Dichte als Wasser und schwimmt deshalb auf seiner Oberfläche.
Um die Dichte einer Flüssigkeit zu bestimmen, wird zunächst ein Messzylinder leer gewogen. Dann wird die Flüssigkeit in den Messzylinder gegeben und das genaue Volumen abgelesen. Anschließend wird der Messzylinder erneut gewogen.
Aus der Massendifferenz und dem Volumen lässt sich jetzt die Dichte der Flüssigkeit berechnen, am besten in der Einheit Gramm pro Milliliter; das entspricht der Angabe in Gramm pro Kubikzentimeter.

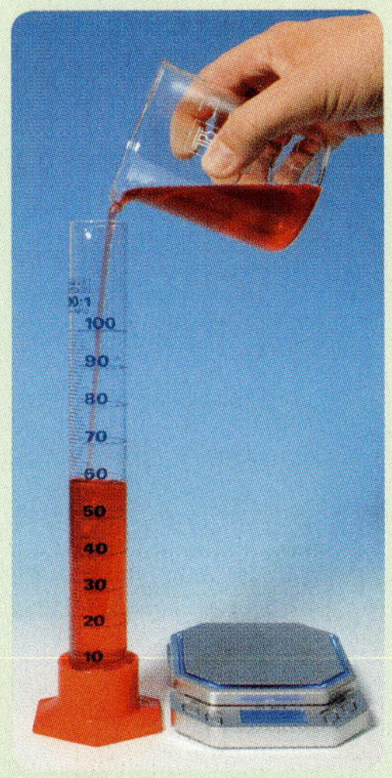

3. *Dichtebestimmung einer Flüssigkeit* ▲

Dichtebestimmung von Gasen. Mithilfe von Seifenblasen lässt sich zeigen, dass auch Gase unterschiedliche Dichten aufweisen. Luftgefüllte Seifenblasen schweben in der Luft. Seifenblasen, die mit Helium gefüllt sind, steigen nach oben.
Die Dichte eines Gases kann mit einer **Gaswägekugel** bestimmt werden. Sie wird zunächst luftleer gepumpt und genau gewogen. Anschließend werden 100 ml des Gases eingefüllt und erneut gewogen. Aus der Massendifferenz in Gramm und dem Volumen in Liter errechnet man die Dichte in der Einheit Gramm pro Liter.

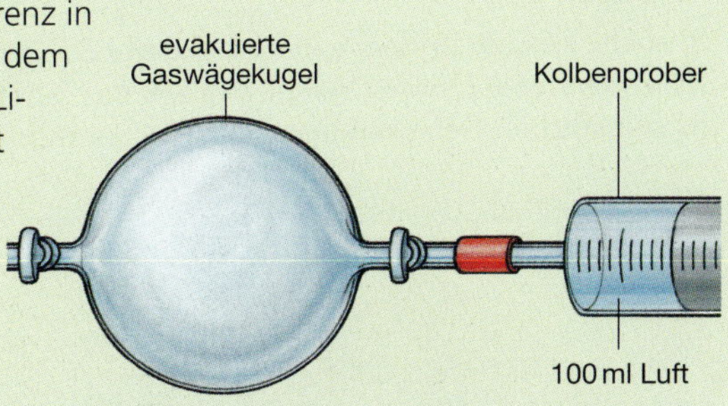

▲ *4. Dichtebestimmung von Gasen*

1. Bestimme die Dichte von Eisen, Kupfer, Spiritus und Wasser.
2. Überlege, aus welchem Material die Kuchengabel hauptsächlich bestehen könnte.
3. Ein Metallstück hat eine Masse von 850 g und ein Volumen von 500 cm^3. Um welches Metall handelt es sich?
4. Welche Masse haben 200 cm^3 Kupfer, Platin und Aluminium?
5. Wie würden sich Seifenblasen verhalten, die
a) mit Kohlenstoffdioxid
b) mit Wasserstoff gefüllt sind?

Leichtmetalle und Schwermetalle

Im Alltag und in der Technik teilt man Metalle in Leichtmetalle und Schwermetalle ein. Als Grenze gilt der Wert 5 g/cm³ für die Dichte. So zählt Aluminium mit 2,7 g/cm³ zu den Leichtmetallen, Blei mit 11,3 g/cm³ dagegen zu den Schwermetallen.
Viele Schwermetalle sind schädlich für den Menschen, etwa Blei, Cadmium oder Quecksilber. Andere Schwermetalle sind in winzigen Mengen aber lebenswichtig, etwa Eisen, Chrom, Kupfer und Mangan.

1. Schlage im Anhang nach, welche Metalle als Leicht- und welche als Schwermetalle gelten: Zink, Silber, Gold, Magnesium, Titan, Natrium, Cobalt, Calcium.

Quecksilber ist das einzige Metall, das bei Zimmertemperatur flüssig ist. Es erstarrt erst bei -39 °C!
Der Umgang mit Quecksilber gefährdet die Gesundheit, denn die Dämpfe sind sehr giftig! Quecksilber findet man heute noch in alten Thermometern sowie in ganz geringen Mengen in Energiesparlampen und Leuchtstoffröhren.

Siedetemperatur: 357 ×C
Schmelztemperatur: 39 ×C
Dichte: 13,55 g/cm³

4. Warum müssen gebrauchte Leuchtstoffröhren als Sondermüll entsorgt werden?
5. Wie schwer ist 1 Liter Quecksilber (1 000 cm³)?

Das Metall Blei wird gern zur Abdichtung von Schornsteinen und Dachfenstern verwendet. Taucher schnallen sich Bleigürtel um, weil sie sonst zu rasch auftauchen würden.

2. Überlege, welche Eigenschaften Blei haben muss.

Aluminium gehört zu den Leichtmetallen. Zusammen mit anderen Metallen lässt es sich gut zu Legierungen verarbeiten, die leicht und fest zugleich sind. Aluminium wird vor allem im Fahrzeug- und Flugzeugbau verwendet, aber auch in der Bau- und Verpackungsindustrie. Insbesondere Nahrungsmittel werden in Aluminiumfolie eingepackt, weil sie licht-, luft- und wasserdicht ist.

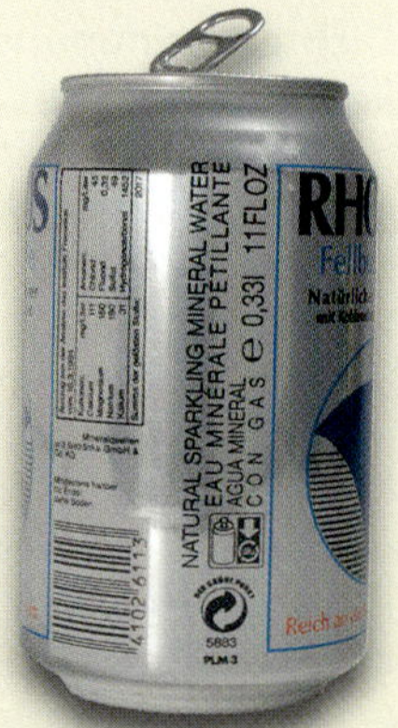

6. Welche Vorteile hat Aluminium gegenüber anderen Metallen, vor allem bei Flugzeugen und Autos?
7. Nenne mehrere Gegenstände aus Aluminium.

Sehr flexible Brillengestelle werden häufig aus dem Leichtmetall Titan hergestellt. Es ist ein sehr widerstandsfähiges Metall. Wegen der guten Körperverträglichkeit wird es auch zur Herstellung von künstlichen Gelenken und Zahnimplantaten eingesetzt.

3. Begründe, weshalb sich Titan gut für Brillengestelle eignet.

Über die Hälfte des in Deutschland verbrauchten Zinks wird für Oberflächenbeschichtungen verwendet. Sie sind meist nur wenige tausendstel Millimeter dick.
Das Zink oxidiert zwar an der Luft, bildet dabei aber eine fest haftende, beständige Oxidschicht. Deshalb dient eine Zinkbeschichtung als Rostschutz für Eisen.

Eisenzäune, Brückengeländer und sogar Autokarosserien werden dazu in flüssiges Zink getaucht. Man nennt dieses Verfahren Feuerverzinken.

1. Weshalb schützt Zink Eisen vor Rost?
2. Welche weiteren Möglichkeiten kennst du, um Rost zu verhindern?

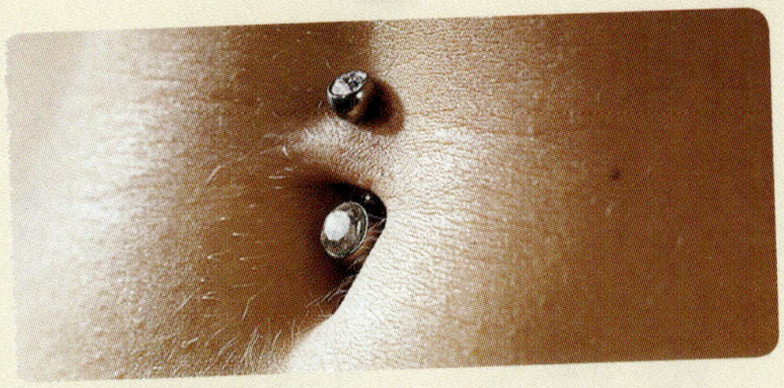

Piercing-Schmuck, aber auch Uhrengehäuse, Besteck und chirurgische Instrumente bestehen oft aus der harten, silberglänzenden Legierung Neusilber.
Wer Probleme mit Nickelallergien hat, sollte dieses Material meiden.

6. Ermittle die Zusammensetzung dieser Legierung

Die Euro- und Cent-Münzen bestehen aus verschiedenen Metallen und Metallgemischen.

3. Prüfe Cent- und Euro-Münzen mit einem Magneten. Was kannst du daraus und aus dem Aussehen über die Zusammensetzung der Münzen ableiten?
4. An welche bekannte Legierung erinnert dich die Farbe der 10-, 20- und 50-Cent-Stücke? Welche Metalle müssten dann in diesen Münzen enthalten sein?
5. Ermittle die Dichte von 10- oder 20-Cent-Münzen (vgl. S. 79 im Buch); nimm am besten gleich mehrere und bilde den Durchschnitt. Welche Metalle haben eine ähnliche Dichte wie die untersuchte Münze?

Zinn und viele andere Metalle lassen sich in Formen gießen. Dazu wird ein Gegenstand, etwa ein großes, tiefgefrorenes Gummibärchen, in Formsand gedrückt. Dann wird der Gegenstand entfernt. Ist die Form getrocknet, werden in einem Schmelzlöffel einige Stücke Zinn geschmolzen.
Die Schmelze wird dann direkt in die Gießform gegossen. Erst nach dem Erkalten wird der Gegenstand aus der Form genommen.

7. Überlege, weshalb Zinn für so ein Experiment sehr gut geeignet ist?

Ein Referat vorbereiten

In vier Wochen sollst du ein Referat zum Thema „Silber" halten. Hier findest du einige Hinweise, wie man an diese Aufgabe herangehen kann.

Informationen finden. Zur Vorbereitung eines Referats kannst du mehrere Informationsquellen nutzen:
- Chemiebuch
- Lexika
- CD-ROM-Lexika
- Internet
- Experimente
- Interviews usw.

Eine sehr gute Möglichkeit für die Informationsbeschaffung ist die Nutzung des Internets. Suchmaschinen unterstützen dich bei deiner **Internetrecherche.** Als **Suchbegriff** darfst du aber nicht einfach das Wort Silber eingeben, sonst bekommst du unübersichtlich viele Ergebnisse. Du solltest zwei oder drei Suchbegriffe kombinieren, etwa Silber + Eigenschaften oder Silber + Geschichte, und erst dann die Ergebnisse sichten (s. auch Methode Internetrecherche, Seite 51).

Auch **Interviews** mit Experten sind gute Möglichkeiten der Informationsbeschaffung. Du kannst einen Juwelier oder Goldschmied zum Thema Silber befragen. Beispiele für Fragen können sein:
- Warum ist Silberschmuck so beliebt?
- Seit wann wird Silber für Schmuck verwendet?
- Kommt es wie bei Nickelschmuck auch bei Silber zu Allergien?
- Wie teuer ist Silber im Vergleich zu Gold, Platin und Kupfer?

Die wichtigsten Informationen, die du in den verschiedenen Quellen gefunden hast, solltest du herausschreiben und auf einem Konzeptblatt in Form von **Stichworten** sammeln.

Informationen ordnen. Hast du die verschiedenen Informationsquellen gut genutzt, so stehen auf deinem Konzeptblatt nun viele Einzelinformationen über Silber. Diese ungeordneten Informationen musst du nun übersichtlich darstellen.

Dabei hilft dir eine **Gliederung,** so wie du sie von einem Aufsatz aus dem Deutschunterricht kennst. Hilfreich ist auch eine **Mindmap.** Mit so einer „Gedankenlandkarte" lässt sich ein Thema und seine Unterthemen knapp und übersichtlich darstellen. Dabei kommen einem oft auch noch weitere Ideen.

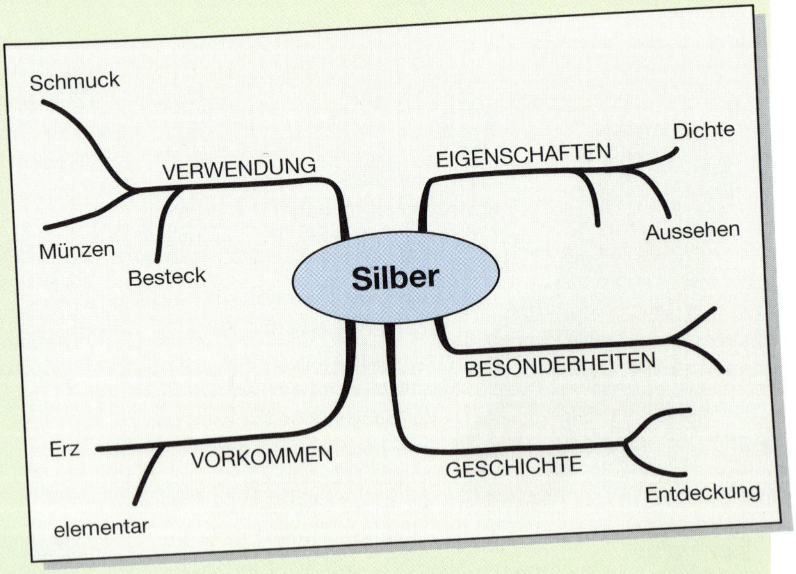

Karteikarten schreiben. Für einen geübten Redner reicht eine kurze Gliederung oder eine Mindmap über Silber aus, um einen guten Vortrag zu halten. Für dich als Schüler ist es hilfreich, wenn du dir zu den einzelnen Themenbereichen jeweils eine **Karteikarte** (beispielsweise in Postkartengröße) anlegst. Darauf notierst du stichwortartig, was zu einem Kapitel gehört.

Tipps für die Vorbereitung eines Referats:

- An übersichtliche Gliederung denken.
- Kurze schriftliche Zusammenfassung anfertigen.
- Frei sprechen üben: Vor dem Spiegel laut, deutlich, betont, nicht zu schnell und nicht zu langsam sprechen
- Materialien (Karteikarten, Gegenstände zur Veranschaulichung usw.) bereit legen.
- Sprechzeit kontrollieren und an die zur Verfügung stehende Zeit für das Referat anpassen
- Am Ende des Referats einige Minuten für Fragen der Zuhörer einplanen

Sachverhalte veranschaulichen. Hast du die Karteikarten geschrieben, so solltest du dir Möglichkeiten überlegen, wie du die Inhalte anschaulich darstellen kannst. Kannst du für das Referat Gegenstände aus Silber mitbringen oder Bilder zeigen? Willst du den Tageslichtprojektor und die Tafel einsetzen oder steht dir ein Computer mit Beamer zur Verfügung?

Zusammenfassung erstellen. Du musst dir jetzt noch überlegen, ob die Zuhörer während deines Vortrags mitschreiben sollen oder ob du nach deinem Vortrag auf einem Blatt Papier eine Zusammenfassung deines Vortrags ausgeben willst.

Diese und weitere Fragen solltest du mit deinem Lehrer im Vorfeld absprechen und ihn um Unter stützung bitten.

1. Erstelle 4 Karteikarten zum Thema „Silber" nach dem oben abgebildeten Muster.
2. Bereite einen Vortrag zu einem Metall deiner Wahl vor.

Vom Erz zum Roheisen

1. Das Eisenzeitalter

Warum wird wohl das letzte Jahrhundert auch als Eisenzeitalter bezeichnet?

2. Partnerarbeit zur Eisengewinnung

Arbeitet in Zweiergruppen. Lest den folgenden Text zur Eisengewinnung gut durch (beachtet auch S. 85!). Einer stellt eine Frage, die der andere mithilfe des Buches beantworten soll. Dann wird gewechselt.

▲ 1. *Die Eisenerze Magnetit (links) und Hämatit*

Eisenerz findet sich überall. Eisen ist in Form von Eisenerz fast überall auf der Erde zu finden, auch in Deutschland. Aber die meisten Eisenerze haben einen niedrigen Eisengehalt. Die heute für die Eisengewinnung eingesetzten Eisenerze sind eisenoxidhaltige Gesteine mit einem Eisengehalt zwischen 40 % und 70 %. Die bekanntesten Eisenerze sind Magneteisenstein (Magnetit) und Roteisenstein (Hämatit).

Eisengewinnung im Hochofen. Heute findet die Eisengewinnung im Hochofen statt. Moderne Hochöfen sind bis 50 m hoch. Die Wände bestehen aus feuerfestem Material und werden ständig mit Wasser gekühlt. Der Hochofen wird abwechselnd mit Koks und Möller gefüllt. *Koks* ist fast reiner Kohlenstoff, der aus Steinkohle gewonnen wird. Der *Möller* ist ein Gemisch aus aufbereitetem Eisenerz, Kalk und anderen Zuschlagstoffen. Der Kalk bildet mit dem Restgestein eine niedrig schmelzende Schlacke.
Im Mittelteil des Hochofens wird das Eisenoxid hauptsächlich durch Kohlenstoffmonooxid zu Roheisen reduziert:

Eisenoxid + Kohlenstoffmonooxid
⟶ Eisen + Kohlenstoffdioxid

Die nötige Reaktionswärme entsteht durch die Verbrennung des Kokses mit der eingeblasenen Heißluft zu Kohlenstoffdioxid. Das zur Reaktion notwendige Kohlenstoffmonooxid bildet sich durch die Reaktion von Kohlenstoffdioxid mit Kohlenstoff bei hohen Temperaturen.
Das flüssige Roheisen tropft durch den glühenden Koks. Dabei nimmt es Kohlenstoff auf. Es sammelt sich am Boden des Hochofens. Darüber schwimmt die leichtere Schlacke. Sie schützt das Roheisen vor Oxidation durch die eingeblasene Heißluft.

Produkte des Hochofens. Etwa alle 4 bis 6 Stunden wird das Roheisen abgestochen. Es fließt durch Sandrinnen in Transportbehälter. In diesen wird es zum Stahlwerk gefahren. Soll aus dem Roheisen Gusseisen werden, lässt man es in Sandformen abkühlen. In Gießereien werden daraus Gussteile wie Kanaldeckel gegossen. Die Hochofenschlacke wird im Straßenbau und zur Zementherstellung verwendet.

Im Hochofen wird Eisenoxid mithilfe von Koks bei hohen Temperaturen zu Roheisen reduziert. Dieses wird zu Gusseisen und Stahl verarbeitet.

3. Fragen zum Text

a) Woraus gewinnt man Eisen?
b) Wofür wird im Hochofen Kalk benötigt?
c) Welcher Stoff ist das eigentliche Reduktionsmittel im Hochofen?
d) Welche Produkte erhält man durch den Hochofenprozess?

▲ 2. *Ein Hochofen ist jahrelang Tag und Nacht in Betrieb*

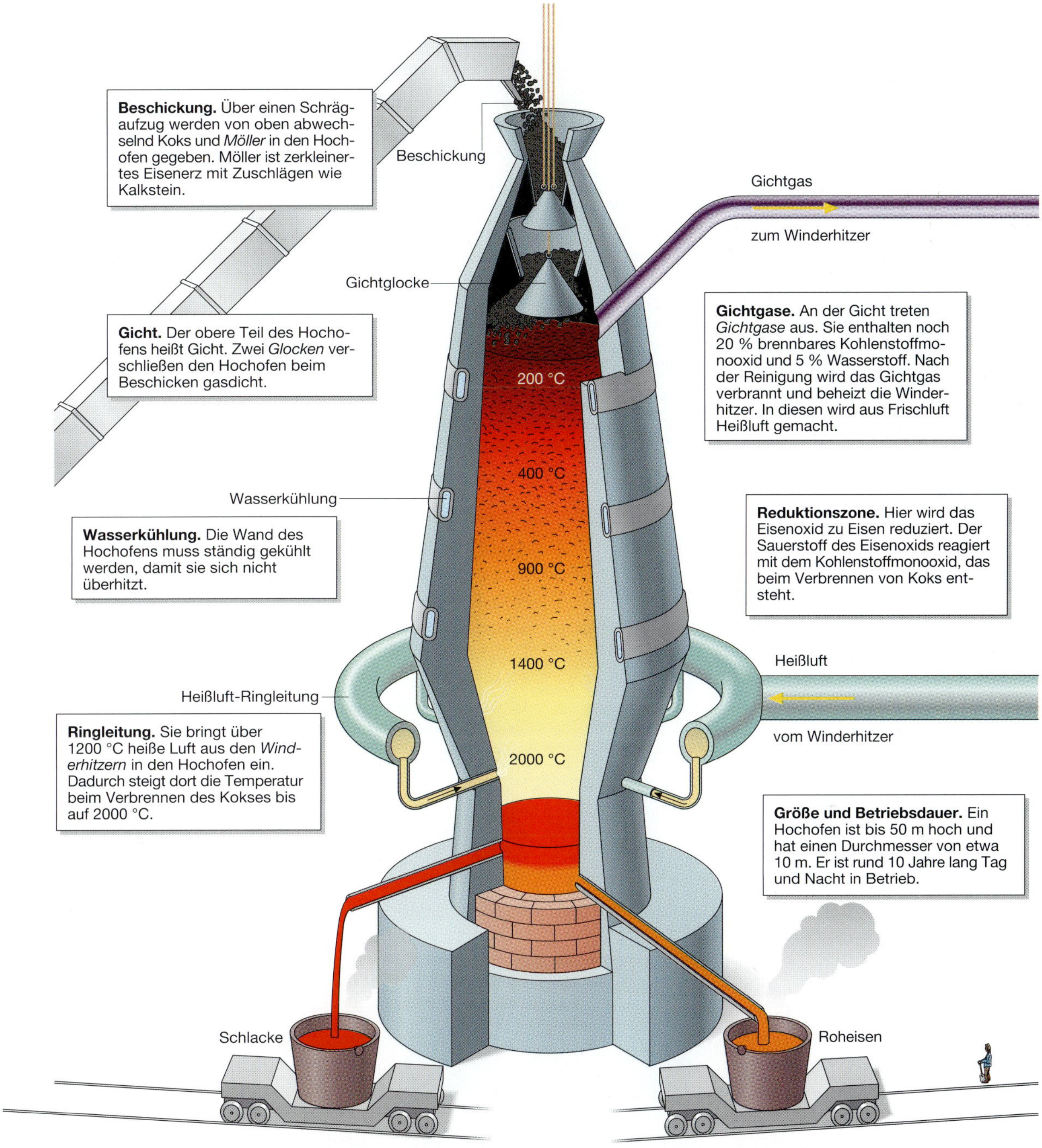

Beschickung. Über einen Schrägaufzug werden von oben abwechselnd Koks und *Möller* in den Hochofen gegeben. Möller ist zerkleinertes Eisenerz mit Zuschlägen wie Kalkstein.

Gicht. Der obere Teil des Hochofens heißt Gicht. Zwei *Glocken* verschließen den Hochofen beim Beschicken gasdicht.

Gichtgase. An der Gicht treten *Gichtgase* aus. Sie enthalten noch 20 % brennbares Kohlenstoffmonooxid und 5 % Wasserstoff. Nach der Reinigung wird das Gichtgas verbrannt und beheizt die Winderhitzer. In diesen wird aus Frischluft Heißluft gemacht.

Wasserkühlung. Die Wand des Hochofens muss ständig gekühlt werden, damit sie sich nicht überhitzt.

Reduktionszone. Hier wird das Eisenoxid zu Eisen reduziert. Der Sauerstoff des Eisenoxids reagiert mit dem Kohlenstoffmonooxid, das beim Verbrennen von Koks entsteht.

Ringleitung. Sie bringt über 1200 °C heiße Luft aus den *Winderhitzern* in den Hochofen ein. Dadurch steigt dort die Temperatur beim Verbrennen des Kokses bis auf 2000 °C.

Größe und Betriebsdauer. Ein Hochofen ist bis 50 m hoch und hat einen Durchmesser von etwa 10 m. Er ist rund 10 Jahre lang Tag und Nacht in Betrieb.

Schlacke. Die Schlacke schwimmt auf dem Roheisen und verhindert so seine Oxidation zu Eisenoxid. Die Schlacke kann beim Straßenbau verwendet werden.

Tagesproduktion eines Hochofens

Einsatz	Abgabe
15 800 t Erz	11 000 t Roheisen
2 300 t Zuschläge	3 500 t Schlacke
5 000 t Koks	23 600 t Gichtgas und Staub
15 000 t Heißwind	96 000 t erwärmtes Kühlwasser
96 000 t Kühlwasser	

Roheisenabstich. Das flüssige Roheisen ist schwerer als die anderen Stoffe. Es sinkt daher im Hochofen nach unten. Das Abstichloch für Roheisen befindet sich am tiefsten Punkt des Hochofens.

▲ *1. Eisengewinnung im Hochofen*

Aus Roheisen wird Stahl

▲ 1. Entnahme einer Roheisenprobe

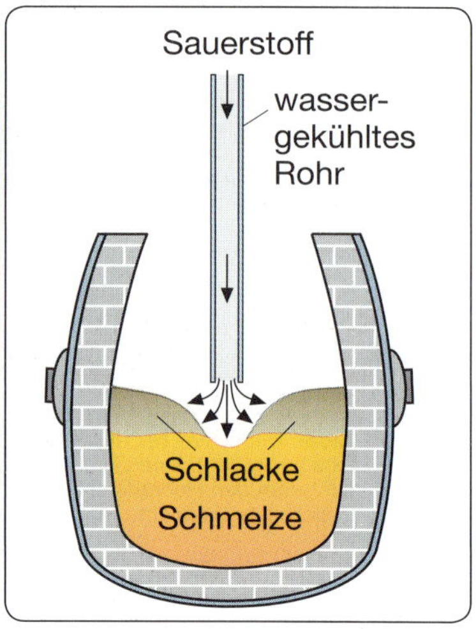

▲ 2. Befüllen eines Konverters (links) und Frischen der Eisenschmelze (rechts

1. Stahl und Eisen im Vergleich

a) Vergleiche die Verformbarkeit und Elastizität eines Stahldrahtes und eines Eisendrahtes.
b) Halte beide Drähte mit der Tiegelzange in die Brennerflamme und bringe sie zum Glühen. Vergleiche sie nach dem Abkühlen.
c) Erhitze beide Drähte noch einmal und schrecke sie sofort in kaltem Wasser ab. Prüfe erneut.
Welche Veränderungen kannst du an beiden Drähten feststellen?
d) Notiere alle Versuchsergebnisse in einer Tabelle.
e) Versuche, ein Stück Glas mit einem Eisennagel und einem Stahlnagel zu ritzen. Erkläre das Ergebnis.

Roheisen ist spröde. Das Roheisen aus dem Hochofen ist für viele Verwendungszwecke nicht geeignet. Es enthält noch zu viel Kohlenstoff und andere Fremdstoffe wie Phosphor, Schwefel und Silicium. Diese Stoffe machen das Roheisen spröde und brüchig. Es enthält auch noch zu viel Kohlenstoff und lässt sich weder schmieden noch walzen. Erst durch die Umwandlung in Stahl erhält das Eisen die gewünschten Eigenschaften wie Schmiedbarkeit und Elastizität. Dazu müssen jedoch die unerwünschten Begleitstoffe und der überschüssige Kohlenstoff entfernt werden.

▲ 3. Stahl ist elastisch

Stahlgewinnung. Das flüssige Roheisen wird in einen großen Behälter gefüllt. Dieser **Konverter** fasst bis zu 500 Tonnen Eisen. Anschließend wird durch ein wassergekühltes Rohr, die **Sauerstofflanze,** unter hohem Druck Sauerstoff auf das flüssige Eisen geblasen. Es setzt eine heftige Reaktion ein. Unter ohrenbetäubendem Lärm sprüht ein Funkenregen aus dem Konverter. Die unerwünschten Bestandteile werden fast vollständig verbrannt. Silicium, Phosphor und Mangan verbinden sich dabei mit dem zugegebenen Kalk zu Schlacke. Sie setzt sich oben auf der Schmelze ab. Kohlenstoffdioxid und Schwefeldioxid entweichen als Gase. Dieses Verfahren wird **Sauerstoff-Aufblasverfahren** genannt.

Bei der Oxidation der Begleitstoffe wird so viel Wärme frei, dass die Temperatur der Schmelze auf über 1700 °C steigt. Zur Abkühlung wird deshalb Stahlschrott zugegeben.
Nach etwa 20 Minuten ist die Oxidation der Begleitstoffe beendet. Aus dem Roheisen ist hochwertiger Stahl geworden. Der Konverterbehälter wird geschwenkt und der fertige Stahl fließt in eine Gießpfanne. Von dort wird er zur Weiterverarbeitung zum Walzwerk transportiert.

Zahlreiche Stahlsorten. Heute gibt es etwa über Tausend verschiedene Stahlsorten. Allein durch die Änderung des Kohlenstoffanteils lassen sich die Eigenschaften deutlich beeinflussen.

Unlegierter Stahl. So heißt Stahl, dem *keine Fremdmetalle* zugegeben werden.
– Stahl mit einem Kohlenstoffanteil **unter 0,25 %** ist gut verformbar. Er wird zu Drähten und dünnen Blechen verarbeitet. Daraus werden dann Nägel, Konservendosen und Autokarosserien hergestellt.
– Stahl mit einem Kohlenstoffanteil **zwischen 0,25 und 0,7 %** ist härter und wird für Eisenbahnschienen, im Maschinenbau, sowie im Stahlbau verwendet.
– Besonders gut härten lässt sich Stahl mit einem Kohlenstoffanteil **zwischen 0,7 und 1,5 %.** Er wird für Werkzeuge, chirurgische Instrumente, Rasierklingen und Stahlfedern verwendet.

Legierung	Zusätze	Eigenschaften, Verwendung
Chrom-Nickel-Stahl	18 % Chrom 8 % Nickel	sehr hart und zäh, chemikalienbeständig; Eisenbahnräder, chem. Apparate, Achsen
Chrom-Vanadium-Stahl	0,75 % Chrom 1 % Vanadium	hart, zäh; Werkzeuge wie Schraubenschlüssel
Schnellarbeitsstahl (HSS-Stahl)	6 % Wolfram 5% Molybdän 2 % Vanadium	hitzebeständig, sehr hart; Bohrer, Sägeblätter

▲ *1. Wichtige Stahllegierungen*

Legierter Stahl (Edelstahl). Diese Stahlsorten entstehen, wenn man *weitere Metalle* in die Stahlschmelze gibt. Dabei werden Nickel, Chrom, Wolfram, Molybdän und andere Metalle als Stahlveredler zugesetzt. Je nach Menge und Art der Zusätze erhält man sehr harte, chemikalienfeste oder nichtrostende Stahlsorten (Abb. 1).

Elektrostahl. Hochwertige Stahlsorten werden oft im **Elektrostahlverfahren** hergestellt. Hier lässt sich die Zusammensetzung der Schmelze besonders gut kontrollieren. Mithilfe von starkem elektrischem Strom zwischen Graphitelektroden werden Temperaturen bis zu 3000 °C erzeugt. Bei diesen hohen Temperaturen werden vorhandene Verunreinigungen oxidiert. Hierbei kann bis zu 25 % Schrott mitverwendet werden.

Walzen. Der größte Teil des Stahls wird im **Walzwerk** verarbeitet. Hier werden die glühenden Stahlblöcke auf automatischen Walzstraßen zu Trägern, Blechen, Bändern oder Drähten gewalzt.

Stahl wird im Sauerstoff-Aufblas-Verfahren aus flüssigem Roheisen gewonnen. Die unerwünschten Begleitstoffe werden dabei oxidiert oder in der Schlacke gebunden.
Im Elektroofen werden Stahlsorten mit besonderen Eigenschaften hergestellt, indem weitere Metalle zugesetzt werden.

1. Fragen zum Text
a) Erkläre den Unterschied zwischen Eisen und Stahl.
b) Was passiert beim Sauerstoff-Aufblas-Verfahren?
c) Was sind Stahlveredler?
d) Warum wird bei der Stahlgewinnung auch Schrott eingesetzt?

▲ *2. Elektroofen*

▲ *3. Stahlblöcke auf der automatischen Walzstraße*

Scharfe Messer

Die ersten scharfen Messer fertigten die Menschen der Steinzeit aus Feuerstein. Die Klingenkanten waren sehr scharf, aber auch sehr spröde. Sie wurden während des Gebrauchs schnell stumpf. Im Altertum wurden Messer aus Bronze, später aus Eisen hergestellt. Sie waren sowohl Schneidwerkzeuge als auch Waffe. Etwa 100 Jahre vor Christi Geburt wurde das Messer im alten Rom als Essgerät gebräuchlich. Im Mittelalter brachten die Gäste ihre eigenen Messer mit. Erst in der Neuzeit wurde das Messer ein Teil des Essbestecks. Die ersten industriell gefertigten Messerklingen wurden Ende des 18. Jahrhunderts gefertigt. In Solingen entwickelte sich eine eigene Messerindustrie. Messer aus Solingen sind auch heute noch in aller Welt gefragt.

▲ *1. Messer aus Feuerstein*

▲ *2. Härten von Messern*

Industriell hergestellte Messer. Zunächst wird ein Stahlstück in eine Schmiedeform gelegt. Der Rohling für das Messer wird herausgestanzt. So entstehen exakt gleiche Messerrohlinge. Die Messerrohlinge werden auf einem Fliessband durch einen Durchlaufofen geschickt. Dort werden sie bei etwa 1100 °C erhitzt und dann im Wasserbad abgeschreckt. Jetzt sind sie gehärtet, aber sehr spröde. Deshalb erfolgt im Anschluss daran das Anlassen. Dabei wird das Messer noch einmal für kurze Zeit erhitzt. Erst dadurch bekommt die Messerklinge die notwendige Elastizität. Der Schliff der Messerklinge erfolgt durch Schleifautomaten.

Messer aus Damaszener Stahl. Bereits vor über 2500 Jahren wurden Klingen aus Damaststahl hergestellt. Für ein Messer wird zunächst ein Schmiedepaket zusammengestellt, in dem mindestens zwei verschiedene Stahlsorten immer abwechselnd übereinander angeordnet sind. Das Ganze wird dann im Feuer erhitzt, durch Hammerschläge bei Schweißtemperatur (950–1050 °C) verbunden und dann in Länge ausgereckt. Dieses Paket wird dann wieder in mehrere Teile geteilt und übereinander gelegt oder gefaltet. Dieser Vorgang wiederholt sich mehrmals, wodurch die Lagenzahl des Damastes immer höher steigt. Je nach Anfangslagenzahl erreicht man mit 3–5 Durchgängen schon bis zu 300 Lagen.

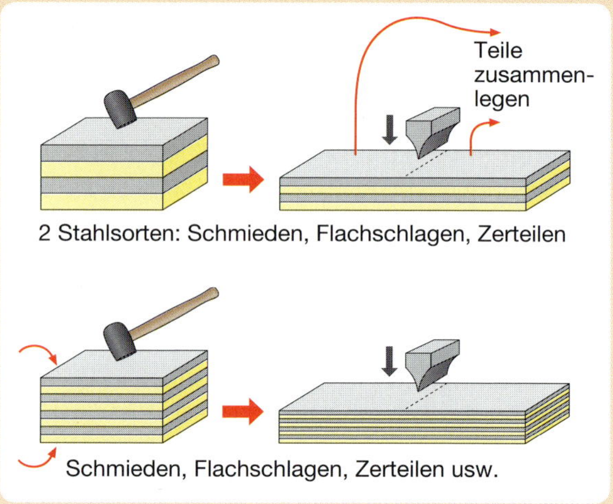

▲ *3. Durch das mehrmalige Teilen entstehen viele Lagen*

So einfach, wie es sich hier vielleicht anhört, ist die Herstellung eines Damaszener Messers allerdings nicht. Körperliche Schwerstarbeit und viel Erfahrung beim Schmieden sind notwendig. Auch die richtige Temperatur des Feuers ist wichtig. Ist sie zu niedrig, verbinden sich die Stahlpakete nicht richtig. Ist sie zu hoch, verbrennt der Stahl.
Zum Schluss wird das Messer gehärtet und die Klinge in Säure geätzt, um die Muster der verschiedenen Stahlschichten sichtbar zu machen.

▼ *4. Damaszener Messer*

Arbeiten im Bergwerk vor 500 Jahren

▲ *1. Der Hauer bei der Arbeit*

Michel arbeitet im Erzberg. Michel ist 12 Jahre alt und arbeitet gemeinsam mit seinem Vater im Kupferbergwerk. Er ist Lehrjunge und will später auch Bergmann werden.

„Glückauf". Mit diesem Ruf begrüßen sich die Bergleute, die vor dem Eingang zum Bergwerk stehen. Michels Vater geht zum Steiger, der die Bergleute zur Arbeit einteilt und beaufsichtigt. Der Steiger füllt eine kleine Lampe mit Rinderfett, zündet sie an und gibt sie Michels Vater. Gemeinsam mit den anderen Bergleuten fahren sie dann in das Bergwerk ein.

Am Arbeitsplatz. Als die beiden an ihrem Arbeitsplatz angekommen sind, hängt Michels Vater die Lampe auf. Viel ist bei dem schwachen Lichtschein nicht zu erkennen. Michels Vater ist Hauer. Er setzt das Eisen auf den Felsen und schlägt mit dem Schlägel auf das Eisen. Kleine Felsstücke springen ab. In den Erzbrocken ist das Kupfer enthalten. Michel sammelt sie auf und legt sie in den Förderkorb. An einer anderen Stelle werden größere Erzbrocken aus dem Felsen gesprengt. Die größten Erzbrocken werden mit schweren Hämmern zerkleinert.

Steine, die kein Kupfererz enthalten, werden aussortiert. Nur erzhaltiges Gestein wird zur Kupferhütte geschafft.

In der Kupferhütte. Hier arbeiten viele Frauen und Mädchen. Auch Michels Mutter und seine Schwester Maria arbeiten dort. Sie ist gerade 10 Jahre alt geworden. Seine anderen fünf Geschwister sind noch zu klein, um mitzuhelfen.

Das Erz wird zerkleinert. Zunächst muss das Erz zerstampft werden. Das wird mit einer Maschine gemacht. Ein Wasserrad treibt diese Maschine an. Durch die Wasserkraft werden abwechselnd schwere Stempel hochgehoben. Sie fallen auf das erzhaltige Gestein und zerkleinern es.

▲ *2. Das Erz wird zerstampft*

Abtrennung des Gesteins. Michels Mutter arbeitet an einem Waschherd. Das ist eine 3 m lange Holzkiste, die an einer Seite offen ist. Das Gemisch aus zerkleinertem Erz und Gestein wird in den Waschherd geschüttet. Mit einer Stange, an der ein Holzbrett befestigt ist, wird es hin und her geschoben. Wasser läuft durch den Waschherd und spült das Gesteinsmehl weg. Am Boden setzen sich nach und nach die Erzteilchen ab.

▲ *3. Waschen des Erzes*

Kupfergewinnung. Der feuchte Erzschlamm wird in der Sonne getrocknet. Erst dann wird er in den Ofen gefüllt. Holzkohle wird hinzugegeben. Sie wird von Köhlern gemacht. Jeden Tag bringen die Fuhrleute mehrere Wagen mit Holzkohle zur Kupferhütte.

Der Schmelzer am Ofen weiß genau, wann der Schmelzprozess beendet ist. Er öffnet mit einer Eisenstange den Ofen und das flüssige Kupfer fließt heraus.

1. Wie war die Ausrüstung der Bergleute im Bergwerk früher?

2. Womit wurden die Maschinen des Bergwerkes angetrieben?

3. Was passiert mit dem Kupfererz, bevor es im Ofen geschmolzen wird?

Eine Exkursion planen

Eine Exkursion in ein Museum, ein Bergwerk oder einen Betrieb der chemischen Industrie ist interessant und bringt neue Erkenntnisse mit sich. Bevor ihr mit der Klasse eine Exkursion durchführen wollt, muss zunächst einiges organisiert werden:

- Genehmigung der Schulleitung beantragen
- Informationsschreiben für die Eltern verfassen und um Zustimmung bitten
- Hin- und Rückfahrt planen und organisieren
- Zeitbedarf und Kosten für die Exkursion ermitteln
- Exkursion anmelden, falls nötig
- Themen für kleine Referate verteilen

Für eine gelungene Exkursion ist die inhaltliche Vorbereitung sehr wichtig. Hierfür ist es sinnvoll, dass sich Schülergruppen auf ein bestimmtes Thema vorbereiten und dann die Klasse beispielsweise vor Ort durch ein Kurzreferat informieren. Dabei ist eine schriftliche Zusammenfassung des Themas auf einer DIN A4-Seite sehr hilfreich.

1. Überlegt gemeinsam, ob eine Exkursion mit der Klasse passend zu einem Unterrichtsthema möglich ist. Informiert euch gut über ein geeignetes Besuchsziel, damit sich die Anreise auch lohnt.

Außerschulische Lernorte in Niedersachsen

1. Bergwerksmuseum Knesebeck, Bad Grund
2. Iberger Tropfsteinhöhle, Bad Grund
3. Grube Wennsglückter Gang, St. Andreasberg
4. Lehrbergwerk Grube Roter Bär, St. Andreasberg
5. Grube Samson, St. Andreasberg
6. Oberharzer Bergwerksmuseum, Clausthal-Zellerfeld
7. Bergbaumuseum u. Schaubergwerk Rammelsberg, Goslar
8. Historisches Silberbergwerk, Lautenthal
9. Deutsches Salzmuseum, Lüneburg
10. Archäologisches Zentrum, Hitzacker
11. Deutsches Erdölmuseum, Wietze
12. Archäologisches Museum, Bad Fallingbostel
13. Museum Burg Brome, Brome
14. Meyer-Werft-Besucherzentrum, Papenburg
15. Autostadt Wolfsburg, Wolfsburg
16. Phaeno, Wolfsburg
17. Umweltbildungszentrum Dowesee, Braunschweig
18. Trinkwasser-Erlebnispfad, Geeste-Varloh
19. Erdöl-Erdgas-Museum, Twist
20. Papierwelt, Dörpen
21. Museum für Kali- und Salzbergbau, Ronnenberg-Empelde
22. Besucherbergwerk Klosterstollen, Barsinghausen
23. Grube Feggendorfer Stollen, Lauenau
24. Schillat-Tropfsteinhöhle, Hessisch Oldendorf
25. Landesmuseum Natur und Mensch, Oldenburg
26. Phänomenta, Bremerhaven
27. Porzellanmanufaktur, Fürstenberg
28. Bergbaumuseum, Bad Salzdetfurth
29. Besucherbergwerk u. Museum „Hüttenstollen Osterwald", Salzhemmendorf

Besuch beim Rammelsberg

Geschichte des Rammelsberges. Die Geschichte des Bergbaus am Rammelsberg reicht vermutlich 3000 Jahre zurück. Bereits während der Römerzeit wurde Silbererz abgebaut. Aufgrund der reichen Silbervorkommen errichtete im 11. Jahrhundert Kaiser Heinrich II. dort eine Kaiserpfalz. So entstand Goslar, eine bedeutende Stadt im Mittelalter.
Neben Silbererz wurden im Rammelsberg noch weitere Erze gefördert. Aus diesen Erzen wurden Kupfer, Blei, Zink und ab dem 18. Jahrhundert auch Gold gewonnen. Vor allem auf dem Silber beruhte der Reichtum der Stadt Goslar.
1988 wurde das Bergwerk geschlossen, weil der Abbau der Erze nicht mehr wirtschaftlich war. Heute ist ein Teil des stillgelegten Bergwerkes zum Bergwerksmuseum ausgebaut worden. Zusammen mit der Altstadt von Goslar gehört der Rammelsberg zum UNESCO-Weltkulturerbe.

Anreise. Der Rammelsberg liegt am Südrand der Stadt Goslar. Goslar selbst liegt am Nordrand des Harzes. Wer mit der Bahn anreist, kann direkt vom Bahnhof mit dem Bus zum Bergwerk fahren.

▲ *1. Das Besucherbergwerk am Rammelsberg*

Tipps und Infos. Das Bergwerksmuseum bietet unterschiedliche Führungen an. So gibt es zum Beispiel eine Führung über die geheimnisvolle Untertagewelt. Je nachdem, welche Führung ausgewählt wird, erhältst du einen ganz bestimmten Einblick in die Geschichte des Bergwerkes und die Arbeit der Bergleute unter Tage. Für eine Führung sollte man sich mindestens 2 Wochen vorher anmelden.
Aktuelle Informationen über Öffnungszeiten, Eintritt und Führungen gibt es im Internet (unter **www.rammelsberg.de**).

Neben dem Besuch des Rammelsberges lohnt sich sicherlich auch ein Besuch der Goslarer Altstadt. Auch hierfür lassen sich viele Informationen über das Internet finden.

▲ *2. Wasserrad im Bergwerk*

▲ *3. Auf der Suche nach farbigen Salzen im Roeder-Stollen*

Dem Rost auf der Spur

1. Rost im Alltag

Zähle mehrere Gegenstände auf, die rosten können. Aus welchem Material bestehen sie?

2. Rost näher betrachtet

Betrachte einen stark verrosteten Gegenstand, am besten mit einer Lupe.

a) Beschreibe genau, was du sehen kannst.

b) Kratze mit einem harten Gegenstand auf dem Rost. Was beobachtest du?

3. Bedingungen für das Rosten von Eisenwolle

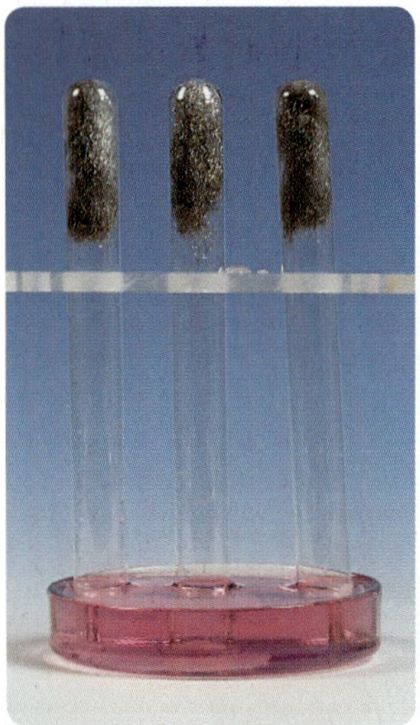

Drei gleich große Büschel Eisenwolle werden in drei Reagenzgläser gegeben (Tipp: entfettete Eisenwolle verwenden). Eine Portion Eisenwolle wird mit etwas Essig und eine mit Wasser befeuchtet. Die dritte Portion bleibt trocken. Die Reagenzgläser werden dann mit der Öffnung nach unten in einen Behälter mit (angefärbtem) Wasser gestellt.

a) Was erwartest du bei diesem Versuch? Begründe deine Vermutung.

b) Was hat sich nach etwa 30 Minuten bzw. bis zur nächsten Chemiestunde verändert? Versuche, deine Ergebnisse zu erklären.

c) Denke dir weitere Versuchsansätze aus, um vielleicht noch offene Fragen zu klären.

4. Cola-Getränk als Rostumwandler

Rostumwandler aus dem Baumarkt sollen das Rosten aufhalten. Sie enthalten meist Phosphorsäure, ebenso wie Cola-Getränke. Man kann mit ihnen die Wirkung von Rostumwandlern ausprobieren. Lege dazu einen angerosteten Gegenstand mehrere Stunden in ein Cola-Getränk.

a) Beobachte genau, was sich verändert hat.

b) Versuche mithilfe der Beobachtung zu erklären, nach welchem Prinzip Rostumwandler arbeiten.

5. Rostschäden verursachen hohe Kosten.

Rostschäden kosten die deutsche Industrie jährlich etwa 30 Mrd. Euro! So müssen Brücken, Autos und Schiffe repariert oder sogar komplett erneuert werden. Warum sind Schiffe besonders rostanfällig?

6. Rohstoff Schrott

In Deutschland fallen jährlich etwa 30 Mio. Tonnen Eisenschrott an. Schrott ist ein hochwertiger Rohstoff, der auf der ganzen Welt begehrt ist. Nenne Gründe dafür.

Der berühmte Eiffelturm in Paris ist eine der meist besuchten Touristenattraktionen der Welt – doch er hat ein Problem: Rost!
Jeden Tag nimmt ein Arbeiter den fast aussichtslosen Kampf auf, um wenigstens die gröbsten Roststellen zu behandeln. Alle sieben Jahre wird der Stahlturm komplett saniert: 25 Arbeiter verbrauchen dazu 1500 Pinsel und 50 t Farbe! Das kostet über 30 Mio. Euro!

Eisen rostet. Was geschieht eigentlich beim Rosten? Das Rosten beginnt, sobald Feuchtigkeit und Luft an blankes Eisen gelangen. Rosten ist eine **Oxidation,** die allerdings sehr langsam verläuft. Unter dem Einfluss von Sauerstoff und Wasser bildet sich in einer chemischen Reaktion **Rost,** ein wasserhaltiges Eisenoxid.
Rost bildet eine *poröse, lockere Schicht.* Sauerstoff und Wasser können deshalb weiterhin zu dem darunter liegenden Eisen gelangen. Der Rost frisst sich also immer tiefer, bis selbst dicke Eisenstücke durchgerostet sind.

Erbauer: Gustave Eiffel
Bauzeit: 1887-89
Beschäftigte: 300 Arbeiter
Material: 7000 t Stahl, 2,5 Mio. Nieten
Höhe: über 300 m

Wenn metallische Werkstoffe langsam durch Einwirkung von Stoffen aus der Umgebung zerstört werden, spricht man allgemein von **Korrosion.**

Andere Metalle. Auch andere Metalle wie Aluminium, Zink und Chrom oxidieren an der Luft. Sie bilden aber dichte Oxidschichten, die Wasser und Sauerstoff nicht hindurchlassen. Das unter dieser Schutzschicht liegende Metall wird dann nicht mehr angegriffen.
Edelmetalle wie Gold oder Platin korrodieren gar nicht.

Rostschutz. Um das **Rosten zu verhindern,** müssen Sauerstoff und Wasser vom Eisen ferngehalten werden.
Dazu dienen zum Beispiel Farbanstriche oder Überzüge aus Kunststoff. Für den Unterbodenschutz bei Autos verwendet man Teerprodukte. Man kann Eisenteile auch einfetten oder mit Wachs überziehen. Sehr haltbar sind metallische Schutzüberzüge aus Zink, Nickel oder Chrom. Oft eingesetzt wird das *Feuerverzinken.* Hierbei taucht man einen Gegenstand in ein Bad mit geschmolzenem Zink.

Rohstoff Schrott. Verrostete Gegenstände soll man nicht auf den Müll werfen. Sie werden in Hochöfen und Stahlwerken wieder zu neuem Eisen verarbeitet.

Rosten ist ein chemischer Vorgang, bei dem sich Eisen unter dem Einfluss von Sauerstoff und Wasser umwandelt. Es bildet sich eine poröse Rostschicht.

1. Fragen zum Text
a) Welche Stoffe bewirken das Rosten von Eisen?
b) Wie kann man Eisen vor Rost schützen?
c) Warum sind Aluminiumfenster pflegeleicht?

2. Rostschutz am Fahrrad

Fahrräder bestehen überwiegend aus Stahl oder Aluminium. Alu-Rahmen rosten nicht, Stahlrahmen schon. Deswegen muss man sie vor Rostbildung schützen.
a) Wie wird ein Stahlrahmen bereits in der Fabrik vor Rost geschützt?
b) Was schützt vor Rost an der Fahrradkette?
c) Manche Fahrradteile werden mit einer dünnen Chromschicht überzogen. Was bringt das für Vorteile?

Langsame Verbrennungen – auch in unserem Körper

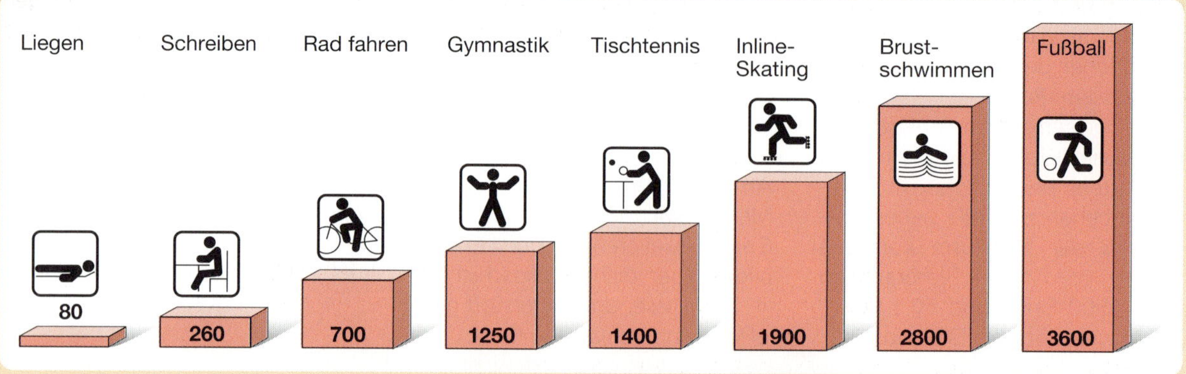

▲ *1. Energiebedarf für verschiedene Tätigkeiten (Angaben in Kilojoule pro Stunde)*

Wir brauchen Energie. Für jeden Herzschlag und für jede Bewegung unseres Körpers benötigen wir Energie. Energie in Form von Wärme brauchen wir, um unsere Körpertemperatur aufrecht zu erhalten. Bei körperlich anstrengenden Arbeiten benötigen wir mehr Energie als bei ruhigeren Tätigkeiten. Aber selbst beim Schlafen kommt man ohne sie nicht aus.

Energie aus der Nahrung. Die Quelle für die Energie sind die Nährstoffe, die in unseren Nahrungsmitteln enthalten sind. Bei der Verdauung im Körper wird die Nahrung in kleine Nahrungsbausteine zerlegt. Essen wir etwa Brot, wird die enthaltene Stärke im Körper in Traubenzucker zerlegt.

Der Traubenzucker wird dann im Körper „verbrannt", also **oxidiert.** Dabei entstehen Kohlenstoffdioxid und Wasser. Die Reaktion erfolgt aber nicht schlagartig bei hohen Temperaturen, sondern in vielen kleinen Schritten.

Damit wird die Energie, die in Kohlehydraten, Fetten und Eiweißstoffen steckt, für den Körper nutzbar gemacht.

Oxidation im Körper. Für die Oxidation der Nährstoffe benötigt man Sauerstoff. Er wird eingeatmet und in der Lunge auf die Blutkörperchen übertragen. Das Blut verteilt den Sauerstoff im ganzen Körper bis hin zu den Körperzellen.

Bei der Oxidation der Nährstoffe im Körper entsteht Kohlenstoffdioxid und Wasser. Kohlenstoffdioxid gelangt, im Blut gelöst, zur Lunge und wird dort abgegeben. Es lässt sich in der ausgeatmeten Luft mit Kalkwasser nachweisen.

Die Zellen nehmen somit Sauerstoff auf und geben Kohlenstoffdioxid ab, sie „atmen" also. Man bezeichnet die Energiegewinnung in den Zellen deshalb auch als **Zellatmung.**

1. Zähle Tätigkeiten auf, die einen hohen und einen niedrigen Energiebedarf haben.

2. Wenn man Kohlenstoffdioxid in ein Gefäß mit Kalkwasser bläst, bildet sich ein weißer Niederschlag aus Kalk (Calciumcarbonat).

a) Überprüfe deine ausgeatmete Luft auf Kohlenstoffdioxid.

b) Überlege dir einen Versuch, mit dem du nachweisen kannst, dass das Gas aus Mineralwasserflaschen Kohlenstoffdioxid enthält. Führe ihn selbst durch.

3. Welche Stoffe entstehen bei der Verbrennung von Traubenzucker?

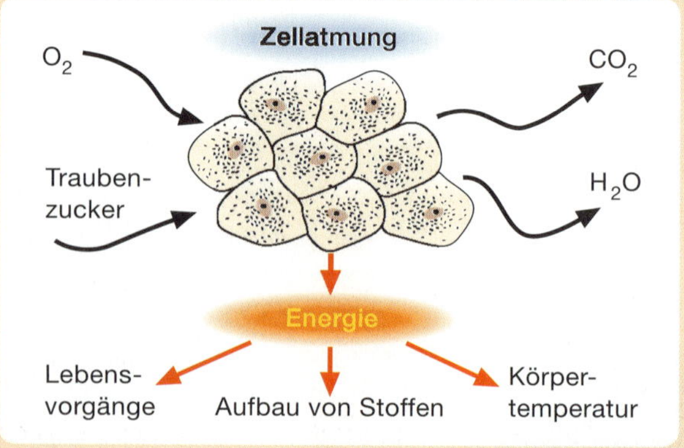

▲ *3. Durch Oxidation von Nährstoffen gewinnt unser Körper Energie*

Wie gewinnt man Metalle?

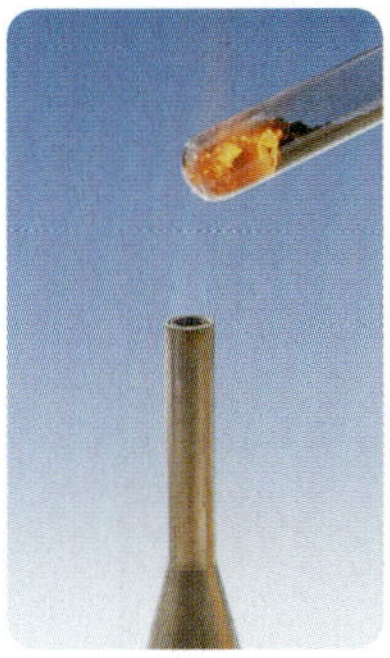

→ **Reduktion:** Das ist eine chemische Reaktion, bei der einem Oxid Sauerstoff entzogen wird. Es ist die Umkehrung einer Oxidation. Bei einer **Redoxreaktion** laufen Oxidation und Reduktion gleichzeitig ab:

Das **Reduktionsmittel** nimmt Sauerstoff auf und wird dabei oxidiert.
Das **Oxidationsmittel** gibt Sauerstoff ab und wird dabei reduziert.

→ **Redoxreihe:** Die reduzierende Wirkung nimmt von links nach rechts ab:

Magnesium – Aluminium – Zink – Kohlenstoff – Eisen – Blei – Kupfer – Silber – Gold – Platin

→ **Metallgewinnung:** Edelmetalle kann man gediegen finden, die meisten Metalle muss man aus ihren Verbindungen gewinnen; oft sind es Metalloxide. Die Oxide werden zu Metallen reduziert.

Erze ⟶ **Metalle**

Metallverbindungen + Gestein ⟶ Metallverbindungen ⟶ Metalloxide ⟶ Metalle

→ **Metalle:** Edelmetalle sind gegenüber vielen Chemikalien beständig, selten und auch sehr teuer. Vor allem Eisen, aber auch Kupfer, Zink, Blei und viele andere Metalle verwendet man in vielfältiger Form als Gebrauchsmetalle. Rost entsteht, wenn Eisen an feuchter Luft langsam oxidiert.

→ **Eisen:** Eisenerze sind Gesteine mit einem hohen Anteil an Eisenverbindungen. Eisenerz wird im Hochofen mithilfe von Koks zu Roheisen reduziert. Das Reduktionsmittel ist Kohlenstoffmonooxid aus der Verbrennung von Koks:

Eisenoxid + Kohlenstoffmonooxid
⟶ Eisen + Kohlenstoffdioxid

→ **Stahl:** Durch Aufblasen von Sauerstoff werden aus Roheisen Kohlenstoff und andere Begleitstoffe zum großen Teil oxidiert und damit entfernt. So wird aus Eisen Stahl.

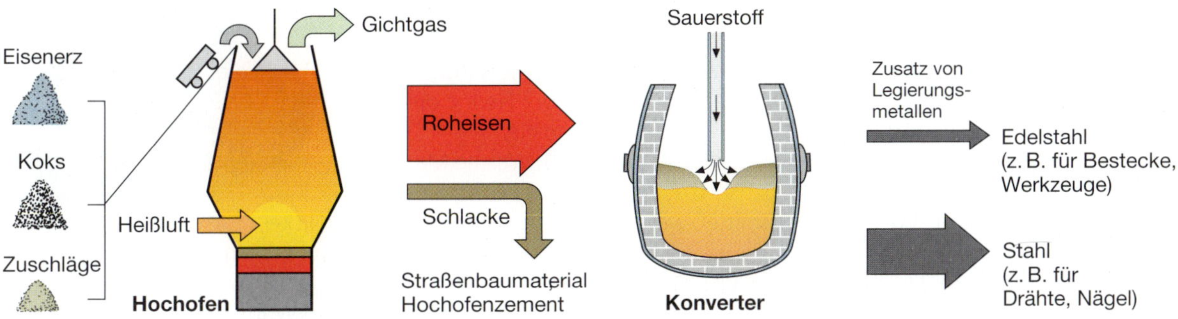

Wie gewinnt man Metalle?

1. Ötzi

a) Wie alt war die Gletschermumie Ötzi, die man im Eis der Alpen entdeckt hat?
b) Was hat die Archäologen besonders überrascht?

2. Kupfer aus Malachit

Wird Malachit erhitzt, zersetzt es sich und ein schwarzer Stoff entsteht.
a) Worum handelt es sich hierbei?
b) Beschreibe, wie man daraus Kupfer gewinnen kann.
c) Erkläre, was bei der Reaktion geschieht.

3. Die Kupferschachtel

Schneide aus Kupferfolie ein Quadrat von 10 cm Kantenlänge. Schneide es an den Ecken etwas ein und falte daraus eine flache Schachtel. Halte sie mit der Tiegelzange einige Zeit in die rauschende Brennerflamme und lass sie dann an der Luft ankühlen. Bedecke danach den Boden mit gekörnter Aktivkohle und erhitze erneut. Lass die Schachtel an der Luft abkühlen, ohne sie zu schütteln. Schütte dann die Aktivkohle aus.
Erläutere, was du im Verlauf des Versuchs an der Oberfläche der Kupferfolie beobachten konntest.

4. Redoxreaktion

Bleioxid wird zusammen mit Holzkohle erhitzt, es entsteht Blei und ein unsichtbares Gas.
a) Stelle die Wortgleichung auf.
b) Erläutere an diesem Beispiel die Begriffe Oxidation, Reduktion und Redoxreaktion.
c) Was ist in diesem Fall das Reduktionsmittel, was das Oxidationsmittel?
d) Ist es möglich, aus Bleioxid mit Kupfer Blei zu gewinnen? Begründe deine Antwort.
e) Womit lässt sich aus Zinkoxid Zink gewinnen?

5. Kochtopf mit Pfiff

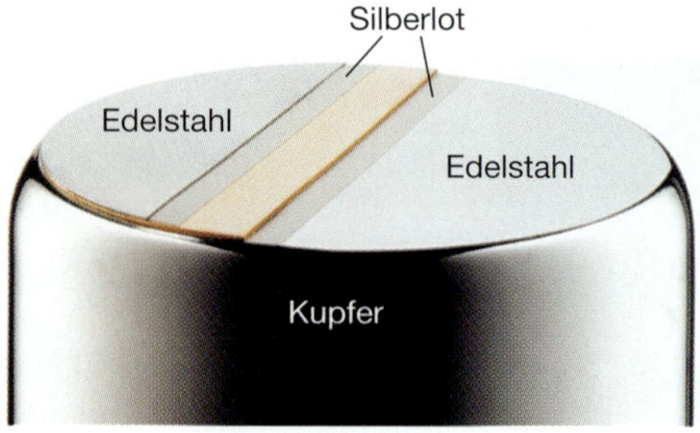

a) Kochtöpfe bestehen meist aus Edelstahl. Wie unterscheidet er sich von normalem Stahl?
b) Hochwertige Töpfe besitzen im Boden eine Kupferschicht. Was hat das für einen Vorteil?

6. Kupfer – ein begehrtes Metall

a) Welche Eigenschaften machen Kupfer zu einem so vielseitigen Werkstoff?
b) Erkläre, warum Kupfer manchmal als Deckmaterial für Dächer verwendet wird.
c) Woran könnte es liegen, dass der Kupferpreis in den letzten Jahren so gestiegen ist?

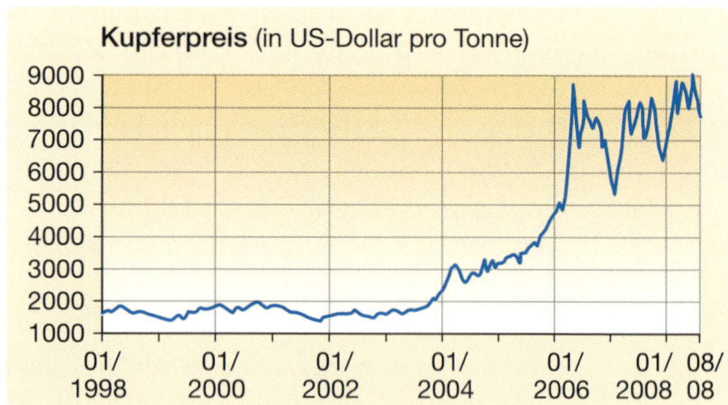

7. Eigenschaften von Metallen

a) Nenne Beispiele für edle und unedle Metalle.
b) Welche Metalle lassen sich in der Natur in reiner Form finden? Nenne zwei Beispiele.
c) Welche Metalle kommen in der Natur nur in Form von Verbindungen vor? Nenne drei Beispiele.

d) Welche Metalle sind Leichtmetalle, welche Schwermetalle: Nickel, Eisen, Wolfram, Aluminium, Titan, Kupfer, Magnesium, Silber, Calcium?
e) Welche Masse hat ein Würfel mit 10 cm Kantenlänge aus Gold und welche einer aus Aluminium?

8. Metalle gemischt

a) Reine Metalle sind für viele Verwendungszwecke wenig geeignet. Wie nennt man Stoffe, die aus zwei oder mehr Metallen zusammengeschmolzen werden?
b) Woraus werden Bronze, Messing (Abb. oben) und Neusilber hergestellt?

9. Goldlegierungen

Die eingestempelte Zahl 585 in einem goldenen Schmuckstück sagt aus, dass von 1000 Gewichtsteilen 585 Teile aus reinem Gold bestehen. Üblich sind auch Legierungen mit 333er Gold und 750er Gold. Solche Goldlegierungen haben ganz verschiedene Farben, je nachdem, welche Metalle noch enthalten sind.

Finde heraus, welche Metalle in Schmuck aus Weißgold, Gelbgold und Rotgold enthalten sind.

10. Platin

a) Platintiegel werden im Chemielabor benutzt, wenn aggressive Stoffe bei hohen Temperaturen reagieren sollen. Nenne zwei Gründe, warum Platin dafür besonders gut geeignet ist.
b) In einem Autokatalysator sind nur 2 g feinst verteilte Edelmetalle wie Platin enthalten. Warum lohnt sich dennoch das Recycling?

11. Der Hochofen

a) Wozu dient ein Hochofen?
b) Welche chemischen Vorgänge laufen darin ab?
c) Weshalb bleibt ein Hochofen jahrelang ununterbrochen im Betrieb?

12. Vom Eisen zum Stahl

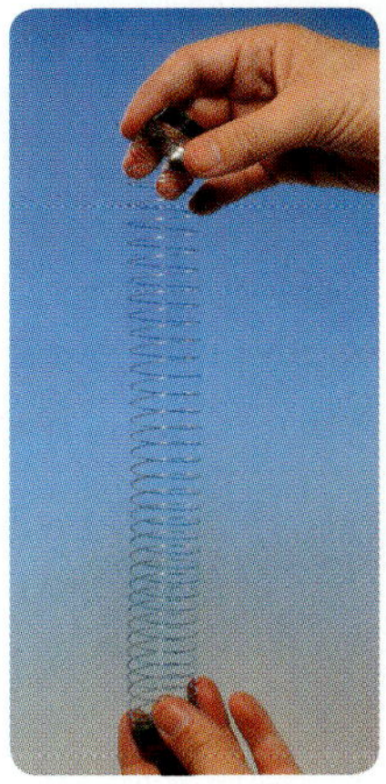

a) Roheisen ist für viele Verwendungszwecke wenig geeignet. Es muss zu Stahl veredelt werden. Welche Nachteile hat Roheisen?
b) Durch welches Verfahren wird Roheisen in Stahl umgewandelt?
c) Welche Bestandteile des Roheisens werden dabei entfernt?
d) Warum erhitzt sich die Schmelze, obwohl keine Wärme zugeführt wird?

13. Allerlei Besteck

Campingbesteck gibt es aus Kunststoff oder Aluminium. Zu Hause verwendet man heute vor allem Besteck aus Edelstahl; es gibt aber auch versilbertes Besteck. Welche Vor- und Nachteile haben die genannten Materialien?

14. Harter Stahl

a) Was geschieht im Elektroofen eines Stahlwerkes?
b) Wie stellt man sehr harten Stahl für Bohrer und Sägeblätter her?

15. Eisenwolle-Experiment

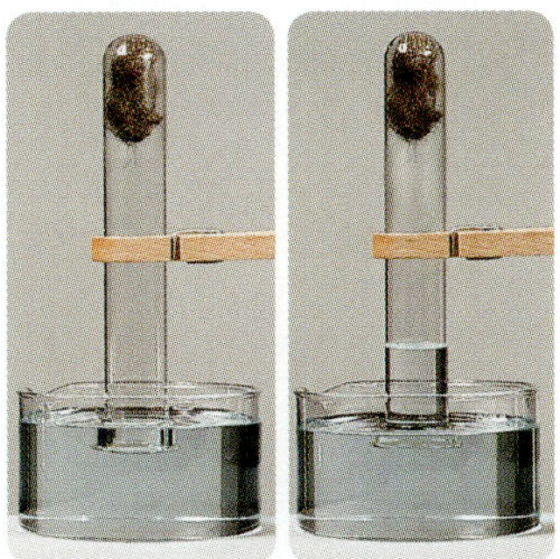

In den Reagenzgläsern befindet sich Eisenwolle. Im Behälter unten ist angefärbtes Wasser.
a) Erkläre die Veränderungen.
b) Inwiefern kann man mit diesem Versuch zeigen, dass die Luft etwa 20 % Sauerstoff enthält?

16. Rostschutz-Wettbewerb

Wer schafft es in der Klasse, das Rosten eines Eisennagels am längsten zu verhindern? Der Nagel soll in einem offenen Marmeladenglas im Wasser liegen. Denkt euch möglichst verschiedene Ansätze aus.

4 Elementfamilien und Atombau

Das Atomium ist das Wahrzeichen Brüssels. Es ist das begehbare Modell eines Eisenkristalls in 165milliardenfacher Vergrößerung. Die im Durchmesser 18 m großen Kugeln stellen also Eisen-Atome dar. Der Panoramablick aus der obersten Kugel in 102 m Höhe über dem Boden soll sehr beeindruckend sein.

Die Vielfalt der Stoffe, aus denen die Erde besteht, ist überwältigend. Die Chemiker haben etwas Ordnung in das Chaos gebracht. In diesem Kapitel erfährst du,

- **dass sich die Vielfalt der Stoffe auf der Erde auf weniger als 100 Elemente zurückführen lässt,**
- **wie sich diese Elemente ordnen lassen und**
- **welche Rolle der Feinbau der Materie dabei spielt.**

Das Kapitel endet mit einem Blick in die faszinierende Nano-Welt der Atome.

▲ *1. Was ein wenig an eine verschimmelte Wurst erinnert, ist in Wirklichkeit … ein Metall – wenn auch kein alltägliches! Es heißt Natrium. Welche Eigenschaften dieses Stoffes kannst du schon aus dem Bild entnehmen?*

▲ *2. Sehen diese beiden Stoffe dem Metall rechts oben nicht sehr ähnlich? Tatsächlich gibt es chemische Elemente, von denen man sagt, dass sie miteinander „verwandt" sind – und alle zusammen bilden dann eine „Familie"…*

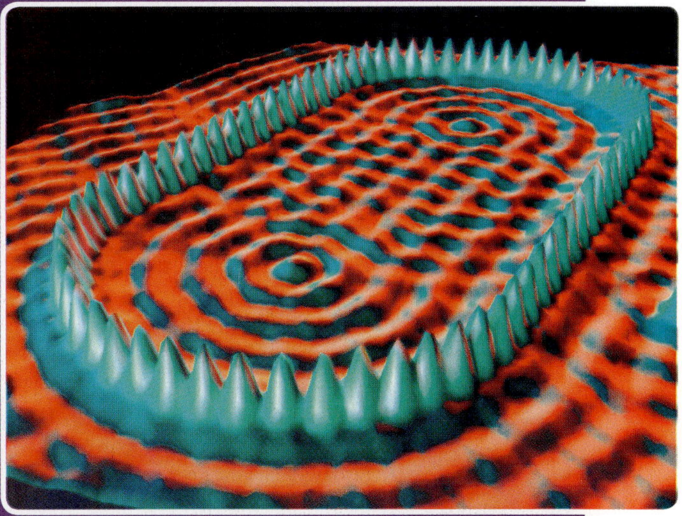

◀ *3. und* ▲ *4. Kaum zu glauben: Mithilfe eines speziellen Mikroskops ist es möglich, Atome oder kleine Moleküle zu bewegen! Das „Stadion aus Atomen" besteht aus Wolfram-Atomen, die ein Wissenschaftler im Labor zu diesem Oval einzeln zusammengesetzt hat.*

Natrium, Kalium & Co: Die Alkalimetalle

1. Metalle unter Öl?

Die Elemente Lithium, Natrium und Kalium werden merkwürdigerweise unter Öl oder Petroleum aufbewahrt.

a) Vermute, wozu das notwendig sein könnte.
b) Wenn man ein Stück Natrium oder Lithium aus dem Aufbewahrungsgefäß holt und mit dem Messer ein Stück abschneidet, verändert sich die Schnittfläche nach kurzer Zeit. Was kannst du aus dieser Beobachtung schließen?
c) Welche typische Eigenschaft von Metallen wird hier überprüft?

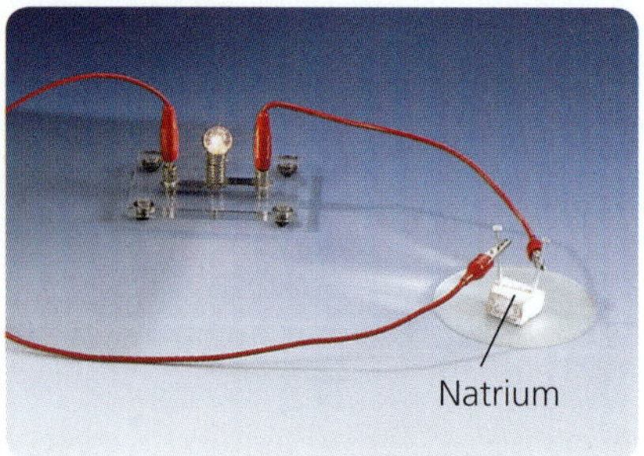

2. Lithium und Wasser

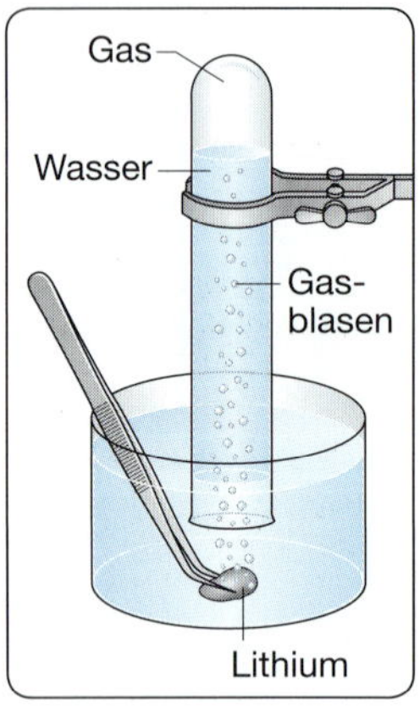

Fülle eine Glaswanne und ein Reagenzglas mit Wasser. Befestige das mit Wasser gefüllte Reagenzglas mit der Öffnung nach unten über der Glaswanne. Das Reagenzglas muss vollständig mit Wasser gefüllt sein! Halte dann mit einer Pinzette ein kleines Stück Lithium unter die Öffnung des Reagenzglases.

a) Schreibe auf, was du beobachten kannst.
b) Welches Gas ist entstanden? Stelle zunächst Vermutungen an, welche Gase überhaupt entstehen könnten. Plane dann einen Versuch, mit dem du deine Vermutung bestätigen oder widerlegen kannst.

3. Flammenfärbung der Alkalimetalle

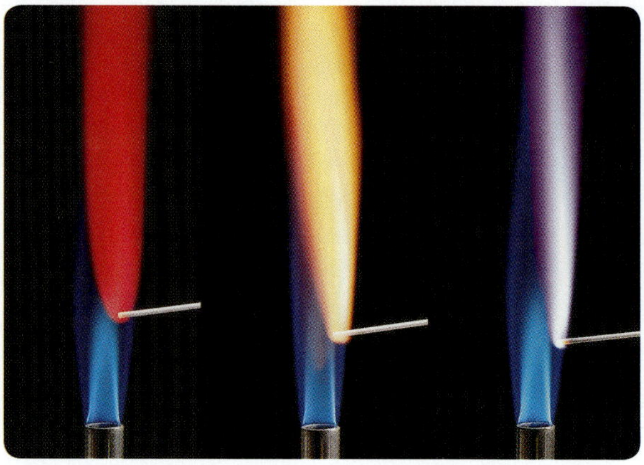

a) Gib einige Kristalle Natriumchlorid auf ein sauberes Uhrglas. Glühe ein Magnesiastäbchen in der Flamme aus und befeuchte es mit destilliertem Wasser. Nimm damit einige Körnchen Natriumchlorid auf. Halte das Stäbchen bei gedämpftem Licht in die rauschende Flamme des Gasbrenners. Beobachte die Farbe der Flamme.
b) Wiederhole den Versuch mit Lithium- und danach mit Kaliumchlorid.
Die Flammenfärbung von Kalium kann man besonders gut sehen, wenn man sie durch ein dunkelblaues Kobalt-Glas betrachtet.
c) Ordne die Fotos oben den drei verwendeten Stoffen zu.

4. Flammenfärbung: Test mit Mineralwasser

Prüfe Mineralwasser auf Natrium. Bringe dazu ein Uhrglas mit der Probe nah an die Luftansaugschlitze des Brenners. Tauche dann ein glühendes Magnesiastäbchen in das Wasser. Die Dämpfe werden in das Brennerrohr gezogen. Beobachte die Flamme.

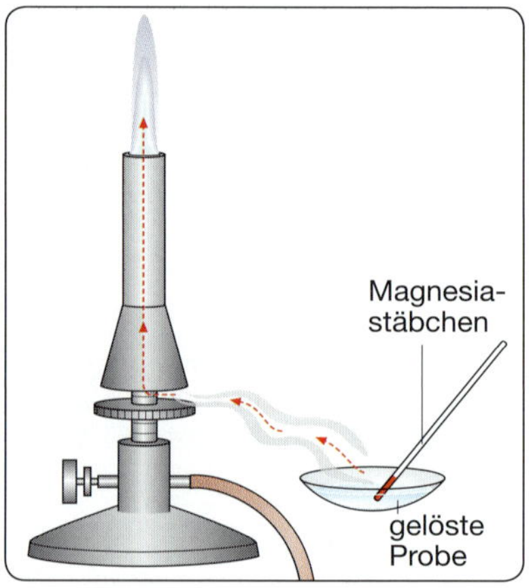

a) Vergleiche ein „streng natriumarmes" mit einem gewöhnlichen Mineralwasser.
b) Beschreibe deine Beobachtungen und erkläre den Unterschied.

▲ *1. Alkalimetalle*

Natrium hat überraschende Eigenschaften. Natrium ist ein sehr ungewöhnliches Metall: Es ist weich wie Wachs und lässt sich mit einem Messer schneiden. Die frische Schnittfläche ist silberglänzend. An der Luft wird sie aber rasch grau. Natrium reagiert nämlich mit dem Sauerstoff und der Feuchtigkeit der Luft. Um das zu verhindern, bewahrt man es unter Petroleum auf.

Weil Natrium so reaktionsfreudig ist, kommt es in der Natur nicht als Element vor, sondern nur in Verbindungen, etwa im Kochsalz. Natrium gehört zu den häufigsten Elementen, die es gibt.

Natrium und seine Verbindungen färben Gasflammen leuchtend gelb. An der Flammenfärbung kann man deshalb sofort erkennen, ob ein Gemisch Natriumverbindungen enthält.

▲ *2. Natrium reagiert mit Wasser*

Natrium reagiert mit Wasser. Gibt man ein erbsengroßes Stück Natrium auf Wasser, beginnt sofort eine lebhafte Reaktion. Das Natrium schmilzt zu einer Kugel, fährt im Zickzackkurs auf dem Wasser hin und her und verschwindet dann. Im Wasser hat sich Natronlauge gebildet, eine ätzende Flüssigkeit, die sich seifig anfühlt. Daneben ist noch Wasserstoff entstanden.
Legt man das Natrium auf feuchtes Filterpapier, ist die Reaktion so heftig, dass sich der entstehende Wasserstoff sogar entzündet.

Alkalimetalle – eine Elementfamilie. Die Metalle Lithium, Kalium, Rubidium und Caesium zeigen ähnliche Eigenschaften wie Natrium. Man fasst sie deshalb zu einer Gruppe zusammen, zur **Elementfamilie** der **Alkalimetalle.**
Alle Alkalimetalle leiten den elektrischen Strom, sind sehr reaktionsfreudig und müssen vor Luft geschützt aufbewahrt werden. Alle reagieren mit Wasser.

Bei aller Ähnlichkeit in den Eigenschaften gibt es doch deutliche Abstufungen. Die Reaktionsfreudigkeit nimmt vom Lithium zum Caesium zu. Rubidium und Caesium sind so reaktionsfähig, dass sie zur Aufbewahrung sogar in luftleere Glasampullen eingeschmolzen werden. Die Flammenfärbung ist typisch für jedes Alkalimetall: So färbt Lithium die Flamme rot, Natrium gelb und Kalium blassviolett.

Die Alkalimetalle sind sehr reaktionsfreudig. Weil sie ähnliche Eigenschaften haben, bezeichnet man sie als Elementfamilie.

1. Fragen zum Text
a) Nenne drei Eigenschaften der Alkalimetalle.
b) Was ist typisch für eine Elementfamilie?

Element	Schmelztemperatur in °C	Dichte in g/cm^3	Flammenfärbung	Härte	Reaktion mit Wasser
Lithium	180	0,53	rot		
Natrium	98	0,97	gelb		
Kalium	64	0,86	blassviolett	nimmt ab ↓	↓ Heftigkeit nimmt zu
Rubidium	39	1,53	rotviolett		
Caesium	29	1,87	blassviolett		

▲ *3. Eigenschaften der Alkalimetalle*

Elemente unter der Lupe: Calcium & Co

1. Was für ein Stoff ist das?

Eine Stoffprobe wie auf dem Foto soll untersucht werden. Der Stoff ist ungiftig, man kann ihn anfassen.

a) Plane einfache Untersuchungen zu dem unbekannten Stoff.

b) Wie kann man prüfen, ob es sich um ein Metall handelt?

c) Vergleiche den Stoff mit Aluminium, besorge dazu Aluminiumfolie oder ein Aluminiumblech.

Hinweis: Ihr dürft nur die Versuche selbst durchführen, die die Lehrkraft genehmigt hat.

2. Reaktionsgleichung einer Verbrennung

Magnesium verbrennt mit sehr heller und heißer Flamme zu einem Oxid.

a) Schreibe die Wortgleichung dazu auf.

b) Wie heißt die Reaktionsgleichung?

3. Calcium untersuchen

a) Überprüfe, ob Calcium ein Metall ist.

b) Du hast sicher schon gesehen, dass Magnesium mit einer hellen Flamme brennt. Prüfe, ob Calcium ebenfalls brennt. Gib dazu eine kleine Menge Calciumspäne auf eine Ceranplatte und versuche, die Späne mit dem Gasbrenner zu entzünden. Notiere, was du beobachtest.

Calcium

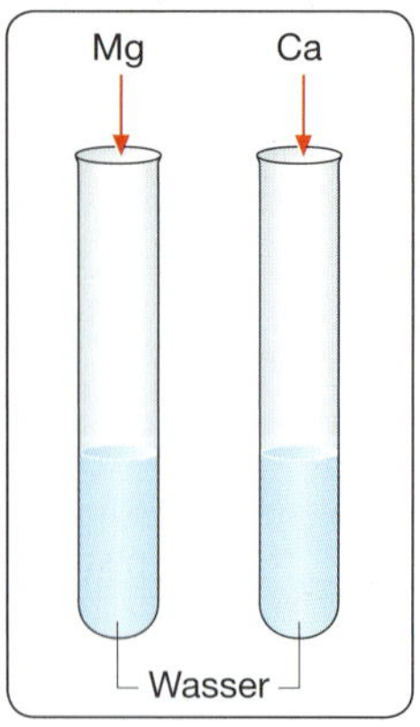

4. Reaktion mit Wasser

a) Gib einige Stückchen Magnesium und Calcium jeweils in ein Reagenzglas mit Wasser. Beobachte und notiere.

b) Welche Stoffe könnten entstanden sein?

c) Überlege: Wie werden die Reaktionen ablaufen, wenn man das Wasser erhitzt? Probiere es selbst einmal aus.

5. Flammenfärbung

Xn B2

a) Von der Lehrkraft erhältst du eine Probe einer Erdalkaliverbindung. Prüfe mithilfe der Flammenfärbung, ob es sich um Calciumchlorid, Strontiumchlorid oder Bariumnitrat (Xn, B2) handelt.

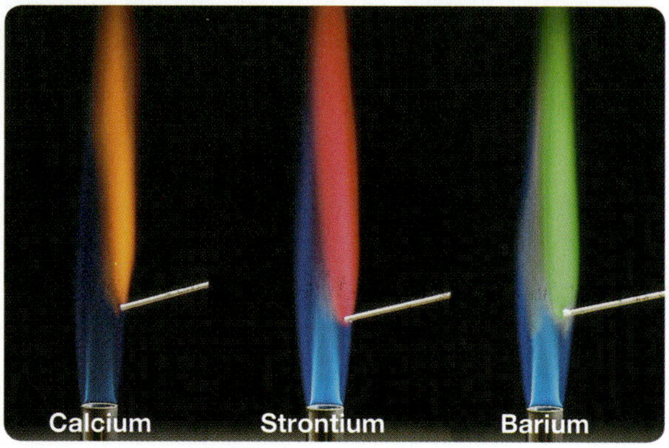

Calcium Strontium Barium

b) Was kannst du über die Flammenfärbung von Magnesiumverbindungen aussagen?

6. Recherche zu Calcium und Barium

a) Finde heraus, woher die Namen Calcium und Barium stammen. Schlage dazu in einem Lexikon nach oder suche im Internet.

b) Im Drogeriemärkten oder Apotheken gibt es Calciumtabletten. Was spricht dagegen, dass darin metallisches Calcium enthalten ist?

c) Erkunde, was tatsächlich in Calciumpräparaten enthalten ist und wofür sie empfohlen werden.

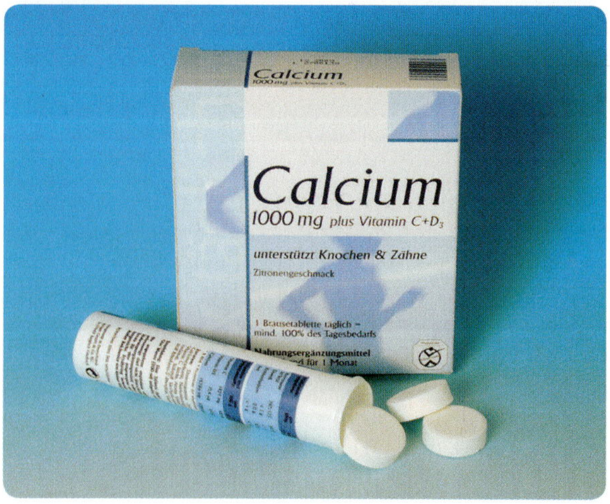

▲ 1. *Erdalkalimetalle*

Die Elementfamilie der Erdalkalimetalle. Die Elemente Beryllium, Magnesium, Calcium, Strontium und Barium gehören zur Elementfamilie der **Erdalkalimetalle.** Die farbigen Leuchteffekte bei einem Feuerwerk verdanken wir zu einem guten Teil den Verbindungen dieser Elemente. Magnesium ergibt gleißend weißes Licht, Calcium und Strontium erzeugen rotes, Barium grünes Licht.
Der Name Erdalkalimetall weist darauf hin, dass viele Verbindungen dieser Elemente am Aufbau der Erdrinde beteiligt sind. Die Erdalkalimetalle haben ähnliche Eigenschaften wie die Alkalimetalle, allerdings sind sie weniger reaktionsfreudig.

◀ 2. *Leuchtende Farben durch Erdalkalimetalle*

Calcium. Calcium ist das dritthäufigste Element auf der Erde. Es ist im Kalk am Aufbau vieler Gebirge beteiligt. Marmor und Gips sind ebenfalls Calciumverbindungen. Auch für den Aufbau unserer Knochen ist Calcium lebensnotwendig.
Calcium ist ein silberglänzendes Leichtmetall, das an der Luft allmählich mit Sauerstoff und der Luftfeuchtigkeit reagiert. Beim Erhitzen verbrennt es mit roter Flamme zu Calciumoxid.

Magnesium. Beim Bau von Flugzeugen und Autoteilen wird Magnesium oft als Bestandteil von Legierungen verwendet. Das spart Gewicht, denn auch Magnesium zählt zu den Leichtmetallen. Aber auch manche Alltagsgegenstände wie Bleistiftspitzer werden aus diesem Metall hergestellt.
Der Körper eines Erwachsenen enthält übrigens etwa 20 g Magnesiumverbindungen und rund 1000 g Calciumverbindungen. Magnesiummangel kann beim Menschen zu Muskelkrämpfen führen.
Auf reinem Magnesium bildet sich an der Luft eine dünne Schicht Magnesiumoxid. Sie ist undurchlässig und schützt das Metall vor weiterer Oxidation.

◀ 3. *Kalkgestein*

Strontium und **Barium** sind so reaktionsfähig, dass sie unter Paraffinöl aufbewahrt werden.

Die Erdalkalimetalle bilden eine Elementfamilie. Sie haben ähnliche Eigenschaften wie die Alkalimetalle, sind allerdings nicht so reaktionsfreudig.

1. Fragen zum Text
a) Welches Erdalkalimetall ist in Kalk und Gips enthalten?
b) Wozu wird Magnesium verwendet?
c) Welches Erdalkalimetall ist am reaktionsfreudigsten?

Element	Schmelztemperatur in °C	Dichte in g/cm^3	Flammenfärbung	Reaktion mit Wasser
Beryllium	1280	1,84	keine	keine
Magnesium	650	1,74	keine	↓
Calcium	888	1,65	ziegelrot	
Strontium	770	2,6	karminrot	wird
Barium	714	3,5	blassgrün	heftiger

▲ 4. *Eigenschaften der Erdalkalimetalle*

Chlor & Co, die Halogene

1. Chlor im Schwimmbad

Manche Schwimmbadbesucher klagen nach dem Baden über gerötete oder brennende Augen. Meistens liegt es daran, dass dem Schwimmbadwasser Chlor oder Chlorverbindungen zugesetzt werden. Auch der typische „Hallenbadgeruch" wird davon verursacht.

a) Warum wird Schwimmbadwasser gechlort?

b) Was könnte geschehen, wenn man das Wasser nicht auf diese Weise behandeln würde?

2. Nachweis von Chlor

a) Mit Kaliumiodidstärkepapier kann man prüfen, ob eine Lösung Chlor enthält oder freisetzt. Bei Anwesenheit von Chlor verfärbt sich das Papier blau. Prüfe mit diesem Papier Leitungswasser sowie verschiedene Reinigungsmittel wie Sanitärreiniger, Bleichmittel und Putzmittel gegen Schimmel.

b) Prüfe die Angaben auf der Verpackung der Reinigungsmittel. Sind Hinweise auf Chlor oder Chlorverbindungen zu finden?

c) Schlage in der Stoffliste im Anhang des Buches nach, mit welchen Gefahrstoffsymbolen das Element Chlor gekennzeichnet wird. Was bedeuten diese Symbole?

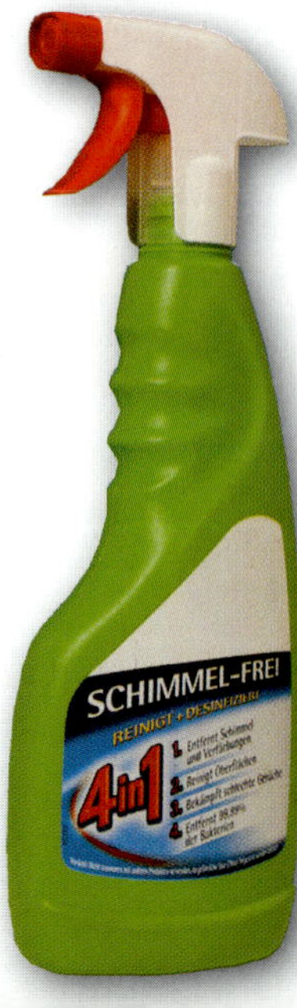

3. Farbige Blüten in Chlor

Das Foto zeigt, was geschieht, wenn man farbige Blüten in ein Gefäß mit Chlor gibt. Man kann auch Textilreste oder bunte Papierschnipsel verwenden.

a) Welche Eigenschaft des Chlors wird damit gezeigt?

b) In welchen Fällen kann diese Eigenschaft sinnvoll genutzt werden?

4. Recherche im Internet: Chlorbleiche

Ein ganz weißes Produkt erhält man bei der Herstellung von Papier nur, wenn man den leicht gelblichen Brei aus Holzfasern bleicht. Früher wurde dazu Chlor verwendet.
Finde heraus, weshalb man heute chlorfrei gebleichtes Papier bevorzugt.

5. Chlor als Kriegswaffe

Der massive Einsatz chemischer Kampfstoffe begann am 22. April 1915 im Ersten Weltkrieg. Damals wurde bei Ypern in Belgien Chlorgas eingesetzt. Es gab ca. 5000 Tote und 10000 Verletzte. Diese und andere verheerende Folgen des Einsatzes von Giftgasen im Ersten Weltkrieg führten im Jahr 1925 zur Entstehung des Genfer Protokolls. Es ächtete den Gebrauch von chemischen und biologischen Kampfstoffen international.
Informiere dich über das Genfer Protokoll.

6. Stärkenachweis mit Iod

Mit einer wässrigen Lösung von Iod und Kaliumiodid kann man den Nährstoff Stärke in Nahrungsmitteln nachweisen. Die Lösung wird dann blauviolett.
Gib einige Tropfen des Nachweismittels auf verschiedene Nahrungsmittelproben. Erstelle eine Liste, welche Proben Stärke enthalten.

7. Iod wird erwärmt

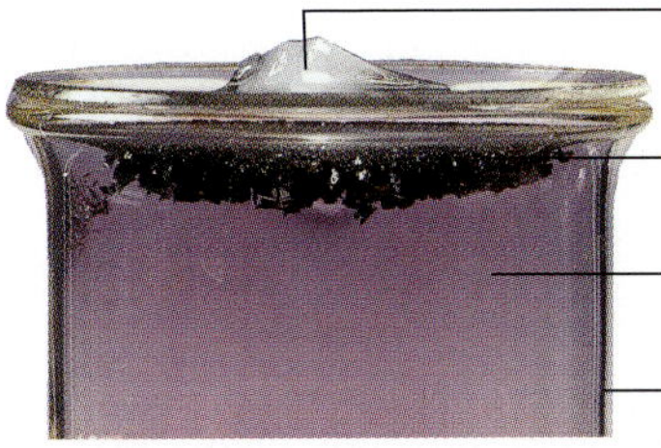

Betrachte das Foto. Erläutere mit Fachbegriffen, was bei diesem Experiment vor sich geht.

8. Experiment: Iod und Eisenwolle

Gib in einen Erlenmeyerkolben ein Körnchen Iod (Xn, N) und erwärme den Kolben leicht, bis sich violette Dämpfe bilden. Nimm etwas Eisenwolle, erhitze sie kurz mit einem Brenner und gib sie noch heiß in den Kolben.

a) Wieso verschwindet die violette Färbung?

b) Welche chemische Reaktion könnte stattgefunden haben?

9. Nachweis der Halogene

Mit der BEILSTEINPROBE weist man halogenhaltige Verbindungen nach. Man erhitzt die Probe auf einem Kupferdraht in der Brennerflamme. Die grüne Flammenfärbung zeigt Halogene an. Lass dir Salzproben geben und prüfe unter dem Abzug, ob halogenhaltige Salze vorliegen.

Chlor, ein sehr giftiges Element. Chlor ist ein gelbgrünes, stechend riechendes Gas. Es ist 2,5 mal schwerer als Luft und in Wasser nur wenig löslich.

Chlor ist sehr giftig. Selbst in großer Verdünnung wirkt es stark hustenreizend. Ein Anteil von etwa 1 % Chlor in der Atemluft ist für Menschen bereits tödlich. Chlor verätzt die Atemwege und zerstört die Lungenbläschen. Deshalb sind beim Umgang mit Chlor besondere Schutzmaßnahmen erforderlich. Die große Giftigkeit von Chlor wird aber auch genutzt, etwa zur Desinfektion von Schwimmbadwasser. Schon 0,3 mg Chlor in einem Liter Wasser töten Krankheitserreger zuverlässig ab. Der typische „Hallenbadgeruch“ wird von Chlor verursacht.

▲ *4. Chlorflaschen in einem Schwimmbad*

Chlor ist ein sehr reaktionsfähiges Element. Schon bei Zimmertemperatur reagiert es mit den meisten Stoffen. Viele Farbstoffe in Blüten oder Textilien werden von Chlor zerstört.

Chlor in der chemischen Industrie. Chlor ist ein wichtiger Rohstoff. Weltweit werden mehr als 50 Millionen Tonnen Chlor pro Jahr hergestellt. Etwa die Hälfte wird für die verschiedensten chemischen Synthesen verwendet. Die andere Hälfte verarbeitet man zu chlorhaltigen Stoffen, etwa zum Kunststoff PVC, zu Lösemitteln, Medikamenten und Pflanzenschutzmitteln.

Die Elementfamilie der Halogene. Die Elemente Fluor, Brom und Iod sind mit Chlor chemisch verwandt. Sie bilden zusammen die **Elementfamilie der Halogene.** Da es sehr reaktionsfähige Elemente sind, findet man sie in der Natur nur in Verbindungen.
Wie schon bei den Alkali- und Erdalkalimetallen gibt es auch in dieser Elementfamilie Abstufungen bei den Eigenschaften. Fluor ist das reaktionsfähigste, Iod das reaktionsträgste Halogen. Auch die Giftigkeit nimmt in dieser Reihenfolge ab.
Bei Zimmertemperatur sind Fluor und Chlor Gase. Brom ist eine leicht verdampfende Flüssigkeit, Iod ist ein Feststoff. Alle Halogene liegen als zweiatomige Teilchen vor, bestehen also aus F_2-, Cl_2-, Br_2- oder I_2-Molekülen.

Chlor & Co, die Halogene

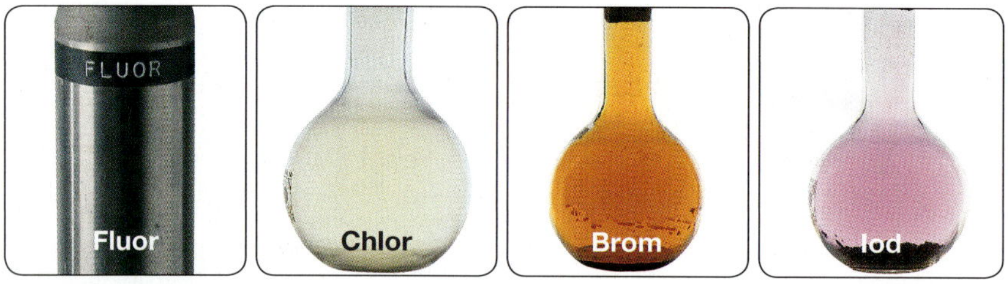

◀ *1. Halogene sind sehr reaktionsfähige Nichtmetalle; Fluor und Chlor sind Gase, Brom ist flüssig, Iod ist fest*

Halogene reagieren mit Wasserstoff. Halogene gehen im Gegensatz zu den Alkalimetallen nur schwer Verbindungen mit Sauerstoff ein. Dagegen reagieren sie leicht mit Wasserstoff zu Halogenwasserstoffen. Die wässrigen Lösungen dieser Verbindungen sind Säuren. Die bekannteste ist die Salzsäure (Chlorwasserstoffsäure, HCl).

▲ *2. Die Halogene Chlor (links), Brom (Mitte) und Iod (rechts) reagieren unterschiedlich heftig mit Natrium*

Halogene reagieren mit Metallen. Halogene können sehr heftig mit Metallen reagieren, etwa mit Eisen oder mit Natrium. So entstehen Salze, die Fluoride, Chloride, Bromide und Iodide. Auch hierbei stellt man deutliche Unterschiede in der Reaktionsfähigkeit der Halogene fest (Abb. 2). Fluor reagiert am heftigsten, Iod am schwächsten.

Verbindungen aus Metallen und Halogenen sind in ihren Eigenschaften dem Kochsalz sehr ähnlich. Man zählt sie daher zur zur Stoffklasse der Salze. Halogen heißt Salzbildner.

Die Halogene Fluor, Chlor, Brom und Iod sind sehr reaktionsfreudige, giftige Nichtmetalle. Von Fluor zu Iod nehmen die Reaktionsfähigkeit und die Giftigkeit ab. Sie reagieren leicht mit Metallen und mit Wasserstoff.

1. Fragen zum Text
a) Nenne vier Eigenschaften des Elements Chlor.
b) Wofür wird Chlor verwendet?
c) In welchen Aggregatzuständen liegen die Halogene bei Zimmertemperatur vor?
d) Was entsteht aus Halogenen und Metallen?
e) Welches Halogen ist am reaktionsfähigsten?

2. Fluor in Zahnpasta
Auf Verpackungen von Zahnpasta findet man manchmal den Hinweis „mit Fluor". Erkläre, warum das nicht sein kann.

3. Recherche zu Desinfektionsmitteln
In Apotheken bekommt man Desinfektionsmittel für Wunden. Finde heraus, welches Halogen sie oft enthalten.

4. Recherche zu den Elementnamen
a) Finde heraus, woher die Namen der Halogene kommen und was sie bedeuten.
b) Zwei Halogene hat man zuerst in Algen gefunden. Welche sind es und wann sind sie entdeckt worden?

Element	Schmelztemperatur in °C	Siedetemperatur in °C	Farbe (als Gas)	Reaktionsfreudigkeit
Fluor	–220	–188	hellgelb	↓ nimmt ab
Chlor	–101	–34	gelbgrün	
Brom	–7	59	rotbraun	
Iod	114	185	violett	

▲ *3. Eigenschaften der Halogene*

Helium & Co: Die Edelgase

▲ *1. Edelgase werden durch eine elektrische Spannung zum Leuchten angeregt: Helium, Neon, Argon, Krypton, Xenon*

1. Edelgase leuchten

Edelgase werden auch in Leuchtröhren verwendet. Stelle in einer Tabelle Namen, chemische Symbole und Leuchtfarben der Edelgase zusammen.

2. Vorkommen der Edelgase

a) Informiere dich im Kapitel 2 in diesem Buch, wo die Edelgase in der Natur vorkommen.
b) Lies dort nach, wofür Helium, Argon und Krypton eingesetzt werden.

Die Entdeckung der Edelgase. Die Edelgase sind alle recht spät entdeckt worden, im Zeitraum von 1894 bis 1905. Damals fiel dem englischen Forscher RAYLEIGH bei der Untersuchung des Stickstoffs der Luft auf, dass der aus der Luft isolierte Stickstoff schwerer war als theoretisch berechnet. Er schloss daraus, dass darin noch ein weiteres, schweres und reaktionsträges Gas enthalten sein musste. Er nannte es **Argon,** was altgriechisch so viel wie *„das träge Element"* bedeutet. Fast zur gleichen Zeit entdeckte sein Landsmann RAMSAY ebenfalls ein träges Gas, das er nach dem Vorkommen in der Sonne **Helium** nannte (nach *helios* für Sonne).
Da nun schon zwei Edelgase mit sehr ähnlichen Eigenschaften gefunden waren, sagte RAMSAY die Existenz eines weiteren Gases voraus. Er nannte es **Neon** (von *neos* „das Neue").

▲ *2. Helium als Kühlmittel für Kernspintomographen*

Dann wurden noch zwei Edelgase entdeckt, die man gar nicht erwartet hatte. Sie wurden **Krypton** (von. *kryptos* „das Verborgene") und **Xenon** (von *xenos* „das Fremde") genannt.
Als letztes wurde das radioaktive **Radon** entdeckt. Der Name soll zeigen, dass das Element radioaktive Strahlung abgibt.

Damit war eine neue Elementfamilie, die **Elementfamilie der Edelgase,** entdeckt worden. „Edel" nennt man diese Gase, weil sie äußerst reaktionsträge sind. Sie gehen, bis auf ganz wenige Ausnahmen, keine Verbindungen mit anderen Elementen ein. Die kleinsten Teilchen aller Edelgase sind einzelne Atome.

Die Edelgase sind äußerst reaktionsträge und bilden keine chemischen Verbindungen. Sie kommen nur als einzelne Atome vor.

3. Fragen zum Text

a) Was ist an den Edelgasen „edel"?
b) Warum sind die Edelgase spät entdeckt worden?
c) Der absolute Nullpunkt der Temperaturskala liegt bei –273,15 °C. Welches flüssige Edelgas kommt diesem Punkt am nächsten?

4. Gasförmige Elemente

Edelgase kommen nur als einzelne Atome vor. Vergleiche, wie es bei anderen gasförmigen Elementen ist.

Element	Schmelztemperatur in °C	Siedetemperatur in °C	Dichte in g/l
Helium	–272,2	–268,9	0,18
Neon	–248,7	–246,1	0,84
Argon	–189,4	–185,9	1,66
Krypton	–156,6	–152,3	3,48
Xenon	–111,9	–107	4,49
Radon	– 71	– 61,8	9,23

▲ *3. Eigenschaften der Edelgase im Überblick*

Spiele im Chemieunterricht

Durch das Anfertigen eines Lernspiels kannst du den Lernstoff nicht nur sinnvoll wiederholen; beim Spielen mit deinen Klassenkameraden wirst du den anderen garantiert eine Nasenlänge voraus sein – und es macht auch noch Spaß. Den anstehenden Chemietest meisterst du dann mit links.
Zunächst solltest du dir allerdings überlegen, welche Art von Spiel sich für den Lernstoff anbietet:

- Brettspiel
- Quartett
- Fragen erraten
- Memory
- Wer wird Professor der Chemie?
- Tabu-Spiel

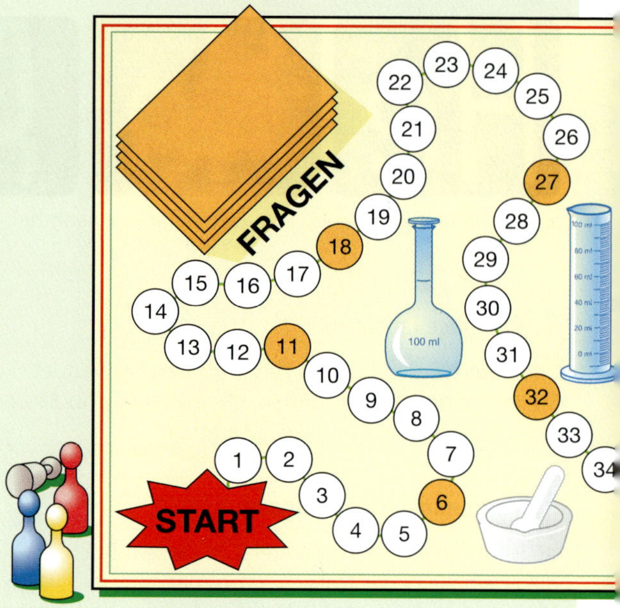

Brettspiel. Neben einem einfachen Spielbrett braucht man mindestens einen Würfel und pro Mitspieler eine Spielfigur. Hast du dir einmal ein Spielbrett nach deinen Vorstellungen erstellt, kannst du dieses immer wieder benutzen. Je nach chemischem Fachgebiet musst du dann nur die Fragen austauschen bzw. ergänzen.
Wenn ein Test über Alkalimetalle ansteht, könnten die Fragekarten so aussehen:

Dieses Alkalimetall hat eine violette Flammenfärbung ...

Im Alphabet kommt dieses Mitglied als Erster ...

Richtig oder falsch? Alkalimetalle sind sehr weich.

Liste alle Mitglieder nach ihrer Härte auf. Beginne mit dem Weichsten ...

Quartett. Ein Quartett eignet sich immer dann, wenn du die Eigenschaften vieler Elemente kennen musst. So bilden beispielsweise vier Elemente der Alkalimetalle ein Quartett, ebenso vier der Erdalkalimetalle, der Halogene, der Edelgase usw.

Fragen erraten. Formuliere Fragen und Antworten zu verschiedenen Überbegriffen und ordne sie in einer Tabelle an. Verdecke die Antworten mit Punktwerten, die bei richtiger Antwort gesammelt werden. Wer nun die richtige Frage zu deiner Antwort formuliert, erhält die entsprechende Punktzahl.

Elementfamilien	Flammenfärbung	Eigenschaften	Interessantes	Verbindungen
Lithium Natrium Kalium Rubidium Caesium	25	25	25	25
50	50	Schmelztemperatur: 29 °C	50	
100	gelb	100	100	Kalk
200	200	200	Sechsthäufigstes Element der Erdrinde	200

Welche Alkalimetalle gibt es?

Wann schmilzt Caesium?

Welche Flammenfärbung hat Natrium?

Woraus bestehen die Ablagerungen in Wasserboilern?

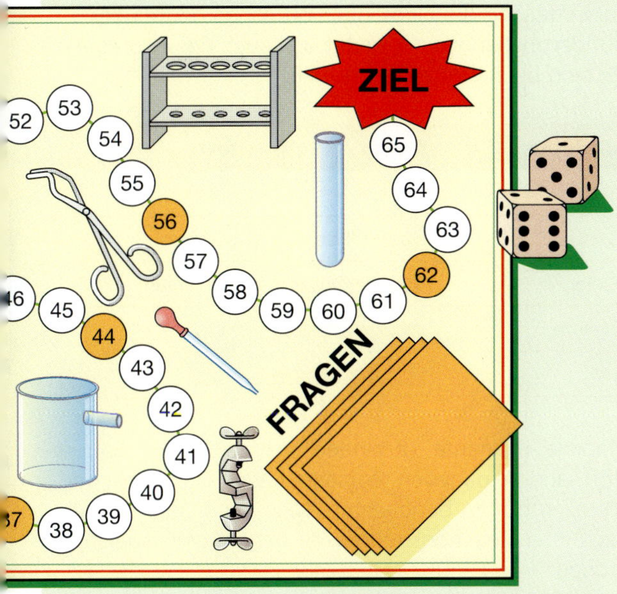

Tabu-Spiel. Nur wer sich schon richtig gut in seinem Fachgebiet auskennt, kann hier punkten. Kleine Teams versuchen chemische Fachbegriffe zu erraten, die ein Mitspieler ihrer Mannschaft mit Worten umschreibt oder pantomimisch darstellt. Jeder erratene Begriff ist ein Punkt wert und wird der Mannschaft gut geschrieben. Achtung: Bestimmte Tabu-Wörter dürfen beim Beschreiben nicht benutzt werden. Dass dies sehr wichtige Begriffe sind, macht den Reiz des Spiels aus.

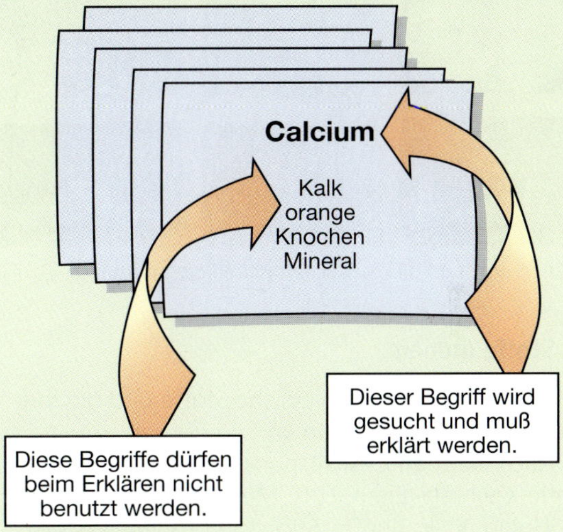

Memory. Ein Memory kannst du zu fast jedem Themengebiet erstellen. Ein Pärchen könnte beispielsweise die Flammenfärbung und der dazugehörige Name des Elements sein.

Wer wird Professor der Chemie? Überlege dir Fragen, die zunehmend schwieriger werden und teste einen zufällig ermittelten Spieler. Statt der üblichen Geldpreise erspielen sich deine Mitschüler allerdings „akademische Grade", wie den *Chemischen Assistenten*, den *Laboranten*, den *Chemiker*, den *Doktor* der *Chemie* und den *Professor* der *Chemie*. Vielleicht darf der Sieger ja deinem Lehrer bei einem schwierigen Experiment assistieren oder bekommt eine gute Note vermerkt …

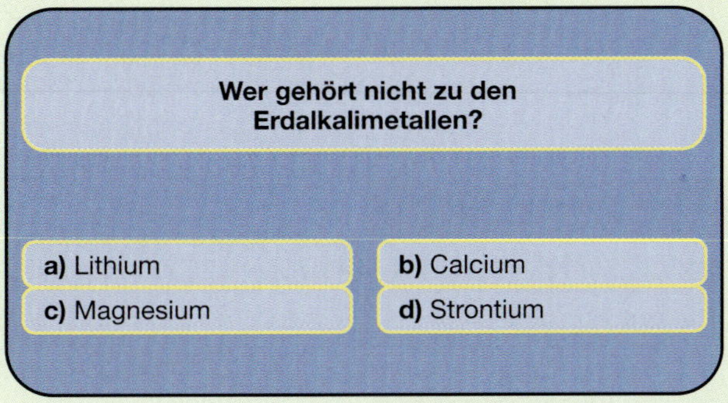

Probier es doch mal aus …

1. Wähle eine der folgenden Aufgaben aus und fertige mit Hilfe dieses Buches ein vollständiges Spiel (Karten, Spielfiguren, Gewinn …) zum Thema „Elementfamilien" an.

2. Überlege dir weitere Fragen für das Brettspiel und spiele es mit mehreren Mitschülern.

3. Erstelle ein Quartett mit mindestens vier Elementfamilien.

4. Überlege dir Fragen und Antworten für ein komplettes Jeopardy-Spiel.

5. Fertige ein mindestens 20-teiliges Memory.

6. Überlege dir 10 Fragen, um den „Professor der Chemie" zu ermitteln (nach je zwei richtigen Antworten wird „befördert").

7. Fertige 10 „Tabu"-Karten und teste deine Schlagfertigkeit.

Ordnung in der Welt der Stoffe

▲ 1. *Erkennst du die zwölf chemischen Elemente?*

1. Stoffe ordnen

a) Nenne zehn unterschiedliche Stoffe und gib ihre wichtigsten Eigenschaften an.
b) Nach welchen Gesichtspunkten kannst du die Stoffe Kochsalz, Eisen, Luft, Messing, Zucker, Schwefel, Honig, Kalk, Kupfer, Stickstoff ordnen? Erstelle eine Tabelle.
c) Ordne die Stoffe in Aufgabe b) den Begriffen Element, Stoffgemisch, Verbindung zu.

Ordnungsvorstellungen in der Chemie. Chemiker versuchen seit über 200 Jahren, der stofflichen Welt eine Ordnung zu geben. Solche Ordnungsprinzipien hast du schon kennen gelernt: Man kann die Stoffe zum Beispiel unterteilen in *Metalle* und *Nichtmetalle:*

Metalle	Nichtmetalle
Eisen	Chlor
Kupfer	Sauerstoff
Silber	Schwefel

Eine weitere Unterscheidung ist die zwischen *Elementen* und *Verbindungen.*

Elemente	Verbindungen
Wasserstoff	Wasser
Sauerstoff	Kohlenstoffdioxid
Zink	Zinkoxid

Zur Einteilung der Elemente, von denen heute über Hundert bekannt sind, bietet sich auch der *Aggregatzustand* bei Raumtemperatur an.

gasförmig	flüssig	fest
Sauerstoff	Brom	Eisen
Stickstoff	Quecksilber	Schwefel
Chlor		Aluminium
Helium		Iod
usw.		usw.

Manche Elemente verbinden sich leicht mit Sauerstoff, andere dagegen reagieren kaum. Das ist bei den Metallen gut zu beobachten. Man kann sie also auch nach ihrer Reaktionsfreudigkeit gegenüber Sauerstoff ordnen.

Reaktionsfreudigkeit gegenüber Sauerstoff nimmt ab →				
Zink	Eisen	Kupfer	Silber	Gold

Je nach Wahl des Ordnungsprinzips bekommt man unterschiedliche Informationen geliefert.

Die Vielfalt der Stoffe kann man nach verschiedenen Gesichtspunkten ordnen. Alle diese Ordnungsprinzipien erfassen aber nur einen kleinen Teil der Eigenschaften der chemischen Elemente.

2. Fragen zum Text
a) Welches Ordnungsprinzip bietet sich an, um Eisen und Schwefel einzuordnen?
b) Unter welchen Oberbegriffen lassen sich Eis, Wasser und Wasserdampf ordnen?
c) Im Text sind Stoffe nach verschiedenen Ordnungsprinzipien geordnet. Nenne vier Ordnungsprinzipien.

3. Ähnlichkeiten und Unterschiede
Was haben die Elemente Calcium, Kalium, Magnesium und Natrium gemeinsam, was unterscheidet sie? Du kannst zur Beantwortung der Frage auf den Seiten über die Elementfamilien nachschlagen.

4. Elemente „raten"
Im Setzkasten in Abb. 1 sind zwölf chemische Elemente versammelt. Dabei sind unter anderem die Elemente Iod und Sauerstoff. Versuche, alle Elemente herauszufinden.

MENDELEJEW entdeckt das Periodensystem

Im Jahre 1869 veröffentlichte der russische Chemiker MENDELEJEW seinen Bericht „Über die Beziehungen der Eigenschaften zu den Atomgewichten der Elemente." Unter diesem etwas umständlichen Namen verbarg sich der Entwurf des wichtigsten Ordnungssystems der Chemie. Wir bezeichnen es heute als das **Periodensystem der Elemente (PSE).**

1. MENDELEJEW (links) und MEYER

Schon vorher hatte der deutsche Chemieprofessor LOTHAR MEYER auf andere Weise das Periodensystem gefunden und bereits in seinen Vorlesungen verwendet. Er veröffentlichte es aber erst einige Zeit später als MENDELEJEW.

Wie viele Chemiker seiner Zeit hatte MENDELEJEW lange nach einem Ordnungssystem für die mittlerweile 63 damals bekannten Elemente gesucht. Das war nicht einfach. Wichtige Elemente fehlten noch, so auch die ganze Gruppe der Edelgase.

Ein Kartenspiel bringt die Lösung. MENDELEJEW legte zur Entspannung gern Patiencen. Dabei werden die vorher verdeckten Karten nach bestimmten Regeln in der Reihenfolge ihrer Werte aneinandergelegt.
MENDELEJEW übertrug nun dieses Kartenspiel auf die chemischen Elemente. Er beschriftete zunächst Karten mit den Namen und den chemischen Eigenschaften der Elemente. Dann ordnete er die Karten nach steigender Atommasse untereinander an. Nun standen die verwandten Elemente in einer Reihe nebeneinander. Damit hatte MENDELEJEW ein sinnvolles Ordnungssystem gefunden.

Ueber die Beziehungen der Eigenschaften zu den Atomgewichten der Elemente

von

D. Mendelejeff.

Zeitschrift für Chemie 12. Jhrg. (Neue Folge, V. Bd.) (1869), S. 405 u. 406.

H = 1			Cu = 63,4	Ag = 108	Hg = 200
	Be = 9,4	Mg = 24	Zn = 65,2	Cd = 112	
	B = 11	Al = 27,4	? = 68	Ur = 116	Au = 197 ?
	C = 12	Si = 28	? = 70	Sn = 118	
	N = 14	P = 31	As = 75	Sb = 122	Bi = 210
	O = 16	S = 32	Se = 79,4	Te = 128?	
	F = 19	Cl = 35,5	Br = 80	J = 127	
Li = 7	Na = 23	K = 39	Rb = 85,4	Cs = 133	Tl = 204
		Ca = 40	Sr = 87,6	Ba = 137	Pb = 207

2. Ausschnitt aus MENDELEJEWS erstem Periodensystem von 1869; Perioden sind hier senkrecht angeordnet

MENDELEJEW war von der Richtigkeit seines Systems fest überzeugt. Er ließ Plätze für Elemente frei, die seiner Meinung nach erst noch entdeckt werden müssten. So war auch neben dem Element Silicium eine Lücke geblieben. Hier sollte ein Element stehen, das er vorläufig Eka-Silicium nannte und dessen Eigenschaften er genau beschrieb. Ein Element mit diesen Eigenschaften wurde 15 Jahre später von dem Chemiker WINKLER tatsächlich gefunden. Es wurde Germanium genannt. Das war eine eindrucksvolle Bestätigung für MENDELEJEWS Periodensystem.

Eigenschaften	vorhergesagt	gefunden
Atommasse	70 u	72,6 u
Dichte in g/cm^3	5,5	5,3
Oxidformel	EsO_2	GeO_2
Chloridformel	$EsCl_4$	$GeCl_4$
Siedetemperatur des Chlorids	60–90 °C	86 °C

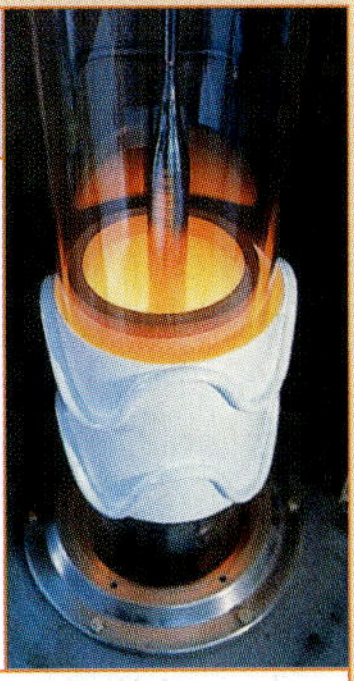

Das Halbmetall Germanium ist ein wichtiger Grundstoff für die Herstellung elektronischer Bauteile.

1. Man kann die Elemente auch nach ihrer Farbe anordnen. Warum ergibt sich daraus kein sinnvolles Ordnungssystem?
2. Welche Hauptgruppen hatte MENDELEJEW bereits richtig in sein System eingeordnet?
3. MENDELEJEW behauptete von dem Element Eka-Aluminium, seine Atommasse betrage 68 u und seine Schmelztemperatur sei so niedrig, dass es in der Hand schmelze. Stelle fest, um welches Element es sich handelt und ob MENDELEJEWS Angaben zutreffend waren.
4. Erstelle eine kurze Biografie über MEYER oder MENDELEJEW (Lexikon, Internet).

Elemente geordnet: Das Periodensystem

1. Ordnen nach Atommassen

Suche die 20 Elemente mit den niedrigsten Atommassen aus der Tabelle im Anhang des Buches heraus. Ordne sie nach ihrer Atommasse.

2. Ordnen nach Metall oder Nichtmetall

Ordne die 20 leichtesten Elemente in einer Tabelle in Metalle und Nichtmetalle. Bei einigen Elementen wirst du unsicher sein, ob sie zu den Metallen oder Nichtmetallen gehören. Füge für diese Elemente die Spalte Halbmetalle in die Tabelle ein.

3. Ordnen nach Verwandtschaften (Elementfamilien)

Stelle die Elemente aus den vier bekannten Elementfamilien zusammen.

4. Ordnen der Metalle nach den Formeln der Oxide

Die Formeln mancher Metalloxide weisen Ähnlichkeiten in der chemischen Formel auf. So haben das Aluminiumoxid und das Boroxid eine ähnliche Formel: Al_2O_3 und B_2O_3.
Ordne die Metalle nach der Ähnlichkeit ihrer Oxidformeln. Verwende dazu die Tabelle rechts oben.

5. Elementkarten

Mach es wie MENDELEJEW und spiele mit den Elementen Karten.

a) Lege dazu für die 20 leichtesten Elemente Karten an. Sie sollen das Elementsymbol und den Namen enthalten. Außerdem den Hinweis, ob es sich um ein Metall, ein Nichtmetall oder ein Halbmetall handelt und zusätzlich die Formel der Sauerstoff- und Wasserstoffverbindung. Hinweise dazu gibt die nebenstehende Tabelle. Verwandte Elemente solltest du mit einer einheitlichen Farbe versehen.

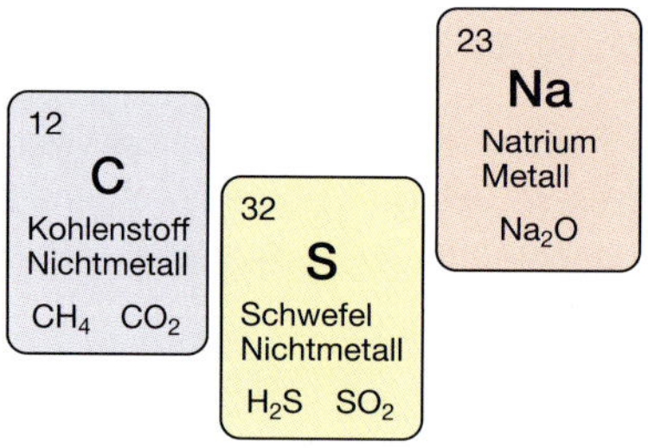

b) Ordnen der Elementkarten

Beispiel:

	Atommasse steigt →			usw.
Verwandte Elemente ↕	H			
	Li			C
	Na			Si

Ordne die Elementkarten in einer Reihe nach steigender Atommasse. Sobald ein Element auftaucht, für das bereits ein verwandtes Element in der Reihe liegt, unterbrichst du die Reihe und beginnst eine zweite Reihe. Verwandte Elemente sollen dabei übereinander in einer Spalte stehen. Besondere Schwierigkeiten wird dir die Einordnung des Wasserstoffs bereiten.
Als leichtestes Element beginnt mit ihm die erste Zeile. Er kommt also über dem Lithium zu stehen. Eine Erklärung dafür liefert erst der Bau der Atome.

Element	Formel der Wasserstoffverbindung	Formel der Sauerstoffverbindung
Aluminium	–	Al_2O_3
Argon	–	–
Beryllium	–	BeO;
Bor	–	B_2O_3
Calcium	–	CaO
Chlor	HCl	–
Fluor	HF	–
Helium	–	–
Kalium	–	K_2O
Kohlenstoff	CH_4	CO_2
Lithium	–	Li_2O
Magnesium	–	MgO
Natrium	–	Na_2O
Neon	–	–
Phosphor	PH_3	P_2O_5
Sauerstoff	H_2O	–
Schwefel	H_2S	SO_3
Silicium	SiH_4	SiO_2
Stickstoff	NH_3	N_2O_5
Wasserstoff	–	H_2O

Periodensystem. Im Periodensystem sind alle Elemente systematisch zusammengestellt. „Periode" kommt aus dem Griechischen und bedeutet soviel wie *etwas, das regelmäßig wiederkehrt.*

Perioden. So nennt man die waagerechten Zeilen. Dort kehren bestimmte Eigenschaften der Elemente in bestimmter Reihenfolge, also *periodisch* wieder. Die erste Periode hat nur zwei Elemente, den Wasserstoff (H) und das Helium (He). Die zweite Periode beginnt mit Lithium (Li), einem Alkalimetall. Die dritte Periode beginnt mit einem weiteren Alkalimetall, dem Natrium (Na). Rechts von Lithium steht das Beryllium, ein Erdalkalimetall. Rechts von Natrium das Erdalkalimetall Magnesium.
Die Perioden werden mit den Edelgasen wie Helium (He) oder Neon (Ne) abgeschlossen. Links von den Edelgasen stehen die Elemente, die Salze bilden können, die Halogene (Salzbildner).

Gruppen. So heißen die senkrechten Spalten des Periodensystems. In ihnen findet man chemisch verwandte Elemente. Es gibt insgesamt **8 Hauptgruppen.** In den Hauptgruppen des Periodensystems stehen links die Metalle und rechts die Nichtmetalle. Dazwischen, etwa diagonal angeordnet, stehen Elemente, die teils metallische und teils nichtmetallische Eigenschaften haben. Sie werden deshalb als Halbmetalle bezeichnet. Ein Beispiel ist das Silicium (Si).

Im Periodensystem sind alle Elemente tabellarisch angeordnet. Chemisch verwandte Elemente stehen in Gruppen untereinander. Die waagrechten Reihen heißen Perioden.

1. Fragen zum Text

a) Welche Elemente bilden die 2. Hauptgruppe?
b) Nenne alle Elemente der 3. Periode.
c) In welcher Periode steht das Element Blei?

2. Verwandtschaften im Periodensystem

a) Welche Elemente sind nach ihrer Stellung im Periodensystem mit Phosphor verwandt?
b) Kohlenstoff bildet mit Sauerstoff ein Oxid mit der Formel CO_2. Welche Formel besitzt das Oxid des Germaniums (Ge)?
c) Welche Formel müsste die Wasserstoffverbindung des Arsens (As) besitzen?
d) Welche Elemente sind mit Kohlenstoff verwandt?

Perioden: Elemente von links nach rechts, z.B. die 3. Periode

Perioden	Gruppen I	II	III	IV	V	VI	VII	VIII
1	**H** Wasserstoff							**He** Helium
2	Li	Be	B	**C** Kohlenstoff	**N** Stickstoff	**O** Sauerstoff	F	**Ne** Neon
3	Na	Mg	**Al** Aluminium	**Si** Silicium	P	**S** Schwefel	Cl	**Ar** Argon
4	K	Ca	Ga	Ge	As	Se	Br	**Kr** Krypton
5	Rb	Sr	In	Sn	Sb	Te	I	**Xe** Xenon
6	Cs	Ba	Tl	Pb	Bi	Po	At	**Rn** Radon

Kohlenstoff, ein Element mit vielen Gesichtern

1. Nachweis von Kohlenstoff

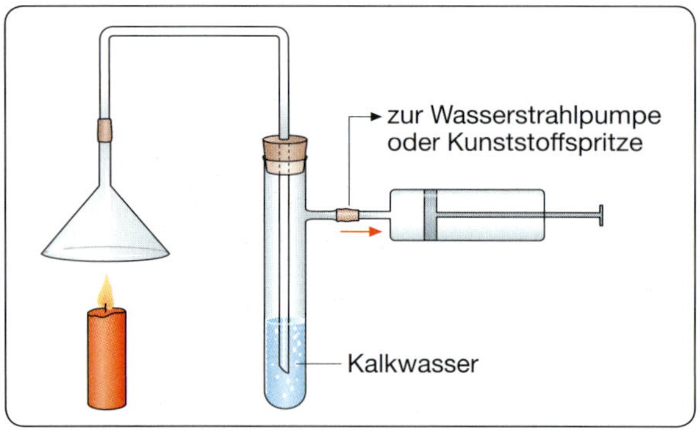

Verbrennt man Kohlenstoff oder kohlenstoffhaltige Verbindungen, so entsteht vor allem gasförmiges Kohlenstoffdioxid. Leitet man dieses Gas in Kalkwasser, bildet sich unlösliches Calciumcarbonat, die Lösung trübt sich.

a) Weise mit diesem Versuch in verschiedenen Stoffen Kohlenstoff nach. Fertige über die Versuche ein Protokoll an.

b) Bei welchen Kohlenstoffverbindungen kann dieser Nachweis nicht gelingen?

Kohlenstoff, ein Element mit vielen Gesichtern. Zucker, Fleisch, Holz und Kalkstein, alle diese Stoffe enthalten ein gemeinsames Element, den Kohlenstoff. Für das Leben auf der Erde ist der Kohlenstoff von fundamentaler Bedeutung. Ohne ihn gäbe es wahrscheinlich kein Leben.

Wichtig für uns ist er vor allem in chemisch gebundener Form in Kohle, Erdöl und Erdgas – alle diese fossilen Energieträger basieren auf Kohlenstoff.

Das Element **Kohlenstoff** (Elementsymbol C) ist ein mattschwarzes Nichtmetall. Es begegnet uns im Alltag als Grillkohle oder als Ruß in der Kerzenflamme. Grillkohle wird durch Erhitzen von Holz unter Luftabschluss hergestellt.

▲ 2. *Grillkohle besteht vor allem aus Kohlenstoff*

Graphit. In der Natur kommt reiner, elementarer Kohlenstoff als **Graphit** vor, ein grauschwarzes Mineral. Graphit ist so weich, dass er als Schmiermittel verwendet wird. Mit Ton gemischt und gebrannt dient er als Bleistift zum Schreiben. Bleistifte enthalten also gar kein Blei und müssten eigentlich Graphitstifte heißen.

▲ 3. *Graphitpulver wird als Schmiermittel verwendet*

In Form von Graphit wird das Element Kohlenstoff in der Technik vielfältig genutzt. Graphit ist widerstandsfähig gegenüber allen Chemikalien und ein guter elektrischer Leiter. Schleifkontakte für Elektromotoren und Elektroden für Batterien werden deshalb meist aus Graphit hergestellt. Auch die *Aktivkohle* für Filteranlagen besteht aus winzigen Graphitkristallen, ebenso wie der Ruß.

Ruß ist ein wichtiger Rohstoff zur Herstellung von Autoreifen und Druckerschwärze.

Kohlefasern, mit deren Hilfe hochfeste Verbundwerkstoffe für Sportgeräte oder Flugzeuge hergestellt werden, sind ebenfalls aus Graphitkristallen aufgebaut.

Diamanten. Kennzeichnend für den teuersten Edelstein sind die starke Lichtbrechung und der besonders schöne Glanz. Diese Eigenschaften kommen erst durch das Schleifen voll zur Geltung. Ein speziell geschliffener Diamant heißt Brillant.

Diamant ist der härteste Stoff, den man in der Natur finden kann. Diamanten werden deshalb vielfältig zum Bohren und Schleifen eingesetzt – sei es bei Erdölbohrungen, beim Schneiden von Glas oder beim Bohren in Beton.

4. Geschliffener Diamant (Brillant) ▲

Eigenschaften	Graphit	Diamant
Aufbau aus Kohlenstoff-Atomen	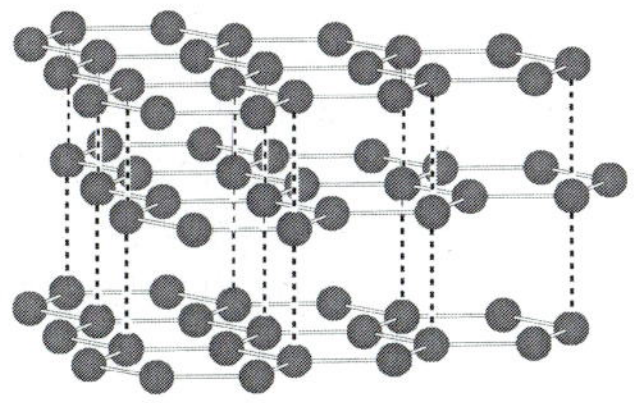	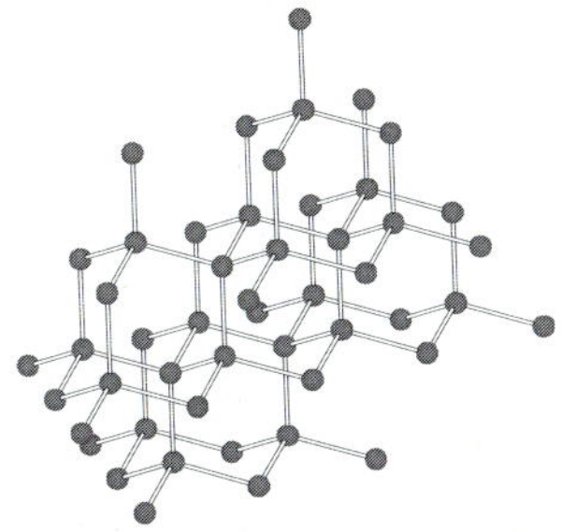
Aussehen	undurchsichtig, grauschwarz glänzend, fühlt sich fettig an	durchsichtig, stark lichtbrechend
elektrische Leitfähigkeit	gut	nicht leitend
Härte	sehr weich (Härte 1)	sehr hart (Härte 10)
Dichte	2,25 g/cm³	3,51 g/cm³
chemisches Verhalten	widerstandsfähig gegen alle Chemikalien, verbrennt an der Luft bei 3500 °C	widerstandsfähig gegen alle Chemikalien, verbrennt an der Luft bei 3000 °C

▲ *1. Graphit und Diamant im Vergleich*

Diamant und Graphit – ein Element in verschiedenen Formen. Und was haben nun Diamanten mit dem weichen Graphit zu tun?
Es ist zwar kaum zu glauben, aber erstaunlicherweise bestehen Diamanten ebenso wie der Graphit aus reinem Kohlenstoff! Beide sind also aus **Kohlenstoff-Atomen** aufgebaut.
Das lässt sich leicht nachweisen. Verbrennt man Graphit oder Diamant, entsteht als einziges Verbrennungsprodukt immer nur Kohlenstoffdioxid. Es lässt sich durch Kalkwasser nachweisen.

In der Fachsprache werden verschiedene Erscheinungsformen eines Stoffes auch als Modifikationen bezeichnet. Diamant und Graphit sind also **Modifikationen** des Elements Kohlenstoff. Der Unterschied: Die Kohlenstoff-Atome in diesen unterschiedlichen Formen sind unterschiedlich miteinander verknüpft.

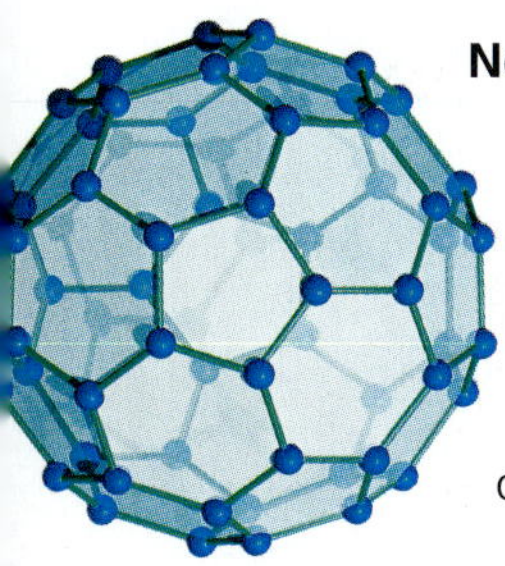

Neue Modifikationen: Fullerene und Nanoröhren. In den letzten Jahren haben Chemiker weitere Modifikationen des Kohlenstoffs erzeugt. Äußerlich sind es unscheinbare Stoffe. Sie offenbaren ihre Unterschiede und Besonderheiten erst auf der Ebene der kleinsten Teilchen.

▲ *2. Computermodell eines Fulleren-Moleküls*

So bestehen die **Fullerene** aus Kohlenstoff-Atomen, die an die Form eines Fußballs erinnern. Sie haben ihren Namen von dem Architekten FULLER, der ähnlich aussehende Gebäude konstruiert hat.
Bei einer anderen Modifikation des Kohlenstoffs bilden die Kohlenstoff-Atome winzige Röhren, sie heißen **Nanoröhren.**

▲ *3. Nanoröhre aus Kohlenstoff-Atomen im Computermodell*

In der Natur kommt Kohlenstoff in vielen Verbindungen vor. Graphit und Diamant sind Modifikationen des Kohlenstoffs. Auch Fullerene und Nanoröhren bestehen aus Kohlenstoff-Atomen, die jeweils unterschiedlich miteinander verknüpft sind.

1. Fragen zum Text:
a) In welchen Formen kommt Kohlenstoff vor?
b) Nenne einige Einsatzmöglichkeiten für Graphit und Diamant.
c) Woraus bestehen die kleinsten Teilchen der Fullerene und der Nanoröhren?

Der lange Weg in die Innenwelt der Atome

1. Atommodell von DALTON

Kennst du noch die Aussagen zum Atommodell von DALTON? Schreibe sie auf. Schlage im Buch nach, wenn du es nicht mehr weißt.

DALTONS Atommodell. Der Begriff „Atom“ wurde von den alten Griechen geprägt und bedeutet „unteilbar“. Als *unteilbare feste Kugeln* sah auch JOHN DALTON um 1800 die Atome noch an. Dieses Kugelmodell ist auch heute noch von Nutzen. Erst die Entdeckung der Elektrizität und der Radioaktivität erschütterten diese Vorstellung vom unteilbaren Teilchen. Irgendwie musste das Atom aus noch kleineren Teilchen aufgebaut sein. Aber wie, und aus welchen Teilchen?

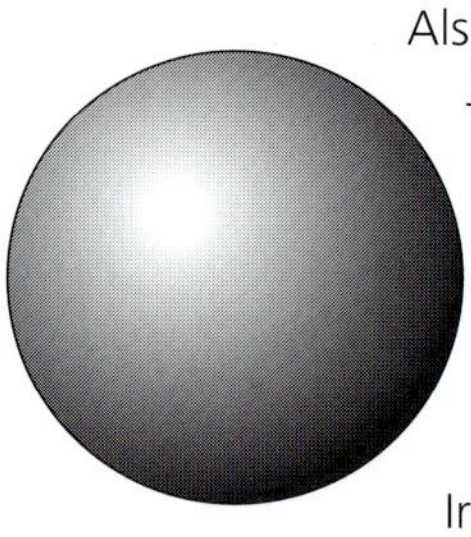

Es dauerte über ein Jahrhundert, bis Physiker Antworten auf diese Fragen fanden. Ihre Antworten kleideten sie in **Modelle,** die beschrieben, wie man sich das Atom vorstellen könnte.

Das Atommodell von THOMSON. Das erste Modell, das ein Atom nicht als massives und unteilbares Teilchen zeigte, stammte von THOMSON. Er verglich um 1900 das Atom mit einem Rosinenkuchen, wobei der Teig eine *elektrisch positiv geladene Masse* darstellt, in dem negativ geladene Elektronen stecken. Beide Ladungen gleichen sich aus, so dass das Atom nach außen hin neutral ist.

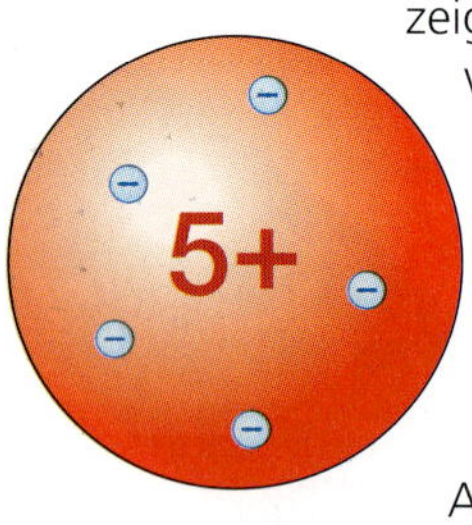

Das Kern-Hülle-Modell von Rutherford. Im Jahr 1911 hatte ERNEST RUTHERFORD nach langwierigen Experimenten herausgefunden, dass das Atom völlig anders aussieht, als man sich das bis dahin vorgestellt hatte.
Danach besteht ein Atom aus einem winzigen, positiv geladenen, sehr schweren *Atomkern,* viel, viel leerem Raum und einer negativ geladenen, fast masselosen *Elektronenhülle.* Damit hatte er das Kern-Hülle-Modell vom Atom beschrieben.

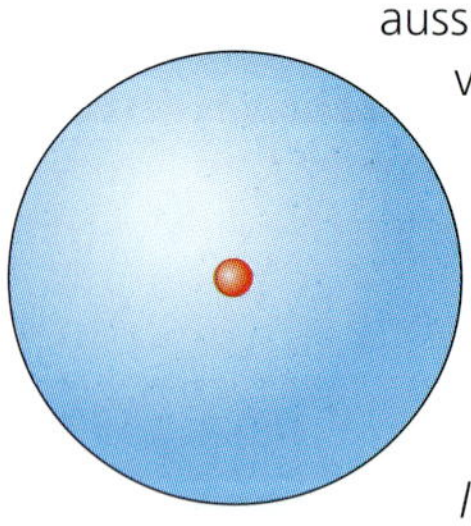

Das Atommodell von BOHR. NIELS BOHR beschrieb dann 1913 den Aufbau der Elektronenhülle und prägte das „Planetenmodell“ der Atome. Nach BOHR entwarfen weitere Physiker und Chemiker immer kompliziertere Atommodelle; eine Entwicklung, die bis heute nicht abgeschlossen ist.

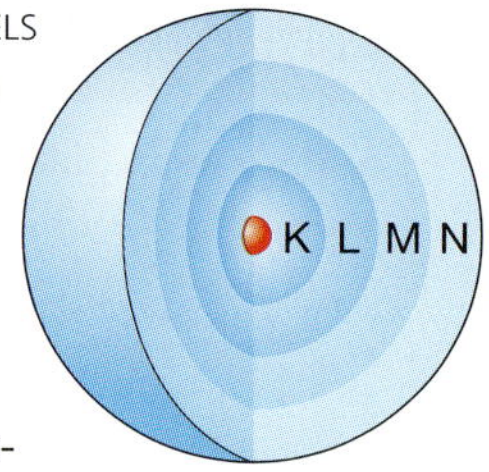

Das leere Atom. Mit den modernen Atommodellen ist das Atom leider nicht anschaulicher geworden. Atome sind sehr klein. Der Durchmesser eines Kohlenstoff-Atoms beträgt etwa 0,1 nm (Nanometer, der milliardste Teil eines Meters). Der Atomkern ist aber ungefähr noch 100 000mal kleiner. Die Atomhülle ist also nahezu leer. Hätte der Atomkern die Größe eines Kirschkerns, so wäre das ganze Atom so groß wie der Kölner Dom!

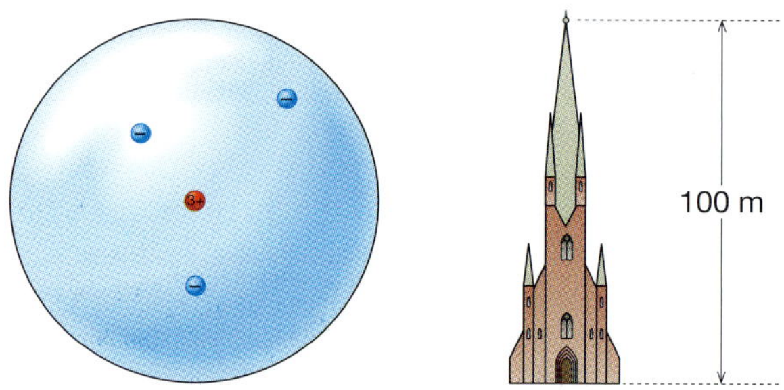

▲ *5. Hätte der Atomkern die Größe eines Kirschkerns, wäre das ganze Atom so groß wie der Kölner Dom*

Je nach dem Kenntnisstand, den die Wissenschaft vom Atom erreicht hatte, wurden zunehmend komplizierte Atommodelle entwickelt.

2. Fragen zum Text

a) Was unterscheidet die Atommodelle von RUTHERFORD und DALTON?

b) Schreibe den Durchmesser eines Kohlenstoff-Atoms auf.

c) Wie groß ist dazu im Vergleich der Atomkern?

Wie schwer sind Atome?

1. Mit der Waage zählen

Münzgeld gibt es bei der Sparkasse abgepackt in Rollen. Ob eine Rolle die vorgeschriebene Anzahl enthält, zum Beispiel fünfzig 10 Cent-Münzen, wird mit einer Waage überprüft. Erkläre das.

So einfach wie Münzen lassen sich Atome leider nicht abwiegen und zählen, denn sie sind sehr, sehr leicht. Die Masse eines Kohlenstoff-Atoms beträgt nur 0,000 000 000 000 000 000 000 0199 g.

Mit solchen Zahlen zu rechnen ist sehr unpraktisch. Es ist so, als wolle man die Masse von Vogeleiern in Tonnen angeben. Das Ei eines Kolibris würde man dann mit 0,000 000 200 t angeben. Wenn man es immer nur mit Vogeleiern zu tun hätte, wäre es sicher praktischer, eine neue Masseneinheit für Vogeleier einzuführen. Wir würden sie dann 1 VE nennen, eine Vogeleier-Einheit. In dieser Einheit hätte dann ein typisches Hühnerei die Masse von 250 VE, da es 250 mal so schwer ist wie ein Kolibri-Ei. Das Ei einer Wachtel hätte die Masse von 50 VE.

Die Atommasseneinheit u. Ähnliches hat man bei der Masse von Atomen gemacht. Um deren Masse einfacher angeben und vergleichen zu können, wurde die **Atommasseneinheit u** (von mass **u**nit) eingeführt.
Es gilt:

$$1 \text{ g} = 602\,200\,000\,000\,000\,000\,000\,000 \text{ u} \approx 6 \cdot 10^{23} \text{ u}$$

$$1 \text{ u} = \frac{1}{602\,200\,000\,000\,000\,000\,000\,000} \text{ g} \approx 1{,}66 \cdot 10^{-24} \text{ g}$$

1 u ist die Masse des zwölften Teils eines C-Atoms oder, vereinfacht: 1 u entspricht etwa der Masse des leichtesten Atoms, des Wasserstoff-Atoms.

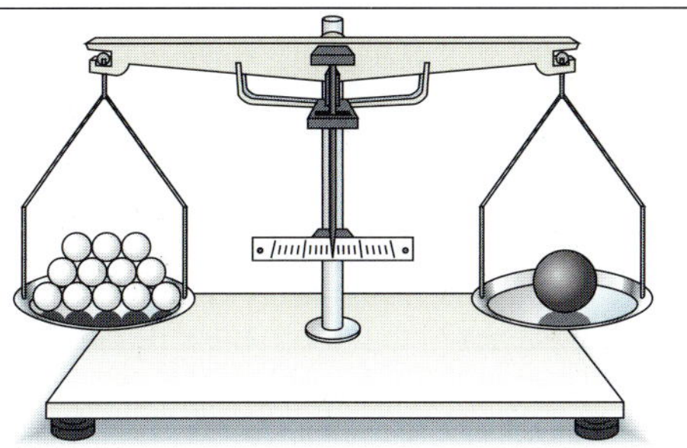

▲ *1. Atommassen lassen sich vergleichen*

Die unhandlichen Zahlen braucht man sich nicht zu merken. Es genügt, dass man mithilfe dieser Masseneinheit die Massen der verschiedenen Atome vergleichen kann. So ist ein Kohlenstoff-Atom 12-mal, ein Schwefel-Atom 32-mal und ein Uran-Atom 238-mal schwerer als das Wasserstoff-Atom.
Um zu wägbaren Mengen zu kommen, benötigt man natürlich sehr viele Atome. So ergeben erst $602\,200\,000\,000\,000\,000\,000\,000 = 6{,}022 \cdot 10^{23}$ Wasserstoff-Atome 1 g Wasserstoff!

Diese Zahl ist unvorstellbar groß. Könnte eine Maschine in einer Sekunde 1 Million Wasserstoff-Atome zählen, würde sie für diese Menge 20 Milliarden Jahre brauchen – länger als das Weltall existiert …

Element	Atommasse (gerundeter Wert)	in u (genauer Wert)
Wasserstoff	1	1,00794
Kohlenstoff	12	12,001
Stickstoff	14	14,00674
Sauerstoff	16	15,9994
Schwefel	32	32,066
Eisen	56	55,847
Gold	197	196,9665

▲ *2. Atommassen verschiedener Elemente*

Die Masse der Atome wird in u (mass unit) angegeben. Diese Einheit entspricht dem zwölften Teil eines Kohlenstoff-Atoms. Mit dieser Einheit lassen sich die Massen der verschiedenen Atome vergleichen.

2. Fragen zum Text
a) Weshalb wurde die Atommasseneinheit u eingeführt?
b) Wie viele Kohlenstoff-Atome und wie viele Sauerstoff-Atome muss man auf die beiden Seiten einer Waagschale legen, damit diese im Gleichgewicht ist?
c) Vergleiche die Atommassen von Sauerstoff und Schwefel. Was fällt dir dabei auf?

3. Rechnen mit Atommodellen
a) Ein Gramm Wasserstoff enthält $6 \cdot 10^{23}$ Atome. Ein Atom soll durch eine Kugel mit einem Durchmesser von 1 cm dargestellt werden. Wie lang würde die Strecke werden, wenn du $6 \cdot 10^{23}$ Kugeln aneinanderreihst?
b) Wie schwer würde diese Anzahl an Kugeln sein, wenn eine Kugel 8 g wiegt?

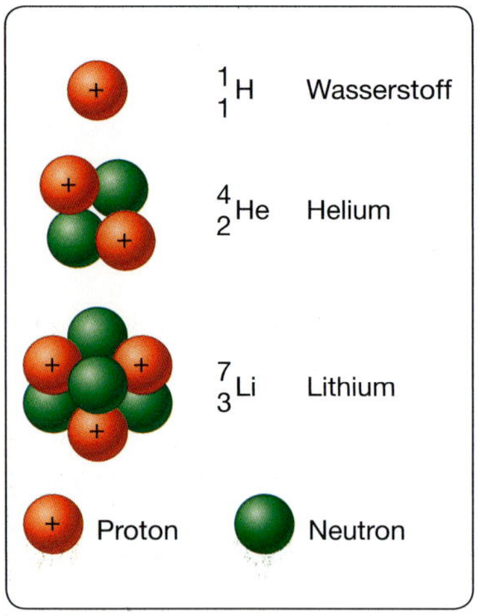

▲ *1. Bau einiger Atomkerne*

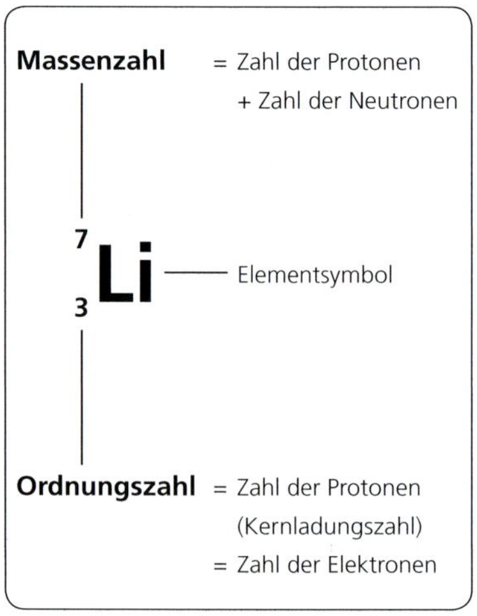

▲ *2. Symbolschreibweise*

Elementarteilchen	Symbol	Masse in u	Ladung
Elektron	e^-	0,00055	negative Elementarladung
Proton	p	1,00728	positive Elementarladung
Neutron	n	1,00867	elektrisch neutral

▲ *3. Elementarteilchen*

1. Bau der Atomkerne

a) Welche Kenntnisse über den Atomkern kann man den bisherigen Atommodellen entnehmen? Lies nach auf S. 116.
b) Finde mithilfe des nachfolgenden Textes heraus, wie sich Elektronen, Protonen, Neutronen und Nukleonen unterscheiden.

Drei wichtige Elementarteilchen. Grundlage aller heutigen Atommodelle sind die drei Elementarteilchen, **Protonen, Neutronen** und **Elektronen.**

Protonen sind elektrisch positiv geladene Teilchen; sie besitzen die Masse 1 u. **Neutronen** besitzen die gleiche Masse, haben aber *keine* elektrische Ladung. Der Atomkern, der sich im Zentrum des Atoms befindet, besteht aus diesen Protonen und Neutronen. Sie heißen deshalb auch **Nukleonen** (von lat. *nucleus,* = Kern). Die **Elektronen** sind negativ geladene Teilchen und haben fast keine Masse.

Das Wasserstoff-Atom. Es ist das einfachste Atom. Sein Kern besteht aus einem einzigen Proton, ein Elektron bildet die Hülle. Seine Masse beträgt 1 u. Das gesamte Wasserstoff-Atom ist nach außen hin elektrisch neutral, denn die positive Ladung des Protons ist genau so groß wie die negative Ladung des Elektrons.

Neutronen stabilisieren Atome. Die Kerne aller anderen Atome enthalten neben den Protonen zusätzlich noch Neutronen. Diese sind für die Stabilität der Atomkerne unerlässlich. Das Helium-Atom hat 2 Protonen und 2 Neutronen im Kern, seine Masse beträgt 4u. Der Lithium-Atomkern besteht aus 3 Protonen und 4 Neutronen. Von Element zu Element kommen also jeweils ein Proton und ein oder mehrere Neutronen im Atomkern hinzu.

Die Protonenzahl bestimmt das Element. Die Anzahl der Protonen im Kern wird auch **Kernladungszahl** oder **Ordnungszahl** genannt. Sie legt eindeutig fest, zu welchem Element ein bestimmtes Atom gehört. So ist ein Atom mit 6 Protonen im Kern immer ein Kohlenstoff-Atom. Ein Atom mit der Kernladungszahl 12 ist immer ein Magnesium-Atom. Zugleich kann man an der Kernladungszahl die *Zahl der Elektronen* in der Hülle ablesen, denn insgesamt muss ein Atom elektrisch neutral sein.

Massenzahl. Die Masse des Atoms setzt sich aus der Masse der Kernbausteine zusammen und wird **Massenzahl** genannt. Das Kohlenstoff-Atom mit 6 Protonen und 6 Neutronen hat die Massenzahl 6 u + 6 u = 12 u. Die Masse der Elektronen in der Hülle ist so gering, dass man sie vernachlässigen kann.

Isotope: gleich und doch verschieden. Die Masse der Protonen und Neutronen beträgt jeweils 1 u. Deshalb müssten alle Elemente eigentlich ganzzahlige Massenzahlen haben. Doch ein Blick in die Atommassentabelle zeigt für die meisten Elemente erhebliche Abweichungen.
Beim Chlor steht beispielsweise die Massenzahl 35,5 u. Halbe Kernbausteine gibt es aber nicht. Messungen zeigten, dass das Element Chlor zu 75 % aus Atomen der Masse 35 u (Chlor 35) und zu 25 % aus Atomen der Masse 37 u (Chlor 37) besteht. Die Massenzahl 35,5 ist also nicht die Masse eines einzelnen Chlor-Atoms. sondern der *Durchschnittswert* für *alle* Chlor-Atome.

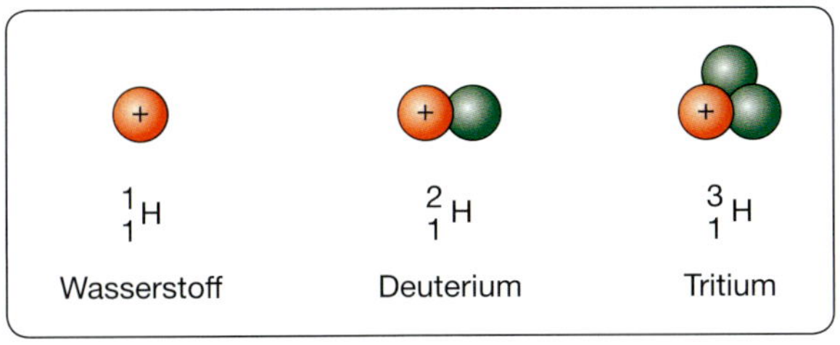

▲ *1. Die Isotope des Wasserstoffs*

Solche Atome eines Elements, die sich bei gleicher Protonenzahl nur in der Neutronenzahl unterscheiden, heißen **Isotope.** Fast alle Elemente in der Natur sind Isotopengemische. Die drei Isotope des Wasserstoffs werden sogar mit eigenen Namen unterschieden.

Atomkerne bestehen aus Protonen und Neutronen. Die Zahl der Protonen bestimmt eindeutig, um welches Element es sich handelt. Sie gibt zugleich die Anzahl der Elektronen in der Atomhülle an.
Isotope sind Atome eines Elements, die sich nur in der Neutronenzahl unterscheiden.

1. Fragen zum Text:

a) Nenne die Atombausteine, die im Atomkern zu finden sind und gib deren Masse und Ladung an.
b) Welcher Atombaustein bestimmt die Art des Elements?
c) Warum sind Atome elektrisch neutral, obwohl sie geladene Teilchen enthalten?
d) Was sind Isotope?
e) Wodurch unterscheiden sich die Isotope eines Elements voneinander?

2. Elementarteilchen-Quiz

a) Wie kann man die Anzahl der Neutronen in einem Element berechnen?
b) Aus welchen Elementarteilchen sind jeweils die Chlor-Isotope Chlor 35 und Chlor 37 aufgebaut?
c) Wie sind die Kerne der folgenden Atome aufgebaut?

$^{34}_{16}S$ $^{235}_{92}U$ $^{133}_{55}Cs$ $^{14}_{7}N$

d) Welche Elemente verbergen sich hinter dem „X"? Wie sind die Atomkerne zusammengesetzt?

$^{14}_{7}X$ $^{40}_{20}X$ $^{107}_{47}X$ $^{27}_{13}X$

Exkurs

Mit der Isotopen-Analyse gegen Lebensmittelfälscher

Deutschland importiert Lebensmittel aus über 80 Ländern. Wie kann man nun feststellen, ob etwa eine Lieferung Rindfleisch tatsächlich aus Argentinien stammt? Denn Etiketten und Lieferpapiere lassen sich nun mal leicht fälschen ...
Untersuchungslabors können mithilfe der **Isotopen-Analyse** inzwischen sehr sicher nachweisen, wo Lebensmittel erzeugt worden sind. Wie geht das?
Von vielen chemischen Elementen gibt es stabile Isotope. Diese Isotope haben verschiedene Massen. Sauerstoff-Atome können die Massen 16, 17 oder 18 u haben. Die Isotope werden in Verbindungen eingebaut, etwa in Wasser-Moleküle. Daher gibt es dann auch Wasser-Moleküle, die unterschiedliche Massen haben. Die leichteren Wasser-Moleküle $H_2{}^{16}O$ verdunsten rascher als die schwereren Moleküle $H_2{}^{18}O$. Beim Abregnen ist es umgekehrt, hier regnen die schwereren Moleküle eher ab. Wegen der westlichen Hauptwindrichtung kommt es dann, dass etwa der Regen in Niedersachsen mehr schwere Moleküle enthält als der Regen über Bayern.

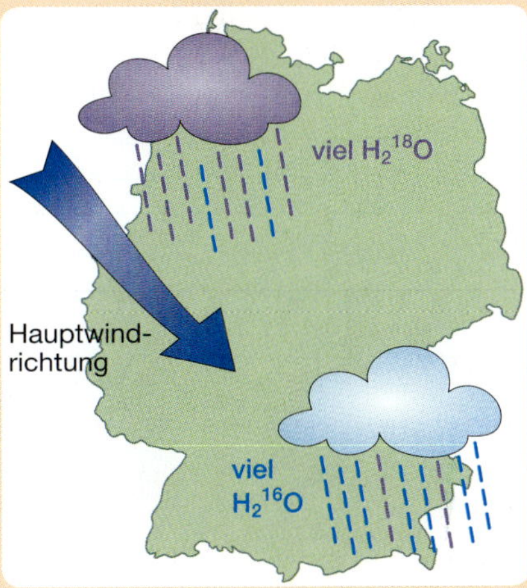

▲ *2. Isotope verraten die Herkunft*

Jede Region bekommt so ihr typisches Muster an Isotopen. Es ist wie ein Fingerabdruck der Natur. Pflanzen und Tiere nehmen Wasser und Nährstoffe aus ihrer Umgebung auf und zeigen deshalb in ihrem Gewebe dasselbe Isotopenmuster.
Durch Vergleich mit Originalproben lassen sich die Lebensmittel dann verschiedenen Regionen zuordnen.

1. Wie könnte man mit dieser Methode nachweisen, ob Wein bei der Herstellung künstlich gezuckert worden ist?

Die Elektronenhülle des Atoms

1. Elektronen – genau abgezählt ...

a) Ein Kohlenstoff-Atom besitzt 6 Protonen im Kern. Wie viele Elektronen müssen in der Hülle sein?
b) Wie viele Elektronen kommen jeweils in einem Stickstoff-, Sauerstoff- und Fluor-Atom vor?

Das Kern-Hülle-Modell von RUTHERFORD sagt nichts darüber aus, wie die Elektronen in der Atomhülle verteilt sind. Dazu veröffentlichte der dänische Physiker NIELS BOHR im Jahr 1913 eine Theorie. Er wollte die chemischen Eigenschaften der Elemente aus dem Aufbau der Elektronenhüllen ihrer Atome erklären. BOHRS Theorie bildete die Grundlage für das **Schalenmodell der Elektronenhülle.**

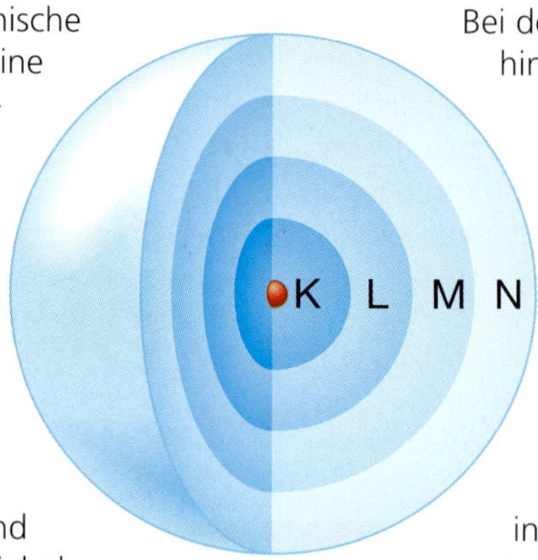

Nach diesem Modell sind die Elektronen nicht beliebig in der Atomhülle verteilt, sondern sie bewegen sich in bestimmten Räumen. Diese sind ähnlich wie die Schalen in einer Zwiebel um den Atomkern angeordnet. In diesen **Elektronenschalen** bewegen sich die Elektronen mit hoher Geschwindigkeit um den Kern.

Die Schalen werden von innen nach außen mit den Buchstaben **K, L, M, N ...** gekennzeichnet. Jede Schale kann nur eine begrenzte Zahl von Elektronen aufnehmen: die K-Schale zwei, die L-Schale acht und die M-Schale achtzehn. Ist die M-Schale oder eine höhere Schale aber Außenschale, kann sie maximal **acht** Elektronen aufnehmen. Die Elektronen, die sich in der **Außenschale** befinden, heißen **Außenelektronen.**

Die Anzahl der Elektronen in der Atomhülle wird durch die jeweilige Protonenzahl im Atomkern festgelegt. Das einzige Elektron des Wasserstoff-Atoms ($^{1}_{1}H$) befindet sich in der innersten Schale, der K-Schale. Beim Helium-Atom ($^{4}_{2}He$) befinden sich zwei Elektronen in der *K-Schale*. Sie ist damit voll besetzt. Das Lithium-Atom ($^{7}_{3}Li$) hat zwei Elektronen in der K-Schale, das dritte gehört schon zur *L-Schale*.

Bei den folgenden Atomen wird das jeweils hinzukommende Elektron ebenfalls in die L-Schale eingebaut, bis sie mit acht Elektronen voll besetzt ist. Das ist beim Neon-Atom ($^{20}_{10}Ne$) der Fall.

Von den insgesamt elf Elektronen des Natrium-Atoms ($^{23}_{11}Na$) befinden sich zwei in der K-Schale, acht in der L-Schale und ein Elektron als Außenelektron in der M-Schale.
Die Schalen werden also immer von innen nach außen mit Elektronen besetzt.

Elektronenhüllen und chemische Eigenschaften. Vergleicht man den Bau der Elektronenhüllen bei chemisch verwandten Elementen, so fällt auf, dass sie in der Besetzung ihrer Außenschalen übereinstimmen.

So besitzen die Atome der Alkalimetalle (z. B. Lithium und Natrium) alle *ein* Außenelektron. Die Atome der Halogene (z. B. Fluor und Chlor) besitzen jeweils *sieben* Außenelektronen. Alle Edelgas-Atome besitzen *maximal gefüllte* Außenschalen. Das sind keine zufälligen Übereinstimmungen.

▲ 2. *Darstellung einiger Elemente mit Elektronenschalen*

Die Edelgasschale. Auch bei den chemisch reaktionsträgen Edelgasen wird deutlich, dass die chemischen Eigenschaften der Stoffe von der Besetzung der Außenschalen ihrer Atome abhängen.

Beim Helium-Atom ist die K-Schale mit zwei Elektronen bereits voll besetzt. Alle anderen Edelgas-Atome haben acht Elektronen in der Außenschale, eine **Achterschale.** Es ist jeweils die höchstmögliche Elektronenzahl in einer Außenschale. Atome mit so einer voll besetzten Außenschale sind besonders reaktionsträge. Eine solche Elektronenverteilung wird auch **Edelgaskonfiguration** genannt.

Nach dem Schalenmodell bewegen sich die Elektronen in bestimmten, schalenförmigen Räumen in der Atomhülle. Die Anzahl der Außenelektronen bestimmt das chemische Verhalten der Elemente.

1. Fragen zum Text

a) Welche unterschiedlichen Aussagen machen die Atommodelle von Rutherford und von Bohr über die Atomhülle?

b) Welche gemeinsamen Eigenschaften haben alle Edelgase?

c) Welche gemeinsamen Eigenschaften haben alle Edelgas-Atome?

2. Außenelektronen in Punkt-Schreibweise

In der Punktschreibweise lassen sich die für die chemischen Eigenschaften der Elemente wichtigen Außenelektronen übersichtlich darstellen:

H· He: Li· Be· ·B· ·C· ·N: ·O: :F: :Ne:

Stelle die Elektronenanordnung der äußeren Schalen für Na, Mg, Al, Si, P, S, Cl, Ar in der „Punkt-Schreibweise" dar.

Exkurs

Licht verrät den Bau der Elektronenhülle

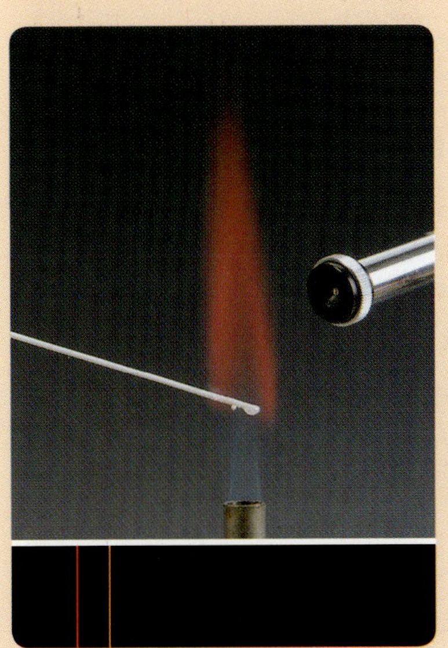

▲ *1. Mit einem angefeuchteten Magnesiastäbchen nimmt man wenige Kristalle des Salzes Lithiumchlorid auf. Das Magnesiastäbchen hält man in die Brennerflamme. Daraufhin färbt sich die Flamme rot. Wenn man sie durch ein Spektroskop betrachtet, erkennt man Spektrallinien.*

Bringt man ein Salzkörnchen Lithiumchlorid in die Brennerflamme, entsteht dabei immer rotes Licht. Wie kommt dies wohl zustande? Um dies zu untersuchen, wird die Flamme auch durch ein Spektroskop betrachtet. In einem Spektroskop wird das Licht zerlegt, es zeigen sich farbige Linien. Man nennt sie Spektrallinien.
Jedes chemische Element ist an seinem typischen Muster solcher Spektrallinien zu erkennen. Beim Lithium fallen eine deutliche rote und eine etwas schwächere orange Linie auf.
Aus solchen Beobachtungen, vor allem am Element Wasserstoff, schloss Bohr, dass in den Elektronenhüllen eine strenge Ordnung herrscht. Die Elektronen können sich nur auf bestimmten Bahnen ohne Energieverlust bewegen.
Durch Energiezufuhr kann ein Elektron auf eine energiereichere Bahn gehoben werden. Nach kurzer Zeit fällt es auf die alte Bahn zurück. Die zuvor aufgenommene Energie wird dabei als Licht einer ganz bestimmten Farbe wieder abgegeben. Es erscheint als Spektrallinie. Aus diesen Spektrallinien lässt sich der Bau der Elektronenhüllen berechnen.

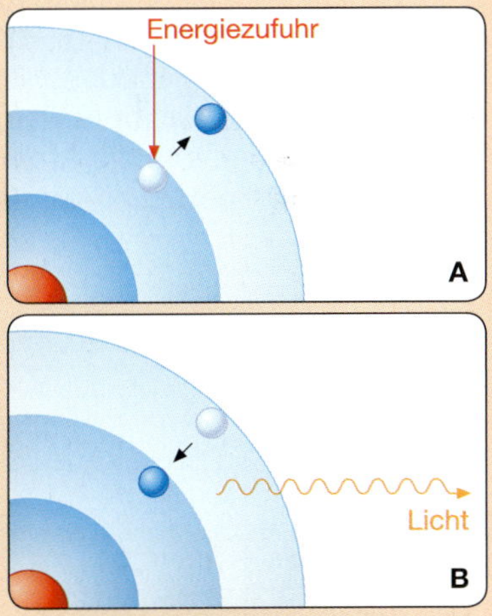

▲ *2. Energieaufnahme (A) und Energieabgabe (B)*

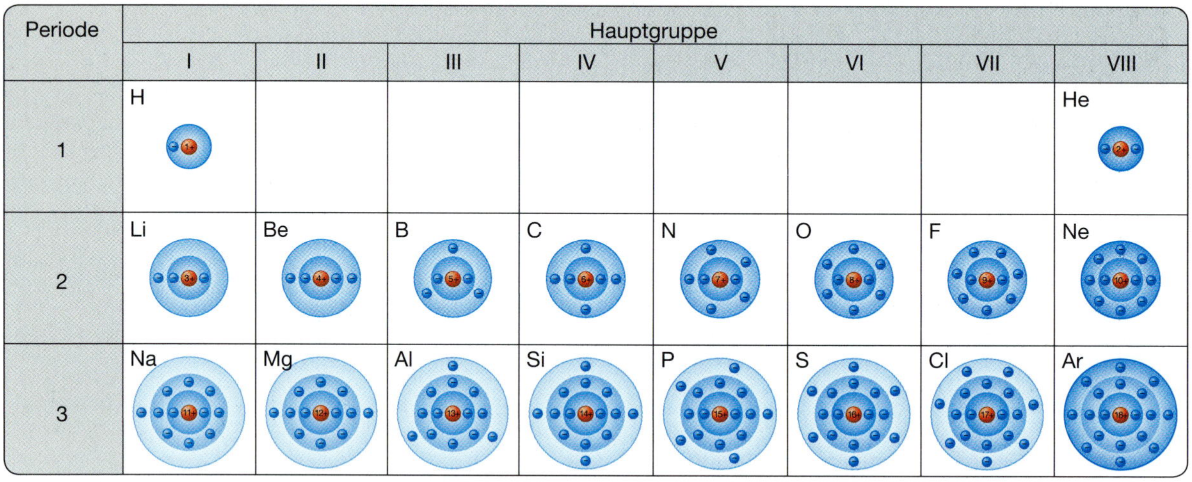

▲ *1. Die ersten drei Perioden aus dem Periodensystem*

1. Anordnung der Elektronen in der Atomhülle

a) Übertrage das verkürzte Periodensystem (Hauptgruppensystem) in dein Heft und kennzeichne alle Außenelektronen durch Punkte, die um das Elementsymbol geschrieben werden.
b) Warum gibt es in der 1. Periode nur zwei, in der 2. Periode dagegen acht Elemente?
c) Zeichne die Schalenmodelle für die Atome mit den Ordnungszahlen 4, 7, 16, 18, 19.
d) Im abgebildeten Periodensystem sind die Metalle braun, die Nichtmetalle gelb unterlegt. Wie unterscheiden sich die Atome der Metalle und der Nichtmetalle bezüglich der Anzahl ihrer Außenelektronen?

Perioden	Gruppen I	II	III	IV	V	VI	VII	VIII
1	$_{1}$H							$_{2}$He
2	$_{3}$Li	$_{4}$Be	$_{5}$B	$_{6}$C	$_{7}$N	$_{8}$O	$_{9}$F	$_{10}$Ne
3	$_{11}$Na	$_{12}$Mg	$_{13}$Al	$_{14}$Si	$_{15}$P	$_{16}$S	$_{17}$Cl	$_{18}$Ar
4	$_{19}$K	$_{20}$Ca	$_{31}$Ga	$_{32}$Ge	$_{33}$As	$_{34}$Se	$_{35}$Br	$_{36}$Kr
5	$_{37}$Rb	$_{38}$Sr	$_{49}$In	$_{50}$Sn	$_{51}$Sb	$_{52}$Te	$_{53}$I	$_{54}$Xe
6	$_{55}$Cs	$_{56}$Ba	$_{81}$Tl	$_{82}$Pb	$_{83}$Bi	$_{84}$Po	$_{85}$At	$_{86}$Rn

▲ *2. Verkürztes Periodensystem*

Elektronenhülle und Periodensystem. Im Jahr 1869 hatten die Chemiker MENDELEJEW und MEYER noch ohne Kenntnis vom Atombau ein Ordnungssystem für die damals bekannten Elemente gefunden. Sie ordneten die Elemente in diesem Periodensystem in der Reihenfolge ihrer Atommassen und nach den chemischen Verwandtschaften.

BOHR dagegen konnte das Periodensystem erklären. Nach seiner Theorie hängt die Anordnung der Elemente im Periodensystem von der **Anzahl der Elektronen** und vom **Bau der Elektronenhüllen** ab. Weil die Anzahl der Elektronen in der Hülle von der Anzahl der Protonen im Kern bestimmt wird, wird die Protonenzahl auch **Ordnungszahl** genannt. Die Elemente sind also nach **steigender Protonenzahl** im Periodensystem angeordnet.

Perioden. Alle Elemente, deren Atome gleich viele Elektronenschalen besitzen, stehen in einer Reihe nebeneinander, der **Periode.** Auf ein Alkalimetall folgt ein Erdalkalimetall, auf ein Halogen ein Edelgas. Die *Periodennummer* gibt die Anzahl der Schalen an.

Gruppen. Die Elemente mit gleicher Zahl an Außenelektronen stehen in einer **Gruppe** untereinander. Die Gruppennummer gibt, außer bei Helium, die Anzahl der Außenelektronen an. Die gleiche Anzahl von Außenelektronen ist die Ursache für die chemische Verwandtschaft innerhalb einer Gruppe.

Regeln zum Periodensystem. Zusammenfassend kann man für die Elemente der Hauptgruppen sagen:

- Nummer der Hauptgruppe = Anzahl der Außenelektronen
- Nummer der Periode = Anzahl der Elektronenschalen
- Es wird jeweils die äußerste Elektronenschale aufgefüllt.

Damit kann man jetzt auch das bisher „heimatlose" Element Wasserstoff in das PSE einordnen: Es besitzt ein Elektron in der ersten Schale, es gehört deshalb in die erste Hauptgruppe.

Im Periodensystem sind die Elemente nach steigender Protonenzahl in Perioden und Gruppen angeordnet.

1. Fragen zum Text

a) Warum nennt man die Protonenzahl eines Elements auch Ordnungszahl?
b) Was haben alle Atome der II. Hauptgruppe des Periodensystems gemeinsam?
c) Was haben alle Atome der 3. Periode gemeinsam?
d) Welche Anzahl an Elektronen kann die M-Schale maximal aufnehmen?
e) Nenne alle Elemente, deren Atome voll besetzte Außenschalen haben. Welche chemischen Eigenschaften haben diese Elemente?

2. Atombau und Periodensystem

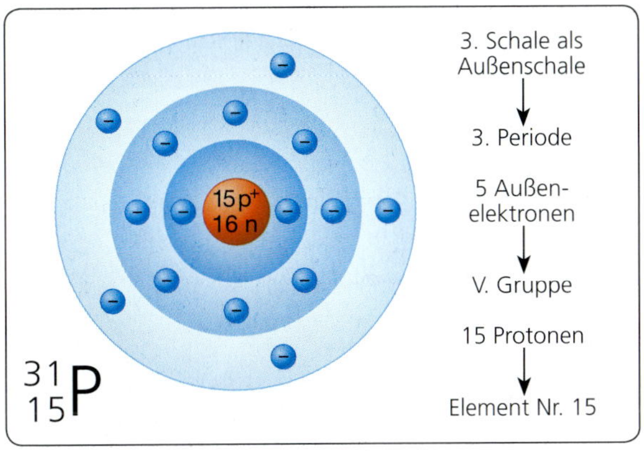

a) Zeige am Beispiel des Phosphor-Atoms, wie sich aus der Stellung eines Elements im Periodensystem der Aufbau seiner Atomhülle ableiten lässt.
b) Zeichne das Schalenmodell für das Element Nr. 20, Calcium. Erläutere daran dessen Stellung im Periodensystem.
c) Nach welchen Gesichtspunkten sind die Elemente in einer Periode angeordnet?
d) Wo findet man im Periodensystem chemisch verwandte Elemente und was haben diese gemeinsam?

Exkurs

Nebengruppenelemente im Periodensystem

In den Hauptgruppen des Periodensystems sind wichtige Metalle wie Eisen, Kupfer oder Gold nicht zu finden. Sie sind in den **Nebengruppen** eingeordnet. Dort stehen Elemente, bei denen die jeweils vorletzte oder sogar drittletzte Schale noch nicht vollständig gefüllt ist, obwohl die jeweilige Außenschale bereits ein bis zwei Elektronen enthält.

Bei gleicher Besetzung der Außenschalen beeinflussen unterschiedliche Elektronenzahlen innerer Schalen die chemischen Eigenschaften nur gering. Deshalb unterscheiden sich die Nebengruppenelemente einer Periode weniger voneinander als aufeinanderfolgende Hauptgruppenelemente. Es sind alles Metalle.

3. Zeichne die Schalenmodelle für das Eisen-, das Cobalt- und das Nickel-Atom und nenne die Unterschiede.

Nebengruppenelemente

$_{21}$Sc Scandium	$_{22}$Ti Titan	$_{23}$V Vanadium	$_{24}$Cr Chrom	$_{25}$Mn Mangan	$_{26}$Fe Eisen	$_{27}$Co Cobalt	$_{28}$Ni Nickel	$_{29}$Cu Kupfer	$_{30}$Zn Zink
$_{39}$Y Yttrium	$_{40}$Zr Zirkonium	$_{41}$Nb Niob	$_{42}$Mo Molybdän	$_{43}$Tc Technetium	$_{44}$Ru Ruthenium	$_{45}$Rh Rhodium	$_{46}$Pd Palladium	$_{47}$Ag Silber	$_{48}$Cd Cadmium
$_{57}$La Lanthan	$_{72}$Hf Hafnium	$_{73}$Ta Tantal	$_{74}$W Wolfram	$_{75}$Re Rhenium	$_{76}$Os Osmium	$_{77}$Ir Iridium	$_{78}$Pt Platin	$_{79}$Au Gold	$_{80}$Hg Quecksilber

Besetzung der Schalen	Fe	Co	Ni
K-Schale	2	2	2
L-Schale	8	8	8
M-Schale	14	15	16
N-Schale	2	2	2

RUTHERFORD schießt auf Atome

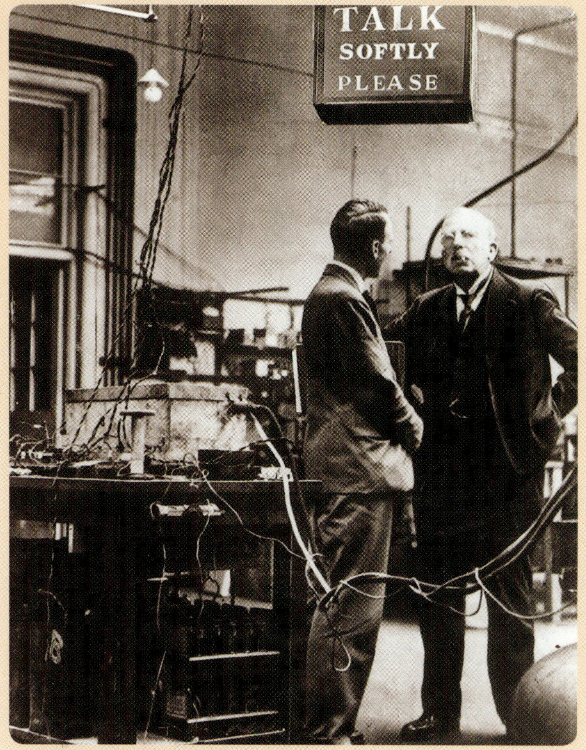

▲ *1. RUTHERFORD sprach immer sehr laut. Seine Mitarbeiter schalteten deshalb ein Warnschild ein, wenn sie mit empfindlichen Messgeräten arbeiteten*

Gegen Ende des 19. Jahrhunderts sahen die meisten Naturwissenschaftlicher in den Atomen die unteilbaren Bausteine der Materie. Um die elektrischen Eigenschaften der Stoffe und die chemischen Bindungskräfte erklären zu können, wollten sie herausfinden, wo im Atom die positiven und die negativen Ladungen sitzen. Sie suchten nach einer Möglichkeit, um in das Innere der Atome „hineinsehen" zu können.

Die Entdeckung der Radioaktivität. Im Jahre 1896 hatte BEQUEREL in Paris beim Experimentieren mit Uranverbindungen ein Stück Uranerz auf eine lichtdicht verpackte Fotoplatte gelegt. Beim Entwickeln der Platte entdeckte er, dass die Fotoschicht dort, wo das Erz gelegen hatte, kräftig geschwärzt war. Vom Uran gingen also energiereiche Strahlen aus, die die Verpackung der Fotoplatte durchdringen konnten. Sie wurden später als radioaktive Strahlen bezeichnet.

Es gibt drei Arten dieser Strahlen. Die Alpha-Strahlen bestehen aus zweifach positiv geladenen Teilchen, auch α-Teilchen genannt. Beta-Strahlen bestehen aus Elektronen. Die Gamma-Strahlen sind elektromagnetische Wellen, ähnlich den Röntgenstrahlen.

RUTHERFORDS Streuversuche. RUTHERFORD wollte mithilfe der radioaktiven Strahlen die innere Struktur von Atomen untersuchen. Er ließ deshalb in seinem Labor in Manchester hauchdünne Folien aus Blattgold mit energiereichen α-Teilchen beschießen. RUTHERFORD wusste, dass die α-Teilchen mit ihrer hohen Geschwindigkeit von 15 000 $\frac{km}{s}$ die etwa 1000 Atomschichten der Goldfolie leicht durchdringen konnten. Er wollte untersuchen, ob sie beim Durchgang durch die Goldfolie etwas abgelenkt würden.

Die α-Teilchen konnten mithilfe eines Zinksulfid-Schirms beobachtet werden. Beim Auftreffen auf die Zinksulfidschicht erzeugen sie einen winzigen Lichtblitz, den man mit einer Lupe erkennen kann. Mit diesem Verfahren konnte man zum ersten Mal einzelne atomare Teilchen indirekt beobachten und abzählen.

Bis zum Juni 1909 hatten RUTHERFORDS Mitarbeiter GEIGER und MARSDEN in zweijähriger Arbeit mehr als 100 000 Lichtblitze gezählt. Dabei hatten sie entdeckt, dass

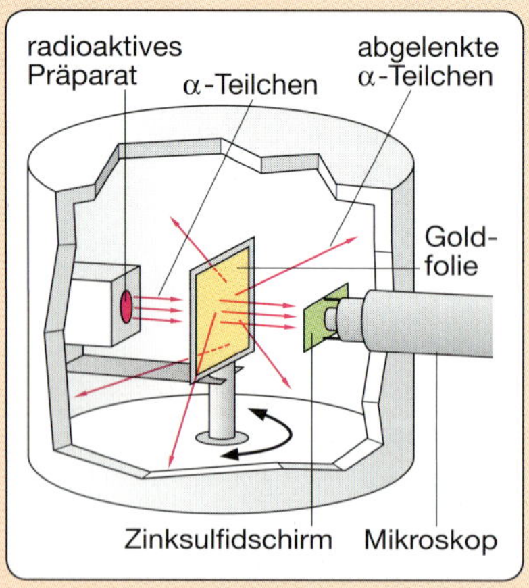

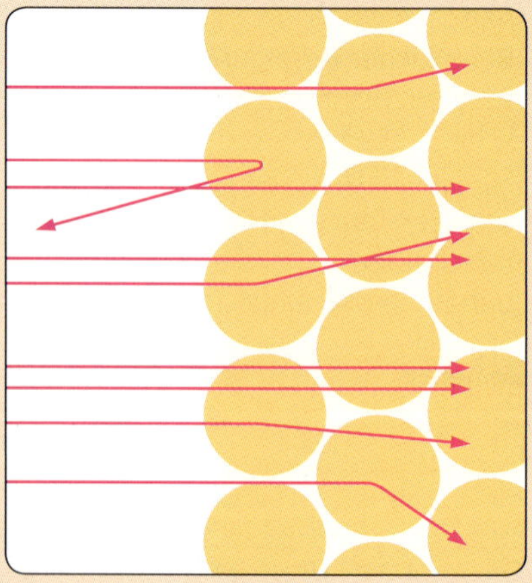

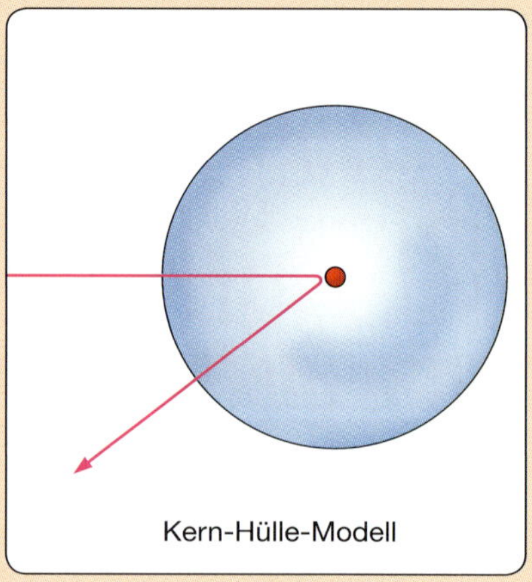

▲ *2. Die Streuversuche von RUTHERFORD führten … … zum Kern-Hülle-Modell*

manche α-Teilchen sehr stark abgelenkt wurden. Einige wurden sogar in die Ausgangsrichtung zurückgeworfen, so als wären sie auf ein festes Hindernis geprallt.

Diese Versuchsergebnisse waren so unerwartet, dass RUTHERFORD meinte: „Es ist, als würde man mit einer Kanonenkugel auf ein Taschentuch schießen und die Kugel würde in die Ausgangsrichtung zurückfliegen."
Um das zu erklären, musste er erst ein völlig neues Atommodell entwickeln, das er im März 1911 vorstellte, das Kern-Hülle-Modell.

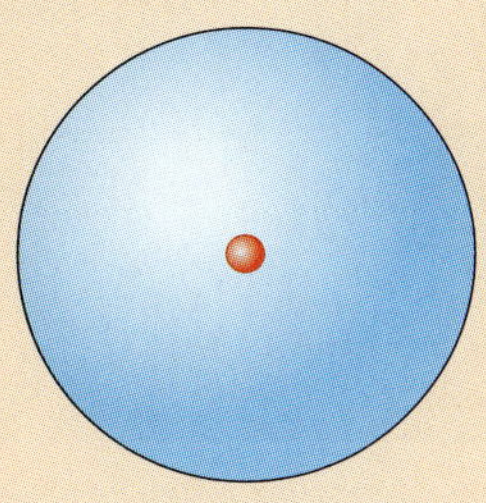

RUTHERFORDS Kern-Hülle-Modell. Im Zentrum jedes Atoms befindet sich ein winziger, positiv geladener, schwerer Kern. Er enthält über 99,9 % der Masse des Atoms, ist aber noch 10 000-mal kleiner als das ganze Atom. Das hatte RUTHERFORD aus der geringen Zahl der stark abgelenkten α-Teilchen und auch deren Ablenkungswinkeln berechnen können. Die meisten α-Teilchen waren ungehindert durch die Atome geflogen. Daraus schloss RUTHERFORD, dass der Atomkern von einer nahezu leeren Hülle umgeben ist. Sie wird aus den negativ geladenen, fast masselosen Elektronen gebildet.

Ein Atom ist insgesamt elektrisch neutral, da sich die positiven Ladungen des Kerns und die negativen Ladungen der Hülle ausgleichen.

Nach dem Kern-Hülle-Modell bestehen Atome also aus einem winzigen Atomkern und der Atomhülle. Der Kern ist positiv geladen und enthält fast die gesamte Masse des Atoms. Die Elektronen bilden die Atomhülle.

1. Woraus konnte RUTHERFORD schließen, dass Atomkerne positiv geladen und sehr schwer sein müssen?
2. Wie groß wäre ein Atom mit einem Atomkern von der Größe eines Stecknadelkopfes (d = 2 mm)?
3. Nenne die wesentlichen Unterschiede zwischen den Atommodellen von DALTON und von RUTHERFORD.

MARIE CURIE und die Entdeckung des Radiums

Im Herbst des Jahres 1891 kommt die junge Polin MARYA SKLODOWSKA nach Paris, um dort Physik und Chemie zu studieren. Sie macht glänzende Examen in Physik und Mathematik.
1895 heiratet sie den Physiker PIERRE CURIE und forscht von da an zusammen mit ihm.

Im Herbst 1897 bringt sie Ihre Tochter, Irene, zur Welt. MARIE CURIE schließt mit ihrer Doktorarbeit an Forschungen auf dem Gebiet der strahlenden Substanzen an. Sie liest Becquerels Bericht über die Strahlung von Uransalzen und findet hier das Arbeitsgebiet für ihr ganzes Leben.
Sie schlägt den Namen Radioaktivität für diese Erscheinung vor. Bald entdeckt sie zwei weitere radioaktive Elemente, die sie Polonium und Radium (lat. Das Strahlende) nennt. Sie beschließt, diese Elemente in wägbaren Mengen rein darzustellen, um die Atommassen und die chemischen Eigenschaften zu bestimmen. Zusammen mit ihrem Mann arbeitete sie an diesem Vorhaben in einem als Labor eingerichteten, zugigen Schuppen. Sie musste erst chemische Trennverfahren entwickeln, um dann in vier Jahre langer, mühseliger Arbeit aus einer Tonne Uranerz 0,1 g Radium zu gewinnen.

▲ 2. *MARIE CURIE, zweifache Nobelpreisträgerin*

MARIE CURIE gehört zu den wenigen großen Wissenschaftlerinnen, die sich in den Naturwissenschaften einen bleibenden Namen gemacht haben. 1903 erhielt sie zusammen mit ihrem Mann den Nobelpreis für Physik für ihre Arbeiten zur Radioaktivität. 1911 erhielt sie den Nobelpreis für Chemie für die Reindarstellung des Radiums. Sie starb mit 67 Jahren an den Folgen radioaktiver Strahlung im Jahr 1934.

Blick in die Nanowelt der Atome

1. Kleine Dinge sehen

Welche Möglichkeiten kennst du, um kleine und sehr kleine Dinge für unser Auge sichtbar zu machen?

2. Nanometer

a) Zeichne mit dem Lineal eine Strecke von 1 cm, dann eine Strecke von 1 mm. Schätze ab, wie eng zwei Punkte stehen können, damit du sie noch voneinander unterscheiden kannst.
b) 1 Nanometer ist der milliardste Teil eines Meters. Welchem Bruchteil eines Millimeters entspricht das?

▲ *1. Blick in das Herzstück eines Rastertunnelmikroskops; die zentrale Einheit ist federnd aufgehängt*

Kann man Atome sehen? Wenn man ständig von Atomen und Molekülen spricht, verspürt man den Wunsch, sie auch einmal sehen zu können. Doch kann man Atome überhaupt sehen?
Kleine Details im Millimeterbereich können wir mit der Lupe vergrößert betrachten. Zellen von Pflanzen oder Tieren kann man im Lichtmikroskop untersuchen. Für die winzigen Bakterien und Viren braucht man ein Elektronenmikroskop. Hier erscheint das Bild schon nicht mehr direkt in unserem Auge, sondern zunächst auf einem Bildschirm.
Einfach gebaute Moleküle sind mit einer Größe von rund einem Nanometer aber selbst für ein Elektronenmikroskop zu klein; Atome sind mit etwa 0,1–0,4 Nanometern noch kleiner!
Ein Nanometer (1 nm) ist übrigens ein milliardstel Meter oder auch ein millionstel Millimeter.

Eine geniale Erfindung: das Rastertunnelmikroskop. Die Physiker BINNIG und ROHRER erhielten 1986 den Physik-Nobelpreis für die Entwicklung und den Bau des Rastertunnelmikroskops (RTM).

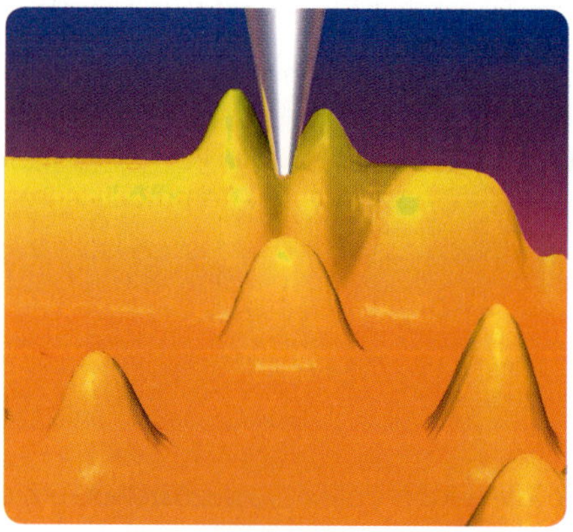

▲ *2. RTM-Bild: Cobalt-Atome auf Kupfer*

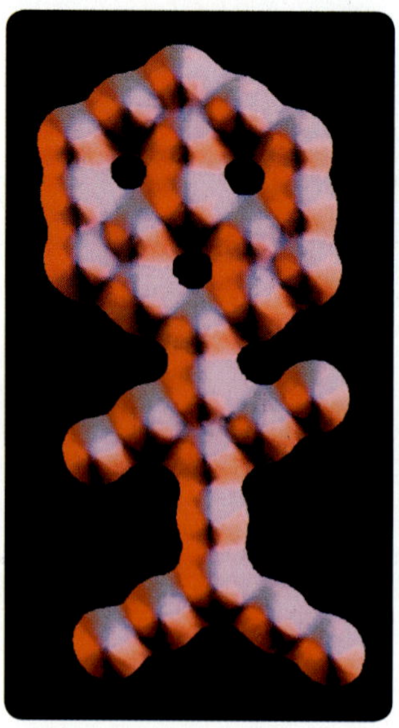

▲ *3. Das CO-Männchen*

Mit diesem Mikroskop ist es heute möglich, bis auf die Ebene der Atome und Moleküle vorzudringen. So konnte man damit erstmals den kugelförmigen Bau der Fullerene „sichtbar" machen.

Atome „fühlen". Die Bildentstehung beim RTM ist vergleichbar mir der Erzeugung von Ultraschallbildern, wie sie der Computer zum Beispiel von einem Baby im Mutterleib erzeugt.
Ein Rastertunnelmikroskop ist also kein Fotoapparat, sondern eine Art Messgerät mit angeschlossenem Computer.
Mit einer sehr feinen Spitze wird die Oberfläche einer Probe abgetastet. Aus den daraus erhaltenen elektrischen Signalen berechnet ein Computer Bilder. Da man diese auch noch bunt einfärben kann, kommt man zu oft sehr eindrucksvollen Ergebnissen. Atome kann man also nicht echt sehen, aber „fühlen" und mithilfe des Computers sichtbar machen.

Atome bewegen. Mit einem abgewandeltem Rastertunnelmikroskop kann man noch tiefer in die Welt der Atome eingreifen: Mit der feinen Spitze kann man nicht nur Oberflächen abtasten, sondern sogar Atome oder kleine Moleküle aufnehmen und an anderer Stelle wieder absetzen, wie mit einem Kran. So ist auch das originelle Bild des „CO-Männchens" entstanden. Das Männchen besteht aus 28 Molekülen des Stoffes Kohlenstoffmonooxid. Ein Wissenschaftler hat sie auf einer Platinoberfläche in Form eines Männchens angeordnet. Auch das Bild vom „Atomstadion" auf Seite 99 ist so entstanden. Es ist schon sehr beeindruckend, wie weit man heutzutage in die Welt der kleinen Teilchen vordringen kann.

Nanotechnologie. Erst die Entwicklung der Rastertunnelmikroskope hat es ermöglicht, Strukturen im Nanobereich darzustellen und zu erforschen. Die Vorsilbe Nano kommt übrigens aus dem Griechischen und bedeutet „Zwerg".

Im „Reich der Zwerge" herrschen ganz eigene Gesetze. Ganz gewöhnliche Materialien wie der Kohlenstoff zeigen plötzlich neue Eigenschaften, wenn sie auf die Größe von Atomen reduziert sind. Viele Nanomaterialien zeigen beispielsweise eine verbesserte elektrische Leitfähigkeit, extreme Härte oder unerwartete chemische Reaktivität. Und das, obwohl die Winzlinge chemisch identisch sind. Der einzige Unterschied ist die Größe.

Die Nanotechnik bringt Erkenntnisse aus allen Naturwissenschaften zusammen. Wissenschaftler planen, Materialien und molekulare Maschinen nachzubauen, wie es die Natur selbst tut, Atom für Atom.
Inzwischen gilt die Nanotechnologie als die Zukunftstechnologie schlechthin.

Mithilfe der Rastertunnelmikroskopie kann man Atome und Moleküle auf Oberflächen abtasten und sichtbar machen.
Die Nanotechnologie ist die Forschung und Technologieentwicklung auf der atomaren Ebene in einer Größenordnung von einem bis einhundert Nanometern.

1. Fragen zum Text
a) Wie groß ist 1 nm und was bedeutet der Name „Nano"?
b) Welche Erfindung hat es ermöglicht, Strukturen im Nanobereich sichtbar zu machen?
c) Beschreibe kurz, wie RTM-Bilder entstehen.

2. Recherche und Bilder-Ausstellung
Im Internet findet man inzwischen aus der ganzen Welt zahlreiche Bilder, aufgenommen von Rastertunnelmikroskopen. Druckt die schönsten davon aus (Quelle und Motiv angeben) und macht eine Ausstellung von der faszinierenden Bilderwelt der Atome.

So arbeitet ein Rastertunnelmikroskop

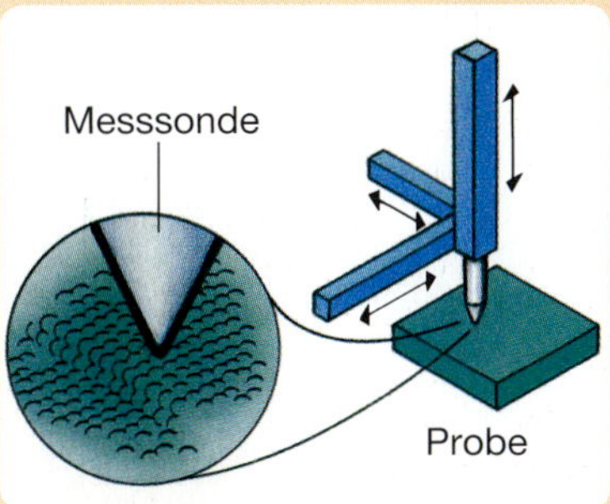

▲ *1. Eine Probe wird zeilenweise abgetastet*

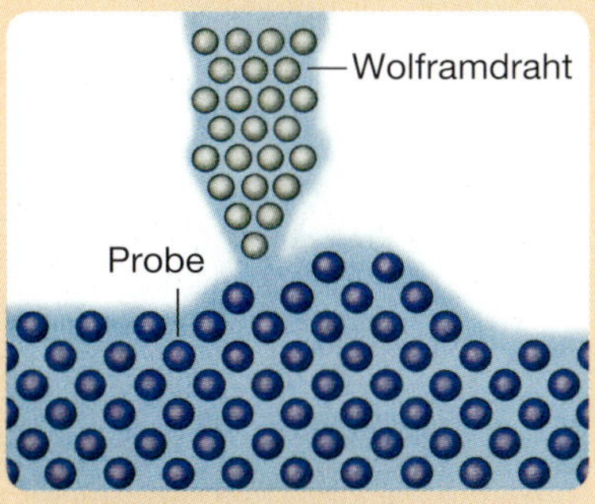

▲ *2. Der Wolframdraht dient als Messsonde*

Das Wichtigste an einem Rastertunnelmikroskop ist die Messsonde. Man verwendet oft einen Draht aus dem Metall Wolfram mit einer extrem feinen Spitze. Sie wird bis auf etwa 0,000 001 mm (= 1 nm) an die Metalloberfläche herangeführt.

Wird an den Draht eine positive Spannung angelegt, fließen Elektronen von der Metalloberfläche ab, ohne dass die Spitze Kontakt hat. Die Stärke dieses Elektronenstroms hängt vom Abstand zur Probe ab.

Die Probe wird nun zeilenweise abgetastet. Die Wolframspitze wird dabei so gesteuert, dass sie stets den gleichen Abstand zu den Oberflächen-Atomen einhält.
Aus den Steuerungssignalen wird das Profil der Metalloberfläche berechnet und zu einem etwa einhundertmillionenfach vergrößerten Bild verarbeitet.

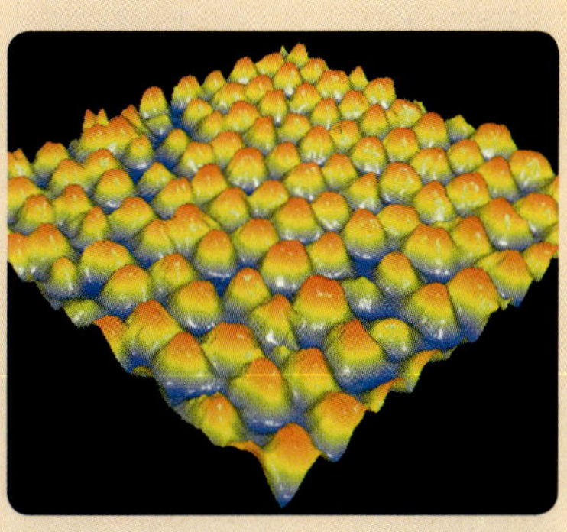

Der Lotuseffekt

Kennst du Kapuzinerkresse? Diese Pflanze wird wegen der orangeroten Blüten gerne in Gärten gesät. An dieser Art hat man eher zufällig entdeckt, warum deren Blätter kaum schmutzig werden. Wasser perlt darauf immer rasch ab und nimmt dabei Schmutzteilchen mit. Vielleicht kannst du es einmal ausprobieren (Abb. 1)?

▲ *1. Kapuzinerkresse*

Lotuseffekt. Bekannt ist diese wasserabweisende Wirkung von Blättern unter dem Namen **Lotuseffekt.** Bei der Lotusblume (Abb. 2 und 3), einem Seerosengewächs, ist dieser Effekt nämlich besonders stark ausgeprägt.
Die Lotusblume stammt aus Asien und gilt dort heute noch als heilige Pflanze. Das liegt wohl auch daran, dass die Wasserpflanze stets sauber aussieht, obwohl sie mitten in schlammigen Tümpeln wächst. Diese Eigenschaft hat Menschen schon lange sehr beeindruckt.

◄ *2. Blüte und ...*
▼ *3. ... Blatt der Lotusblume*

Der „Trick" der Lotusblume. Worin liegt nun das Geheimnis für die wasserabweisende Wirkung? Herausgefunden hat man dies erst, als man die Oberfläche der Blätter mit modernen Elektronenmikroskopen genau untersuchen konnte.
Man könnte zunächst vermuten, dass die Oberflächen bei Kapuzinerkresse und Lotusblume besonders glatt sind – und das Wasser deshalb so leicht abperlt. Doch tatsächlich ist es genau umgekehrt.
Die oberste Zellschicht besitzt in gewissen Abständen kleine Erhebungen. Außerdem befindet sich noch eine dünne Schicht feinster Wachskristalle in Nanometergröße auf der Oberfläche. Wachs ist extrem wasserabweisend (hydrophob). Diese spezielle Oberfläche ist für den Lotuseffekt verantwortlich.

Wassertropfen und Schmutz bleiben deshalb so schlecht darauf haften, weil es nur winzige Flächen sind, an denen sie überhaupt mit der Oberfläche in Kontakt kommen. Außerdem ist der Wachsüberzug ja besonders wasserabweisend. Beides führt zu dem verblüffenden selbstreinigenden Effekt.

Anwendungen. Seit einigen Jahren versucht man nun, den Lotuseffekt technisch nutzbar zu machen. Die Abbildungen unten zeigen einen Textilstoff, der mit einer künstlichen Beschichtung überzogen worden ist. Nach dem Muster der Lotusblume wird auch hier verhindert, dass Wasser und Schmutz ausreichenden Kontakt mit dem Stoff bekommen.

1. Informiere dich näher über den Lotuseffekt. Stelle daraus Material für einen kurzen Vortrag (10 Minuten) zusammen.

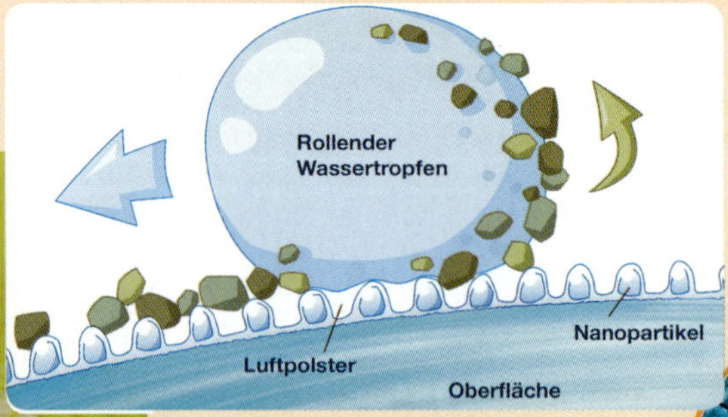

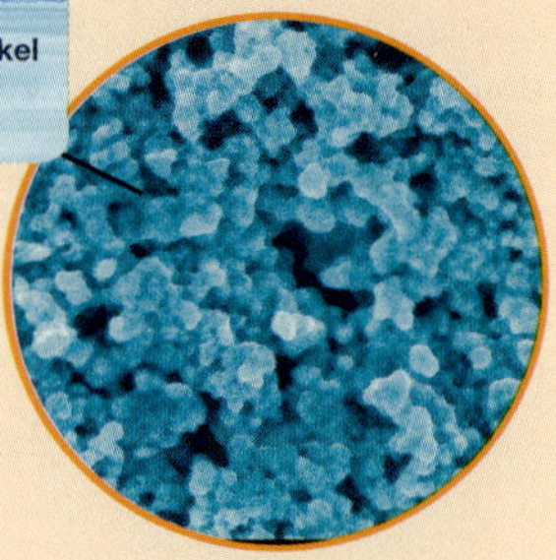

◄▲ *4. Textilgewebe mit Lotuseffekt. Die Nanoteilchen halten Wasser und Schmutz auf Abstand* ►

Die Wunderwelt der Nano-Materialien

Nano-Materialien sind nahezu überall in Technik und Industrie von Bedeutung. Von der Bauindustrie über Lacke und Farben, den Autobau, der Elektronik, Luft- und Raumfahrt bis zur Medizintechnik. Einige Produkte gibt es schon, die meisten sind noch im Forschungslabor.

Fassadenfarbe (Abb. 1) mit selbstreinigender Wirkung war das erste Produkt, das den Lotuseffekt der Natur nachahmt. Auch Dachziegel und Textilstoffe können inzwischen so behandelt werden, dass sie schmutz- und wasserabweisend werden.

Diese **Farbpigmente (Abb. 2)** bestehen aus Aluminiumplättchen, die mit einer nur wenige Nanometer dünnen Eisenoxidschicht überzogen sind. Die hauchdünnen Eisenoxidfilme reflektieren das Licht besonders gut und sorgen für kräftige Farben zum Beispiel in Autolacken.

In **Sonnenschutzmitteln** mit hohem Lichtschutzfaktor befinden sich oft 200 nm kleine Partikel aus Zinkoxid **(Abb. 3)** oder Titandioxid. Sie reflektieren das Sonnenlicht und verhindern so einen Sonnenbrand. Nur weil die Teilchen sehr klein sind, bleiben die sonst weiß aussehenden Stoffe für das Auge unsichtbar und die Creme durchsichtig.

Minibrennstoffzellen sollen Batterien und Akkus in Zukunft ersetzen. Probleme macht noch die Speicherung des Brennstoffes Wasserstoff. Ein mögliches Speichermedium für Wasserstoff sind hoch poröse **Nanowürfel (Abb. 4)** mit großer Oberfläche, hergestellt aus einer Zink-Kohlenstoff-Verbindung.

Schaumstoffe (Abb. 5) mit Poren im Nanometerbereich sollen eine 50% bessere Wärmedämmung haben als herkömmliche Schaumstoffe.

Nano-Eisenoxidpartikel dienen als Waffe gegen Krebs. Der Tumor nimmt die Eisenpartikel auf, weil sie an der Oberfläche mit Zuckermolekülen beschichtet sind. So reichern sie sich im Krebsgewebe an. Durch starke magnetische Wechselfelder werden die Eisenteilchen in starke Schwingungen versetzt und erhitzen so das Gewebe. Bei über 70 °C sterben die Tumorzellen ab.

Nanoröhrchen aus Kohlenstoff sind ein Schwerpunkt der Nano-Forschung. Allein für diese Gruppe denkt man an Dutzende von Anwendungsmöglichkeiten, von Computerchips und Leuchtdioden bis hin zum Flugzeugbau …

Risiken der Nanotechnologie. Teilchen im Nanomaßstab stehen im Verdacht, sich im Körper anzureichern und dort möglicherweise Schäden zu verursachen. Das gilt vor allem für Stoffe, die der Körper nicht abbauen kann. So befürchtet man bei Nanoröhrchen aus Kohlenstoff, dass sie, eingeatmet in der Lunge, ähnlich wirken könnten wie die krebsauslösenden Asbestfasern. Auch die feinen Rußteilchen in Abgasen, der so genannte Feinstaub, zählt von der Größe her zu den Nanoteilchen.

1. Recherchiere im Internet nach Forschungsprojekten im Bereich der Nanoröhrchen (engl.: nanotubes).

2. Finde heraus, wie die Risiken durch Nanoröhrchen aktuell beurteilt werden.

Elementfamilien und Atombau

Elementfamilien: Elemente mit ähnlichen Eigenschaften kann man zu Elementfamilien zusammenfassen.

Alkalimetalle: Dazu gehören Lithium, Natrium, Kalium, Rubidium und Caesium.
- Metallische Eigenschaften (Glanz, Leitfähigkeit)
- sehr weich, äußerst reaktionsfähig
- Heftigkeit der Reaktion nimmt von Lithium zu Kalium zu.
- charakteristische Flammenfärbung

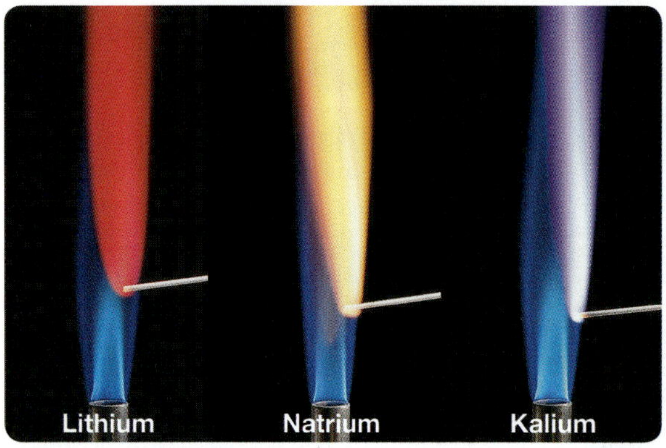

Erdalkalimetalle: Beryllium, Magnesium, Calcium, Strontium, Barium.
- Ähnliche Eigenschaften wie die Alkalimetalle
- aber härter, nicht so reaktionsfreudig
- charakteristische Flammenfärbung bei Calcium, Strontium und Barium; Magnesium verbrennt leuchtend weiß

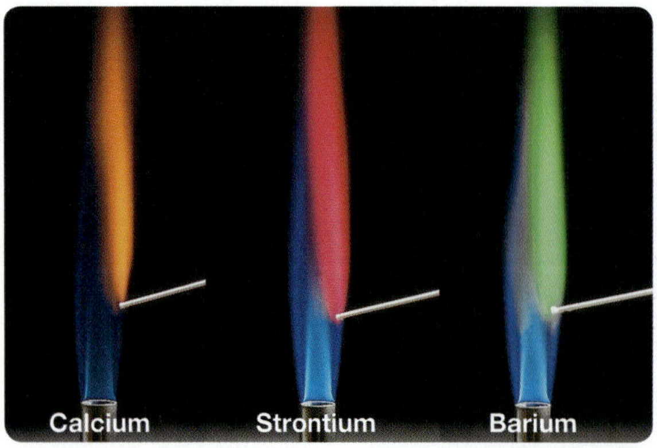

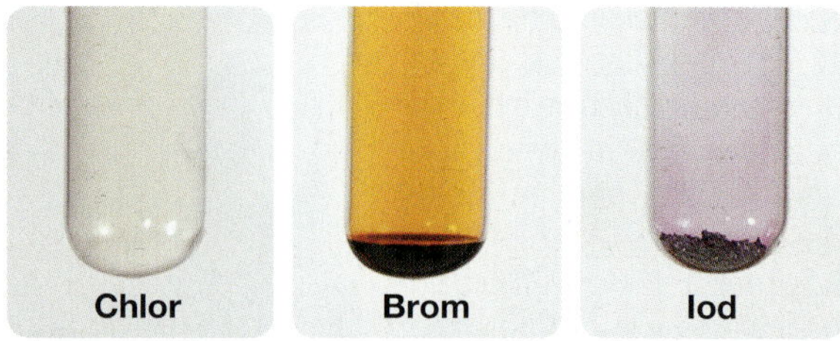

Halogene: Fluor, Chlor, Brom und Iod.
- Sehr reaktionsfreudige Nichtmetalle
- bilden zweiatomige Moleküle (F_2, Cl_2, Br_2, I_2)
- Reaktionsfreudigkeit nimmt von Fluor zu Iod hin ab
- alle Halogene sind giftig
- mit Metallen reagieren Halogene zu Salzen

Edelgase: Helium, Neon, Argon, Krypton, Xenon, und Radon.
- kommen als einzelne Atome (atomar) vor
- sind äußerst reaktionsträge
- werden oft als Schutzgas verwendet

Periodensystem: Im Periodensystem sind alle Elemente in Gruppen und Perioden angeordnet.
- Senkrechte Spalten im Periodensystem heißen **Gruppen.** Hier stehen chemisch verwandte Elemente untereinander.
- Waagerechte Zeilen heißen **Perioden.**
- **Metalle** stehen im Periodensystem links und in den Nebengruppen.
- **Nichtmetalle** stehen rechts und oben.
- **Halbmetalle** findet man zwischen Metallen und Nichtmetallen.

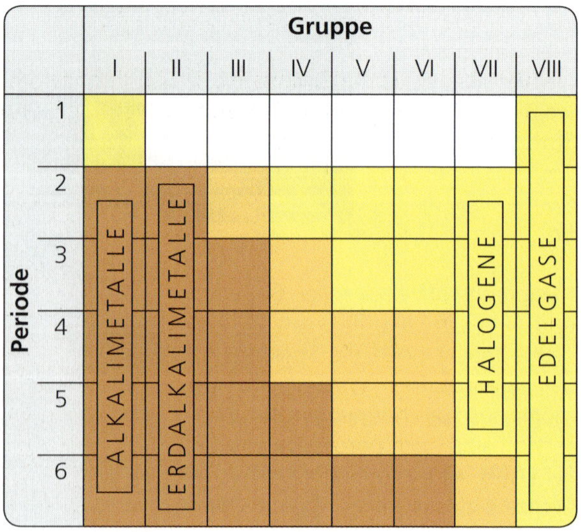

→ **Atome:** Alle Elemente sind aus Atomen aufgebaut.

→ **Atommodelle:** Das Wissen über die Atome wird in Modellen dargestellt. Diese Beschreibungen der Atome haben sich im Laufe der Geschichte immer wieder verändert und verfeinert.

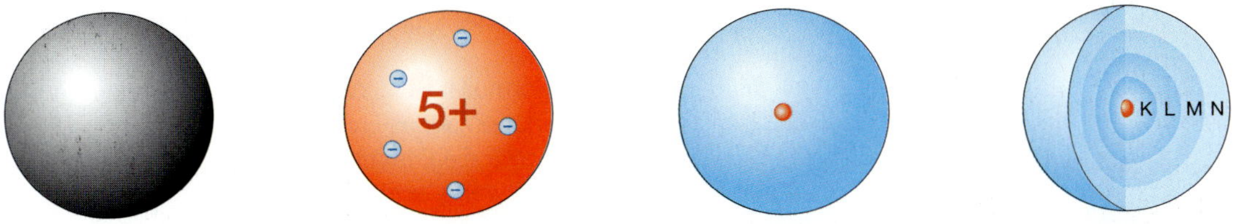

DALTON Kugelmodell — THOMSON „Rosinenkuchen-Modell" — RUTHERFORD Kern-Hülle-Modell — BOHR Schalenmodell

→ **Atomkern:** positiv geladen; besteht aus **Protonen** (positiv geladen) und **Neutronen** (elektrisch neutral). Die Zahl der Protonen bestimmt, um welches Element es sich handelt.

→ **Atomhülle:** negativ geladen; wird von Elektronen gebildet, die sich in schalenförmigen Räumen um den Atomkern bewegen. Die Schalen werden von innen nach außen als K-, L-, M- usw. Schale bezeichnet.

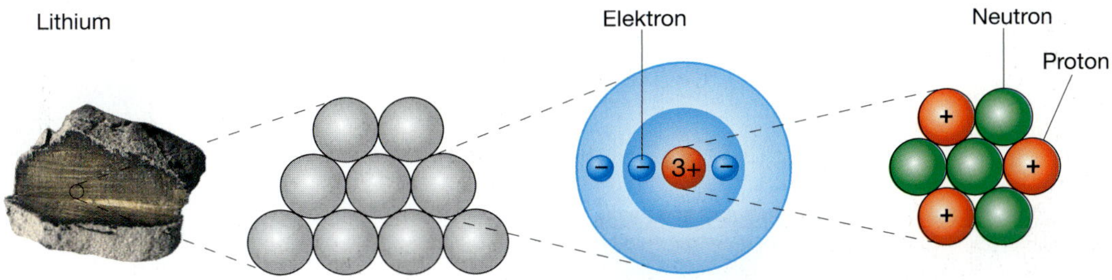

7 —— **Massenzahl** = Zahl der Protonen + Zahl der Neutronen

Li

3 —— **Kernladungszahl (Ordnungszahl)** = Zahl der Protonen = Zahl der Elektronen

→ **Isotope:** Atome eines Elements, die sich nur in der Neutronenzahl unterscheiden. Sie haben unterschiedliche Massen, aber gleiche chemische Eigenschaften.

→ **Atombau und Periodensystem:** Im Periodensystem sind die Elemente nach steigender Protonenzahl und nach dem Bau ihrer Atomhüllen angeordnet. Die Elektronen der jeweils äußeren Schale bestimmen die chemischen Eigenschaften der Elemente.

Elemente mit gleicher Anzahl an Außenelektronen, hier: II (zwei)

Perioden	Gruppen I	II	III	IV	V	VI	VII	VIII
1	$_1$H							$_2$He
2	$_3$Li	$_4$Be	$_5$B	$_6$C	$_7$N	$_8$O	$_9$F	$_{10}$Ne
3	$_{11}$Na	$_{12}$Mg	$_{13}$Al	$_{14}$Si	$_{15}$P	$_{16}$S	$_{17}$Cl	$_{18}$Ar
4	$_{19}$K	$_{20}$Ca	$_{31}$Ga	$_{32}$Ge	$_{33}$As	$_{34}$Se	$_{35}$Br	$_{36}$Kr
5	$_{37}$Rb	$_{38}$Sr	$_{49}$In	$_{50}$Sn	$_{51}$Sb	$_{52}$Te	$_{53}$I	$_{54}$Xe
6	$_{55}$Cs	$_{56}$Ba	$_{81}$Tl	$_{82}$Pb	$_{83}$Bi	$_{84}$Po	$_{85}$At	$_{86}$Rn

Elemente mit gleicher Anzahl an Elektronenschalen, hier: 3

Ordnungszahl

Trainer

Elementfamilien und Atombau

1. Alkalimetalle

a) Nenne alle Alkalimetalle.
b) Warum kommen Alkalimetalle in der Natur nicht als Elemente vor?
c) Vergleiche die Alkalimetalle untereinander. Wie unterscheiden sie sich in der Reaktionsfähigkeit und in der Härte?

2. Merkwürdige Aufbewahrung

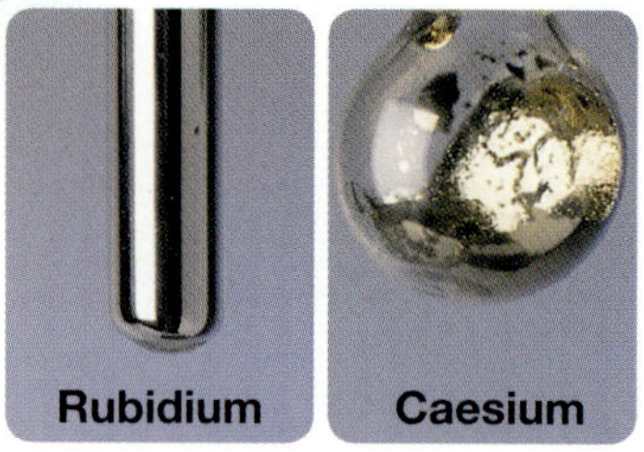

Die Elemente Rubidium und Caesium werden zur Aufbewahrung in luftleere Glasampullen eingeschmolzen. Stelle Vermutungen an, weshalb das notwendig ist.

3. Welcher Stoff ist es?

Lithiumchlorid und Kaliumchlorid sehen sehr ähnlich aus. Durch welches Experiment könnte man sie unterscheiden?

4. Natrium auf Filterpapier

Gibt man Natrium auf trockenes Papier, verliert es bald den Metallglanz.
Gibt man ein Stück Natrium auf ein feuchtes Blatt Papier, schmilzt es nach kurzer Zeit. Es bildet sich eine glänzende Kugel. Man sieht eine leuchtende gelbe Flamme.
Gibt man es in eine Schale mit Wasser, so schmilzt auch hier das Natrium, aber es bilden sich meist keine Flammen.
Erkläre die Ergebnisse dieser drei Versuche.
Tipp: Gehe folgenden Fragen nach: Welche Schmelztemperatur hat Natrium? Was kann hier mit einer Flamme brennen?

5. Erdalkalimetalle

a) Wie heißen die Erdalkalimetalle?
b) Nenne einige Verbindungen der Erdalkalimetalle, denen wir im Alltag begegnen können.
c) Welches Erdalkalimetall reagiert am leichtesten mit Wasser?
d) Formuliere die Wortgleichung für die Verbrennung (Oxidation) eines Erdalkalimetalls.
e) Stelle die Reaktionsgleichung aus d) in Formelschreibweise auf.

6. Flammenfärbung

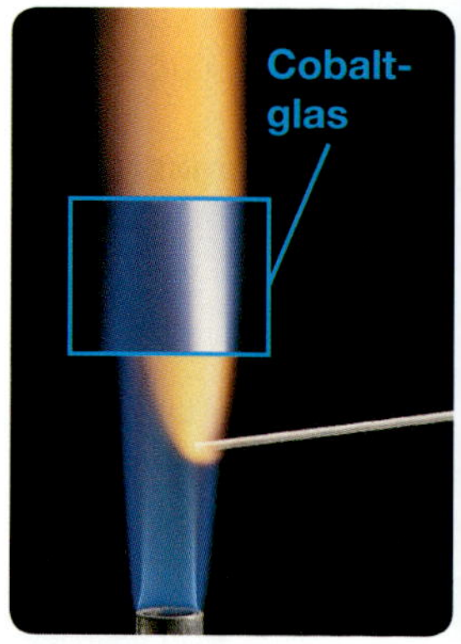

Bei der Untersuchung einer unbekannten Substanz erhält man eine gelbe Flammenfärbung. Durch ein blaues Cobaltglas betrachtet, kann man aber eine blassviolette Flamme sehen. Erkläre diese Beobachtungen.

7. Magnesium in Wasser

Schmirgle ein Stück Magnesiumband blank und gib es in ein Reagenzglas mit heißem Wasser.
a) Was kannst du an den Rändern des Magnesiumbandes beobachten?
b) Worum kann es sich dabei handeln? Begründe deine Vermutung.
c) Wie kannst du feststellen, was für ein Stoff tatsächlich entstanden ist?

8. Halogene

a) Wie ändern sich die Aggregatzustände in der Elementfamilie der Halogene?
b) Mit welchem Halogen lässt es sich am ungefährlichsten experimentieren?
c) Wie lässt sich die Gefährlichkeit der Halogene chemisch erklären?
d) Leitungswasser wird manchmal gechlort. Warum macht man das?
e) Finde durch eine Recherche heraus, ob es auch Alternativen zum Chloren von Trinkwasser gibt.

9. Elementfamilien

a) Nenne die typischste Eigenschaft der Edelgase.
b) Suche Argumente dafür, dass man Elemente zu Elementfamilien zusammenfasst.
c) Erkläre mithilfe des Atombaus, warum Fluor, Chlor, Brom und Iod eine Elementfamilie bilden.

10. Perioden und Gruppen

a) Wie unterscheiden sich die Elemente innerhalb einer Gruppe?
b) Was haben Elemente innerhalb einer Periode im Periodensystem gemeinsam?

11. Periodensystem

a) Nenne die Elemente der 4. Hauptgruppe und der 3. Periode des Periodensystems.
b) Auf welcher Seite im Periodensystem findet man die Nichtmetalle und wo stehen die Edelgase?

12. Wer oder wie bin ich?

a) Ein Element steht in der 7. Hauptgruppe in der 4. Periode. Wie heißt es?
b) Ein Element in der 5. Periode reagiert ähnlich wie das Element Chlor. Wie heißt es?

c) Ein Metall X steht in der 1. Hauptgruppe über dem Element Y. Welches Element reagiert heftiger mit Wasser?
d) Wo steht dieses Element (Foto) im Periodensystem?
e) Ein Element steht in der 2. Periode und der IV. Gruppe des Periodensystems. Was lässt sich daraus über den Bau der Elektronenhüllen seiner Atome aussagen?

13. Größenverhältnisse

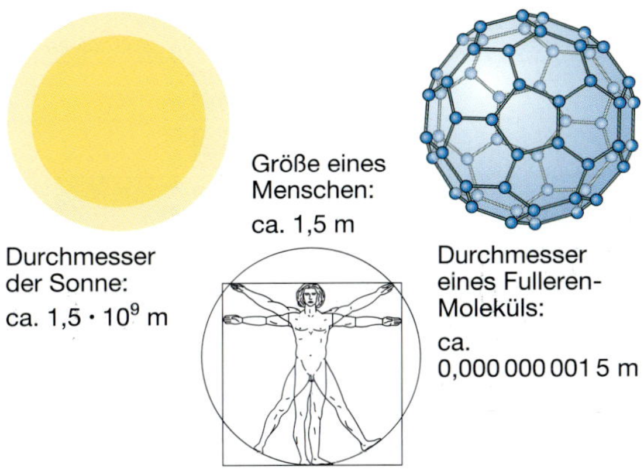

Vergleiche diese Größenordnungen miteinander: Mensch, Sonne, Fulleren.
a) Wie viel mal größer ist die Sonne als ein Mensch?
b) Wie viel mal größer ist ein Mensch als ein Fulleren-Molekül?
c) Wie groß ist ein Nanometer?

14. Atombau

a) Erläutere den Aufbau eines Magnesium-Atoms.
b) Warum sind Atome elektrisch neutral, obwohl sie geladene Teilchen enthalten?
c) Wie hängt der Bau der Atome mit der Anordnung der Elemente im Periodensystem zusammen?

15. Atombau und Periodensystem

a) Nenne alle Elemente, deren Atome voll besetzte Außenschalen haben. Welche Eigenschaften haben diese Elemente?
b) Was bedeuten die Zahlen in dem Symbol $^{35}_{17}Cl$ und was sagen sie über den Aufbau des Atoms aus?
c) Die im Periodensystem aufeinanderfolgenden Elemente Argon, Kalium und Calcium haben nahezu die gleichen Atommassen. Erkläre, warum diese Elemente dennoch so unterschiedliche chemische Eigenschaften besitzen.
d) Vergleiche die Atommassen von Cobalt und Nickel im Periodensystem. Gib eine Erklärung dafür, warum Cobalt trotz der kleineren Ordnungszahl die größere Atommasse hat.
e) Um welche Atome handelt es sich jeweils?

$^{31}_{15}?$ $^{52}_{24}?$ $^{195}_{78}?$ $^{197}_{79}?$ $^{201}_{80}?$ $^{...}_{88}?$ $^{59}_{...}?$

16. Isotope

a) Erläutere den Begriff Isotop. Gib Beispiele an.
b) Woran liegt es, dass man Isotope eines Elements nicht mit chemischen Methoden voneinander trennen kann?

17. Modellversuch

In Massenspektrographen kann man elektrisch geladene Atome nach ihrer Masse trennen. Beschreibe den abgebildeten Modellversuch. Wo landen die leichtesten, wo die schwersten „Atome"?

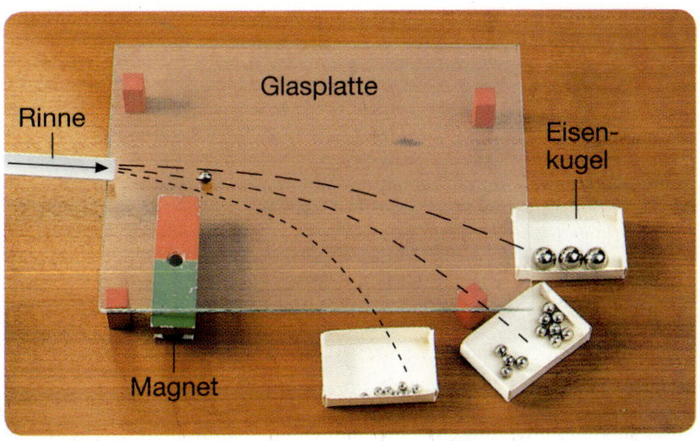

Stoffliste

Stoff	Gefahrensymbole, Sicherheitssymbole, Entsorgungssymbole	Ratschläge R/S-Sätze
Alkohol (Ethanol)	F, B3	R: 11 S: 7–16
Aluminiumpulver	F	R: 15–17 S: 7/8–43
Ameisensäure $2\,\% \leq w < 10\,\%$	Xi, B2	R: 36/38 S:
Ammoniak-Lösung $5\,\% \leq w < 10\,\%$	Xi, B1	R: 36/37/38 S: 26
Ammoniumchlorid	Xn	R: 22–36 S: 22
Ammonium-thiocyanat	Xn	R: 20/21/22–32 S: 13
Bariumchlorid	T, B2	R: 20–25 S: 45
Bariumhydroxid-Lösung (ges.)	Xi	R: 20/22–34 S: 26–28–45
Bariumnitrat	Xn, B2	R: 20/22 S: 28
Benzin (Waschbenzin)	F, B3	R: 11 S: 9–16–29–33
Blutlaugensalz (rot oder gelb)		R: S:
Brom (flüssig)	T+, C, N, X	R: 26–35–50 S: 7/9–26–45–61
Bromwasser (ges.)	T, Xi, X	R: 23–24 S: 7/9–26–45
Butan	F+	R: 12 S: 9–16
Calcium	F, X	R: 15 S: 8–24/25–43
Calciumcarbonat		R: S:
Calciumchlorid	Xi	R: 36 S: 22–24
Calciumhydroxid	Xi, B1	R: 41 S: 22–24–26–39
Calciumoxid	Xi, B1	R: 41 S: 22–24–26–39
Calciumsulfat		R: S:
Chlor-Gas	T, N, X	R: 23–36/37/38–50 S: 9–45–61
Chlorwasser (ges.)	Xn, X	R: 20–36/37/38/23 S: 7/9–45
Chlorwasserstoff-Gas	T, C	R: 23–35 S: 9–26–36/37/39–45
Cobaltchlorid	T, N, B2	R: 49–22–42/43–50/53 S: 22–53–45–60–61
Cumolhydroperoxid	T, O, N, B3	R: 7–21/22–23–34–48/20/22–51/53 S: 3/7–14–36/37/39–45–50–61
1,6-Diaminohexan	C, B3	R: 21/22–34–37 S: 22–26–36/37/39–45
Dieselkraftstoff/ Dieselöl	F, B3	R: 11 S: 9–16–29–33
Eisenpulver, -wolle (Stahlwolle)		R: S:
Eisen(III)-chlorid	Xn	R: 22–38–41 S: 26–39
Eisen(II)-sulfat	Xn	R: 22 S: 24/25
Essigsäure $w \leq 25\,\%$	C, B1	R: 35 S: 23–26–45
Essigsäure $10\,\% \leq w < 25\,\%$	Xi	R: 36/38 S: 23–26–45
Essigsäureethyl-ester (Ethylacetat)	Xi, F, B3	R: 11–36–66–67 S: 16–23–26–33
Ethan	F+	R: 12 S: 9–16–33
Ethanol	F, B3	R: 11 S: 7–16
Ethen	F+	R: 12 S: 9–16–33
FEHLING-Lösung I	B2	R: 22–36/38 S: 22
FEHLING-Lösung II	C, B1	R: 35 S: 26–27–37/39
Glycerin		R: S:
Heptan	F, N, B3	R: 11–38–50/53–65–67 S: 9–16–29–33–60–61–62
Hexan	Xn, F, N, B3	R: 11–38–48/20–51/53–62–65–67 S: 9–16–29–33–36/37–61–62
Hexandisäure-dichlorid	C, B3	R: 34 S: 26–36/37/39–45
Iod-Lösung (in Kaliumiodid-Lösung)		R: S:
Iod-Tinktur (alkoholische Lösung)	Xn, F, B2	R: 20/21 S: 23–25
Kalilauge $w \geq 2\,\%$	C, B1	R: 35 S: 26–37/39–45
Kalilauge $0{,}5\,\% \leq w < 2\,\%$	Xi, B1	R: 34 S: 26–37/39–45
Kaliumaluminium-sulfat (Alaun)		R: S:
Kaliumbromid		R: S:
Kaliumchlorid		R: S:
Kaliumhexa-cyanoferrat(III)		R: S:
Kaliumhydroxid	C, B1	R: 22–35 S: 2–26–37/39–45
Kaliumiodid		R: S:
Kaliumnitrat	O	R: 8 S: 16–41
Kaliumpermanganat	Xn, O, N, B2	R: 8–22–50/53 S: 60–61
Kalkwasser		R: S:
Kupferoxid	B2	R: S:
Kupfersulfat	Xn, N, B2	R: 22–36/38–50/53 S: 22–60–61
Kupfersulfid	B2	R: S:

Stoffliste

Stoff	Gefahrensymbole, Sicherheitssymbole, Entsorgungssymbole	Ratschläge R/S-Sätze
Kupferblech, -pulver		R: S:
Lithium	C F X	R: 14/15–34 S: 8–43–45
Lithiumchlorid	Xn	R: 22–36/38 S:
Magnesium	F X	R: 11–15–17 S: 7/8–43
Magnesiumchlorid		R: S:
Magnesiumoxid		R: S: 22
Magnesiumsulfat	B1	R: S:
Methan	F+	R: 12 S: 9–16–33
Methanol	T F B3	R: 11–23/24/25–39 S: 7–16–36/37–45
Natriumborat (Borax)	Xn	R: 22 S:
Natriumcarbonat (Soda)	Xi	R: 36 S: 22–26
Natriumchlorid		R: S:
Natriumhydrogencarbonat (Natron)		R: S:
Natriumhydroxid	C B1	R: 35 S: 26–37/39–45
Natriumsilicat-Pulver (Wasserglas)	Xn	R: 22 S:
Natronlauge $w \geq 2\,\%$	C B1	R: 35 S: 26–27–37/39–45
Natronlauge $0{,}5\,\% \leq w < 2\,\%$	Xi B1	R: 36/38 S:
Ölsäure/Benzin-Gemisch (1:1000)	F B3	R: 11 S: 9–16–29–33
Oxalsäure $w \geq 5\,\%$	Xn B1	R: 21/22 S: 24/25
Palmitinsäure	B3	R: S:
Paraffinöl	B3	R: S:
Pentan	Xn F+ N B3	R: 12–51/53–65–66–67 S: 9–16–29–33–61–62
Pentanol	Xn B3	R: 10–20 S: 24/25
Petroleum	F B3	R: 11 S: 9–16–29–33
Phenolphthalein-Lösung (alkohol.)	F	R: 11 S: 7–16
Phosphorsäure $10\,\% \leq w < 25\,\%$	Xi B1	R: 36/38 S: 26–45
PVC-Pulver		R: S:
Salpetersäure $5\,\% \leq w < 70\,\%$	C B1	R: 35 S: 23–26–27
Salpetersäure $1\,\% \leq w < 5\,\%$	Xi B1	R: 36/37/38 S:
Salzsäure $w \leq 25\,\%$	C B1	R: 34–37 S: 26–45
Salzsäure $10\,\% \leq w < 25\,\%$	Xi B1	R: 36/37/38 S: 28
Schwefel		R: S:
Schwefeldioxid	T	R: 23–34 S: 9–26–36/37/39–45
Schwefelsäure $w \geq 15\,\%$	C B1	R: 35 S: 26–30–45
Schwefelsäure $5\,\% \leq w < 15\,\%$	Xi B1	R: 36/38 S: 26
Silbernitrat	C N B2	R: 34–50/53 S: 26–45–60–61
Silbernitrat-Lösung ($w = 1\,\%$)		R: S:
Silbersulfid	B2	R: S:
Strontiumchlorid		R: S:
Styrol	Xn B3	R: 10–20–36/38 S: 23
Universalindikator		R: S:
Wasserstoff-Gas	F+	R: 12 S: 9–16–33
Wasserstoffperoxid ($w = 3\,\%$)		R: S:
Zinksulfat	Xi N B2	R: 36/38–50/53 S: 22–25–60–61
Zinkpulver	F	R: 15–17 S: 7/8–43
Zinn		R: S:

X: spezielle Entsorgungsreaktion

Abzug benutzen oder den Versuch in einer geschlossenen Apparatur durchführen

Bei allen Experimenten sollte man grundsätzlich eine **Schutzbrille** tragen

Schutzhandschuhe tragen

Entsorgung über Abfluss bzw. Papierkorb möglich

Die chemischen Elemente

Elemente		OZ	Atom-masse in u	Dichte[1] in $\frac{g}{cm^3}$ (Gase: $\frac{g}{l}$)	Schmelz-	Siede-
Name	Symbol				temperatur in °C	
Actinium	Ac	**89**	(227)	10,1	1050	–
Aluminium	Al	**13**	26,9815	2,70	660	≈ 2300
Americium	Am	**95**	(243)	11,7	827	2610
Antimon (Stibium)	Sb	**51**	121,75	6,68	630	1640
Argon	Ar	**18**	39,948	*1,784*	–189	–186
Arsen	As	**33**	74,9216	5,73	817p	633s
Barium	Ba	**56**	137,34	3,7	717	1640
Beryllium	Be	**4**	9,0122	1,86	1278	2970
Bismut (Bismutum)	Bi	**83**	208,980	9,80	271	1560
Blei (Plumbum)	Pb	**82**	207,2	11,4	327	1750
Bor	B	**5**	10,81	2,34	≈ 2000	≈ 2500
Brom	Br	**35**	79,904	3,14	–7	58
Cadmium	Cd	**48**	112,40	8,64	321	767
Caesium	Cs	**55**	132,905	1,90	29	690
Calcium	Ca	**20**	40,08	1,55	845	1440
Cer	Ce	**58**	140,12	6,8	800	3600
Chlor	Cl	**17**	35,453	*3,214*	–102	–34
Chrom	Cr	**24**	51,996	7,19	≈ 1900	≈ 2500
Cobalt	Co	**27**	58,9332	8,83	1490	3100
Dysprosium	Dy	**66**	162,50	8,54	1407	≈ 2600
Eisen (Ferrum)	Fe	**26**	55,847	7,86	1537	2730
Erbium	Er	**68**	167,26	9,05	1497	2900
Europium	Eu	**63**	151,96	5,26	826	1439
Fluor	F	**9**	18,9984	*1,70*	–220	–188
Gadolinium	Gd	**64**	157,25	7,90	1312	≈ 3000
Gallium	Ga	**31**	69,72	6,0	30	2340
Germanium	Ge	**32**	72,59	5,36	960	≈ 2700
Gold (Aurum)	Au	**79**	196,967	19,3	1063	2700
Hafnium	Hf	**72**	178,49	13,3	2220	> 3000
Helium	He	**2**	4,0026	*0,178*	–272p	–269
Holmium	Ho	**67**	164,930	8,80	1461	≈ 2600
Indium	In	**49**	114,82	7,31	156	2000
Iod	I	**53**	126,9044	4,94	114	184
Iridium	Ir	**77**	192,2	22,6	2454	> 4500
Kalium	K	**19**	39,102	0,86	64	760
Kohlenstoff (Carboneum)	C	**6**	12,0115	[2]	> 3500s	≈ 4000
Krypton	Kr	**36**	83,80	*3,708*	–157	–153
Kupfer (Cuprum)	Cu	**29**	63,546	8,93	1083	2350
Lanthan	La	**57**	138,91	6,1	920	4515
Lithium	Li	**3**	6,941	0,53	180	1335
Lutetium	Lu	**71**	174,97	9,84	1652	3327
Magnesium	Mg	**12**	24,305	1,74	650	1105
Mangan	Mn	**25**	54,9380	7,3	1220	2150
Molybdän	Mo	**42**	95,94	10,2	2620	≈ 5000
Natrium	Na	**11**	22,9898	0,97	98	883
Neodym	Nd	**60**	144,24	7,0	1024	3300
Neon	Ne	**10**	20,179	*0,90*	–249	–246
Neptunium	Np	**93**	(237)	19,5	–	–
Nickel	Ni	**28**	58,70	8,90	1453	≈ 2800
Niob	Nb	**41**	92,906	8,5	2468	≈ 3700
Osmium	Os	**76**	190,2	22,5	≈ 2600	≈ 5500
Palladium	Pd	**46**	106,4	12,0	1555	3380
Phosphor	P	**15**	30,9738	[3]	44[4]	285[4]
Platin	Pt	**78**	195,09	21,45	1770	3300
Plutonium	Pu	**94**	(244)	19,7	640	3200
Polonium	Po	**84**	(209)	9,32	254	962
Praseodym	Pr	**59**	140,907	6,7	935	≈ 3300
Quecksilber (Hydrargyrum)	Hg	**80**	200,59	13,55	–39	357
Radium	Ra	**88**	226,05	≈ 6	≈ 700	1140
Radon	Rn	**86**	(222)	*9,96*	–71	–62
Rhenium	Re	**75**	186,2	20,9	3170	≈ 5900
Rhodium	Rh	**45**	102,905	12,4	1966	4500
Rubidium	Rb	**37**	85,47	1,53	39	690
Rhutenium	Ru	**44**	101,07	12,4	2400	≈ 4500
Samarium	Sm	**62**	150,35	7,5	1072	≈ 1900
Sauerstoff (Oxygenium)	O	**8**	15,9994	*1,429*	–219	–183
Scandium	Sc	**21**	44,956	3,0	1540	- 2730
Schwefel (Sulfur)	S	**16**	32,06	2,0	119	444
Selen	Se	**34**	78,96	4,8	220	688
Silber (Argentum)	Ag	**47**	107,870	10,5	960	2150
Silicium	Si	**14**	28,086	2,4	1410	2630
Stickstoff (Nitrogenium)	N	**7**	14,0067	*1,251*	–210	–196
Strontium	Sr	**38**	87,62	2,6	757	1365
Tantal	Ta	**73**	180,948	16,7	2990	> 5000
Technetium*	Tc	**43**	(97)	11,5	2140	–
Tellur	Te	**52**	127,60	6,2	450	990
Terbium	Tb	**65**	158,924	8,3	1350	≈ 2800
Thallium	Tl	**81**	204,37	11,85	303	1457
Thorium	Th	**90**	232,038	11,7	≈ 1800	≈ 3600
Thulium	Tm	**69**	168,934	9,33	1545	1727
Titan	Ti	**22**	47,90	4,51	≈ 1700	3260
Uran	U	**92**	238,029	19,1	1133	≈ 3600
Vanadium	V	**23**	50,9414	6,1	≈ 1800	> 3000
Wasserstoff (Hydrogenium)	H	**1**	1,00797	*0,0899*	–259	–253
Wolfram	W	**74**	183,85	19,30	3410	5400
Xenon	Xe	**54**	131,30	*5,89*	–112	–108
Ytterbium	Yb	**70**	173,04	6,5	8,25	1427
Yttrium	Y	**39**	88,905	4,5	1490	2927
Zink	Zn	**30**	65,38	7,2	420	910
Zinn (Stannum)	Sn	**50**	118,69	7,3	232	≈ 2400
Zirkonium	Zr	**40**	91,22	6,5	1860	≈ 3600

* künstlich gewonnenes Element, OZ Ordnungszahl, (243) Eine eingeklammerte Zahl gibt die Nukleonenzahl des langlebigsten Isotops des Elements an. – Werte sind nicht bekannt, ◀ Wert sehr ungenau, p unter Druck, s sublimiert, 1) Bei gasförmigen Elementen wird die Dichte *kursiv* gedruckt angegeben. Sie gilt für 0 °C und 1013 hPa. 2) Graphit: 2,25, Diamant: 3,51, 3) weißer P: 1,83, roter P: 2,2, 4) weißer P

Eigenschaften von Gasen

Name	Dichte bei 20 °C (1013 hPa) in $\frac{g}{l}$	Schmelztemperatur (1013 hPa)	Siedetemperatur (1013 hPa)	Löslichkeit bei 25 °C in 1 l Wasser in l
Wasserstoff (H_2)	0,084	−259	−253	0,019
Stickstoff (N_2)	1,17	−210	−196	0,015
Sauerstoff (O_2)	1,33	−219	−183	0,028
Fluor (F_2)	1,58	−220	−188	–
Chlor (Cl_2)	2,95	−101	−35	2,2
Helium (He)	0,17	−270	−269	0,09
Neon (Ne)	0,84	−249	−246	0,016
Argon (Ar)	1,66	−189	−186	0,032
Krypton (Kr)	3,48	−57	−152	0,071
Luft	1,20	–	–	0,0063* 0,012**
Ammoniak (NH_3)	0,71	−78	−33	680
Chlorwasserstoff (HCl)	1,52	−114	−85	466
Schwefelwasserstoff (H_2S)	1,42	−83	−62	2,41
Schwefeldioxid (SO_2)	2,67	−73	−10	35
Kohlenstoffmonooxid (CO)	1,17	−205	−190	0,023
Kohlenstoffdioxid (CO_2)	1,83	−78 (sublimiert)		0,80
Methan (CH_4)	0,67	−182	−162	0,032
Ethan (C_2H_6)	1,25	−183	−89	0,043
Propan (C_3H_8)	1,84	−188	−42	0,06
Butan (C_4H_{10})	2,47	−138	−1	0,14
Ethen (C_2H_4)	1,17	−169	−104	0,13
Ethin (C_2H_2)	1,06	−81	−84	0,95

* von Sauerstoff aus der Luft
** von Stickstoff aus der Luft

Gewinde und Farbkennzeichnung von Stahlflaschen für Gase

Gas	Gewinde	alte Farbkennzeichnung	neue Farbkennzeichnung („N") Flaschenschulter	Flaschenmantel
Sauerstoff	rechts	blau	weiß	blau oder grau
Stickstoff	rechts	dunkelgrün	schwarz	grau, schwarz oder dunkelgrün
Druckluft	rechts	grau	leuchtend grün	grau
Argon	rechts	grau	dunkelgrün	grau oder dunkelgrün
Helium	rechts	grau	braun	grau
Kohlenstoffdioxid	rechts	grau	grau	grau
Wasserstoff	links	rot	rot	rot
Acetylen	Spezialgewinde	gelb	kastanienbraun	kastanienbraun, schwarz oder gelb

Reagenzlösungen

Chlorwasser (Xn): Destilliertes Wasser durch Einleiten von Chlor sättigen; in brauner Flasche aufbewahren.

Bromwasser (T, Xi): 10 Tropfen Brom in 250 ml destilliertem Wasser lösen.

Iodwasser: Einige Blättchen Iod in destilliertem Wasser kurz aufkochen.

Iod/Kaliumiodid-Lösung: 2 g Kaliumiodid in wenig Wasser vollständig lösen und 1 g Iod zugeben. Nach dem Lösen auf 300 ml auffüllen und in brauner Flasche aufbewahren.

FEHLING-Lösung I: 7 g Kupfersulfat ($CuSO_4 \cdot 5\ H_2O$) in 100 ml Wasser lösen.

FEHLING-Lösung II (C): 35 g Kaliumnatriumtartrat (Seignette-Salz) und 10 g Natriumhydroxid in 100 ml Wasser lösen.

Kalkwasser: 1 g Calciumoxid in 500 ml destilliertem Wasser schütteln und filtrieren (0,02 $\frac{mol}{l}$).

Silbernitrat-Lösung: 17 g Silbernitrat auf 1 Liter auffüllen (0,1 $\frac{mol}{l}$).

Bariumchlorid-Lösung (Xn): 24,4 g Bariumchlorid ($BaCl_2 \cdot 2\ H_2O$) auf 1 Liter auffüllen (0,1 $\frac{mol}{l}$).

Bleiacetat-Lösung (T): 9,5 g Bleiacetat ($Pb(CH_3COO)_2 \cdot 3\ H_2O$) auf 250 ml auffüllen (0,1 $\frac{mol}{l}$).

Indikatorlösungen:
Bromthymolblau: 0,1 g in 100 ml 20%igem Ethanol.
Methylrot (F): 0,2 g in 100 ml 90%igem Ethanol.
Phenolphthalein (F): 0,1 g in 100 ml 70%igem Ethanol.
Universalindikator für pH 2–10 (F): 300 mg Dimethylgelb, 200 mg Methylrot, 400 g Bromthymolblau, 500 g Thymolblau und 100 mg Phenolphthalein in 500 ml 90%igem Ethanol.

Farbstufen: pH ≤ 2: rot; pH 4: orange; pH 6: gelb; pH 8: grün; pH 10: blau

BAEYER-Reagenz: 10%ige Sodalösung mit einer verdünnten Kaliumpermanganat-Lösung versetzen, bis die Lösung kräftig violett gefärbt ist.

TOLLENS-Reagenz (ammoniakalische Silbernitrat-Lösung): Silbernitrat-Lösung (0,1 mol · l^{-1}) mit etwa einem Zehntel des Volumens verdünnter Natronlauge versetzen. Anschließend unter Schütteln Ammoniak-Lösung (25 %) zutropfen, bis sich der Silberoxid-Niederschlag gerade wieder löst. Die Reagenz-Lösung wird jeweils frisch zubereitet. Sie darf nicht aufbewahrt werden, da sich Silberazid bilden könnte (Explosionsgefahr). Reste der Reagenz-Lösung ansäuern und über den Behälter B2 entsorgen.

SCHIFF-Reagenz (fuchsinschweflige Säure): 0,25 g Fuchsin in 1 Liter Wasser lösen (Rotfärbung); unter ständigem Rühren schweflige Säure (oder angesäuerte Lösung von $Na_2S_2O_5$) zutropfen, bis Entfärbung eintritt.

Saure und alkalische Lösungen

Lösung	gelöster Stoff	*	verdünnt Massenanteil	verdünnt Dichte bei 20 °C	konzentriert Massenanteil	konzentriert Dichte bei 20 °C
Salzsäure	HCl (g)	2	7 %	1,033	36 %	1,179
Schwefelsäure	H_2SO_4 (l)	1	9 %	1,059	98 %	1,836
Salpetersäure	HNO_3 (l)	2	12 %	1,066	68 %	1,391
Phosphorsäure	H_3PO_4 (s)	1	10 %	1,05	85 %	1,71
Essigsäure	CH_3COOH (l)	2	12 %	1,015	99 %	1,052
Natronlauge	NaOH (s)	2	8 %	1,087	30 %	1,328
Kalilauge	KOH (s)	2	11 %	1,100	27 %	1,256
Kalkwasser	$Ca(OH)_2$ (s)		0,16 %**	1,001**	** Angaben für gesättigte Lösungen	
Barytwasser	$Ba(OH)_2$ (s)		3,4 %**	1,04**		
Ammoniak-Lösung	NH_3 (g)	2	3 %	0,981	25%	0,907

* Stoffmengenkonzentration in $\frac{mol}{l}$

Gefahrenhinweise und Sicherheitsratschläge

Gefahrenhinweise (R-Sätze)

Diese Hinweise geben Auskunft über die Art der Gefahr.

R 1 In trockenem Zustand explosionsgefährlich
R 2 Durch Schlag, Reibung, Feuer oder andere Zündquellen explosionsgefährlich
R 3 Durch Schlag, Reibung, Feuer oder andere Zündquellen besonders explosionsgefährlich
R 4 Bildet hochempfindliche explosionsgefährliche Metallverbindungen
R 5 Beim Erwärmen explosionsfähig
R 6 Mit und ohne Luft explosionsfähig
R 7 Kann Brand verursachen
R 8 Feuergefahr bei Berührung mit brennbaren Stoffen
R 9 Explosionsgefahr bei Mischung mit brennbaren Stoffen
R 10 Entzündlich
R 11 Leicht entzündlich
R 12 Hoch entzündlich
R 14 Reagiert heftig mit Wasser
R 15 Reagiert mit Wasser unter Bildung hoch entzündlicher Gase
R 16 Explosionsgefährlich in Mischung mit brandfördernden Stoffen
R 17 Selbstentzündlich an der Luff
R 18 Bei Gebrauch Bildung explosionsfähiger/leicht entzündlicher Dampf-Luftgemische möglich
R 19 Kann explosionsfähige Peroxide bilden
R 20 Gesundheitsschädlich beim Einatmen
R 21 Gesundheitsschädlich bei Berührung mit der Haut
R 22 Gesundheitsschädlich beim Verschlucken
R 23 Giftig beim Einatmen
R 24 Giftig bei Berührung mit der Haut
R 25 Giftig beim Verschlucken
R 26 Sehr giftig beim Einatmen
R 27 Sehr giftig bei Berührung mit der Haut
R 28 Sehr giftig beim Verschlucken
R 29 Entwickelt bei Berührung mit Wasser giftige Gase
R 30 Kann bei Gebrauch leicht entzündlich werden
R 31 Entwickelt bei Berührung mit Säure giftige Gase
R 32 Entwickelt bei Berührung mit Säure sehr giftige Gase
R 33 Gefahr kumulativer Wirkung
R 34 Verursacht Verätzungen
R 35 Verursacht schwere Verätzungen
R 36 Reizt die Augen
R 37 Reizt die Atmungsorgane
R 38 Reizt die Haut
R 39 Ernste Gefahr irreversiblen Schadens
R 40 Irreversibler Schaden möglich
R 41 Gefahr ernster Augenschäden
R 42 Sensibilisierung durch Einatmen möglich
R 43 Sensibilisierung durch Hautkontakt möglich
R 44 Explosionsgefahr bei Erhitzen unter Einschluss
R 45 Kann Krebs erzeugen
R 46 Kann vererbbare Schäden verursachen
R 48 Gefahr ernster Gesundheitsschäden bei längerer Exposition
R 49 Kann Krebs erzeugen beim Einatmen
R 50 Sehr giftig für Wasserorganismen
R 51 Giftig für Wasserorganismen
R 52 Schädlich für Wasserorganismen
R 53 Kann in Gewässern längerfristig schädliche Wirkungen haben
R 54 Giftig für Pflanzen
R 55 Giftig für Tiere
R 56 Giftig für Bodenorganismen
R 57 Giftig für Bienen
R 58 Kann längerfristig schädliche Wirkungen auf die Umwelt haben
R 59 Gefährlich für die Ozonschicht
R 60 Kann die Fortpflanzungsfähigkeit beeinträchtigen
R 61 Kann das Kind im Mutterleib schädigen
R 62 Kann möglicherweise die Fortpflanzungsfähigkeit beeinträchtigen
R 63 Kann das Kind im Mutterleib möglicherweise schädigen
R 64 Kann Säuglinge über die Muttermilch schädigen
R 65 Gesundheitsschädlich: Kann beim Verschlucken Lungenschäden verursachen
R 66 Wiederholter Kontakt kann zu spröder oder rissiger Haut führen
R 67 Dämpfe können Schläfrigkeit oder Benommenheit verursachen

Sicherheitsratschläge (S-Sätze)

Hier werden Empfehlungen gegeben, wie Gesundheitsgefahren abgewehrt werden können.

S 1 Unter Verschluss aufbewahren

S 2 Darf nicht in die Hände von Kindern gelangen

S 3 Kühl aufbewahren

S 4 Von Wohnplätzen fernhalten

S 5 Unter … aufbewahren (geeignete Flüssigkeit vom Hersteller anzugeben)

S 6 Unter … aufbewahren (inertes Gas vom Hersteller anzugeben)

S 7 Behälter dicht geschlossen halten

S 8 Behälter trocken halten

S 9 Behälter an einem gut gelüfteten Ort aufbewahren

S 12 Behälter nicht gasdicht verschließen

S 13 Von Nahrungsmitteln, Getränken und Futtermitteln fernhalten

S 14 Von … fernhalten (inkompatible Substanzen sind vom Hersteller anzugeben)

S 15 Vor Hitze schützen

S 16 Von Zündquellen fernhalten – Nicht rauchen

S 17 Von brennbaren Stoffen fernhalten

S 18 Behälter mit Vorsicht öffnen und handhaben

S 20 Bei der Arbeit nicht essen und trinken

S 21 Bei der Arbeit nicht rauchen

S 22 Staub nicht einatmen

S 23 Gas/Rauch/Dampf/Aerosol nicht einatmen (geeignete Bezeichnung(en) vom Hersteller anzugeben)

S 24 Berührung mit der Haut vermeiden

S 25 Berührung mit den Augen vermeiden

S 26 Bei Berührung mit den Augen sofort gründlich mit Wasser abspülen und Arzt konsultieren

S 27 Beschmutzte, getränkte Kleidung sofort ausziehen

S 28 Bei Berührung mit der Haut sofort abwaschen mit viel … (vom Hersteller anzugeben)

S 29 Nicht in die Kanalisation gelangen lassen

S 30 Niemals Wasser hinzugießen

S 33 Maßnahmen gegen elektrostatische Aufladung treffen

S 35 Abfälle und Behälter müssen in gesicherter Weise beseitigt werden

S 36 Bei der Arbeit geeignete Schutzkleidung tragen

S 37 Geeignete Schutzhandschuhe tragen

S 38 Bei unzureichender Belüftung Atemschutzgerät anlegen

S 39 Schutzbrille/Gesichtsschutz tragen

S 40 Fußboden und verunreinigte Gegenstände mit … reinigen (Material vom Hersteller anzugeben)

S 41 Explosions- und Brandgase nicht einatmen

S 42 Bei Räuchern/Versprühen geeignetes Atemschutzgerät anlegen (geeignete Bezeichnung(en) vom Hersteller anzugeben)

S 43 Zum Löschen … (vom Hersteller anzugeben) verwenden (wenn Wasser die Gefahr erhöht, anfügen: „Kein Wasser verwenden")

S 45 Bei Unfall oder Unwohlsein sofort Arzt hinzuziehen (wenn möglich dieses Etikett vorzeigen)

S 46 Bei Verschlucken sofort ärztlichen Rat einholen und Verpackung oder Etikett vorzeigen

S 47 Nicht bei Temperaturen über … °C aufbewahren (vom Hersteller anzugeben)

S 48 Feucht halten mit... (geeignetes Mittel vom Hersteller anzugeben)

S 49 Nur im Originalbehälter aufbewahren

S 50 Nicht mischen mit … (vom Hersteller anzugeben)

S 51 Nur in gut gelüfteten Bereichen verwenden

S 52 Nicht großflächig für Wohn- und Aufenthaltsräume verwenden

S 53 Exposition vermeiden – vor Gebrauch besondere Anweisungen einholen

S 56 Diesen Stoff und seinen Behälter der Problemfallentsorgung zuführen

S 57 Zur Vermeidung einer Kontamination der Umwelt geeigneten Behälter verwenden

S S9 Information zur Wiederverwendung beim Hersteller/ Lieferanten erfragen

S 60 Dieser Stoff und sein Behälter sind als gefährlicher Abfall zu entsorgen

S 61 Freisetzung in die Umwelt vermeiden. Besondere Anweisungen einholen/Sicherheitsdatenblatt zu Rate ziehen

S 62 Bei Verschlucken kein Erbrechen herbeiführen. Sofort ärztlichen Rat einholen und Verpackung oder dieses Etikett vorzeigen

S 63 Bei Unfall durch Einatmen: Verunfallten an die frische Luft bringen und ruhig stellen

S 64 Bei Verschlucken Mund mit Wasser ausspülen (nur wenn Verunfallter bei Bewusstsein ist)

Stichwortverzeichnis

Bildquellenverzeichnis

11.2: Okapia KG, Frankfurt; 11.3: A1PIX, Taufkirchen; 16.1: Paul Freytag/Corbis, Düsseldorf; 17.1: Arthur Cupak/ Mauritius, Mittenwald; 18.3: Jupiterimages, Ottobrunn; 21.2: Fabian, Hannover; 22.1: Klaus G. Kohn, Braunschweig; 24.2: Richard Revels/WWI/Still Pictures; 24.3: Richard Lord, Guernsey; 24.4: Wildlife, Hamburg; 28.1: Gesellschaft Deutscher Chemiker, Frankfurt; 30.2: D. Frühauf, Braunschweig; 37.3: Europäisches Kupferinstitut, Brüssel; 38.1A: Fa. Hoechst AG, Frankfurt; 38.1B und 3.2: Thonig/Mauritius, Mittenwald; 39.1: dpa/picture-alliance; 39.2: Steffen Kugler/picture-alliance/dpa/pdaweb; 39.4: Helga Lade Fotoagentur GmbH; 40.2: T. Ritter; 40.4: Klaus G. Kohn, Braunschweig; 40.5: Klaus G. Kohn, Braunschweig; 41.1: Mauritius, Mittenwald; 41.2: NASA/Astrofoto, Sörth; 45.1: Artur Cupak/Mauritius, Mittenwald; 45.2: Phototake/Mauritius, Mittenwald; 45.3: Fabian, Hannover; 46.1: MEV, Augsburg; 46.2A: Philips Automotive Lightning, Aachen; 46.2B+C: Hella-Pressebild, Lippstadt; 46.4: Air Liquide Deutschland GmbH, Düsseldorf; 47.1: Lokomotiv, Stadtlohn; 47.2: dpa/picture-alliance; 47.3: Wolfgang Weinhäupl/Mauritius, Mittenwald; 48.1: Peter Turnley/Corbis, Düsseldorf; 48.2: picture-alliance/Okapia KG, Frankfurt; 52.2: Ulrich Heinzmann/GSF, Neuherberg; 53.3: Bayer AG, Leverkusen; 54.1: Willi Arand/picture-alliance/Helga Lade GmbH; 54.2: Dieter Assmann/dpa/picture-alliance; 55.2: Oxford Scientific/Mauritius, Mittenwald; 56.1: Rumpenhorst/dpa/picture-alliance; 56.2: imagebroker/Mauritius, Mittenwald; 57.2: Groskinsky, Washington/USA; 58.2: T. Blackwood/dpa/picture-alliance; 59.1+2: Sammlung Gesellschaft für ökologische Forschung, München; 60.1: Klaus G. Kohn, Braunschweig; 64.1 und 4.1: Silke Reents/VISUM; 65.1: Peter Arnold/ullstein bild, Berlin; 65.2: Stahl-Zentrum, Düsseldorf; 65.4: Corbis, Düsseldorf; 66.2: Südtiroler Archäologiemuseum – www.iceman.it; 67.1: Gamma/Studio X, Limours; 67.3: Römisch-Germanisches Zentralmuseum, Mainz; 71.1: Mann, DB AG, Berlin; 72.1: KME Group S.p.A., Florenz; 73.1B: Europäisches Kupferinstitut, Brüssel; 73.1F: ullstein bild, Berlin; 73.1D: Floris Leeuwenberg/The Cover Story/Corbis, Düsseldorf; 73.1E: KME Group S.p.A., Florenz; 74.1: imagebroker/Mauritius, Mittenwald; 74.2: Norddeutsche Affinerie, Hamburg; 75.1: KME Group S.p.A., Florenz; 75.2: Norddeutsche Affinerie, Hamburg; 75.3: Norddeutsche Affinerie, Hamburg; 75.4: KME Group S.p.A., Florenz; 75.5: Norddeutsche Affinerie, Hamburg; 76.1: Kulka/zefa/Corbis, Düsseldorf; 76.3: U. Pfreimbtner, Künzing; 77.1: Raga/Mauritius, Mittenwald; 77.2-4: dmc^2-Degussa AG, Frankfurt; 78.1: Corbis, Düsseldorf; 78.2: Röttger/ Visum, Hamburg; 78.3: dpa/picture-alliance; 78.4: ZB-Fotoreport/dpa/picture-alliance; 81.1: Initiative Zink/WVM, Düsseldorf; 81.3: Habel/Mauritius, Mittenwald; 84.2: Stahl-Zentrum, Düsseldorf; 86.1A+B: Salzgitter AG, Salzgitter; 86.2A: ThyssenKrupp Stahl AG, Duisburg; 87.2: Salzgitter AG, Salzgitter; 87.3: Stahl-Zentrum, Düsseldorf; 88.1: Heini Schneebeli/Bridgeman Art, Berlin; 88.2: D. Schmid, Berlin, www.feinewerkzeuge.de/ Dieter Schmid, Berlin; 88.4: J.P. Stienen, Mönchengladbach; 89.1-3: Agricola, G.: Vom Berg- und Hüttenwesen; 91.1: Sammlung Weltkulturerbe Rammelsberg, Goslar; 91.2: R. Bothe/Sammlung Weltkulturerbe Rammelsberg, Goslar; 91.4: Sammlung Weltkulturerbe Rammelsberg, Goslar; 92.4: Michael S. Yamashita/Corbis, Düsseldorf; 93.1: William Manning/Corbis, Düsseldorf; 97.3: W.C. Heraeus GmbH, Hanau; 97.4: Salzgitter AG, Salzgitter; 98.1 und 4.2: ddp/ullstein bild, Berlin; 99.1: Okapia KG, Frankfurt; 99.2A+B: Fabian, Hannover; 99.3: Nationaler Forschungsschwerpunt Nanowissenschaften, Basel/Schweiz; 99.4: D. Eigler, IBM, USA; 101.1 A+B+C+D+E, 103.1A+C+D+E: Fabian, Hannover; 103.3: Kirchner/laif; 104.1: Joerg Lantelmé, Kassel; 104.2B: Macherey & Nagel, Düren; 105.4: Fabian, Hannover; 106.1 A-D: Fabian, Hannover; 107.1A-E: P. Slawinski/Wikipedia; 107.2: Messer Group GmbH, Sulzbach; 111.3: Metaleurop GmbH, Hannover; 114.4: Superbild, Unterhaching; 120.2 H: Deutscher Wetterdienst, Offenbach; 120.2 I-K: Fabian, Hannover; 124.1: Britische Botschaft, Bonn; 126.1: Schaefer Technologie GmbH, Langen; 126.2: MPI f. Festkörperforschung, Stuttgart; 126.3: D. Eigler, IBM, USA; 127.3: STM/Nanolab, Jung; 128.4A-D: BASF AG, Ludwigshafen; 129.1: Sto AG, Stühlingen; 129.2-5: BASF AG, Ludwigshafen; 130.1 A-C, 132.1 A+B, 133.1: Fabian, Hannover; 219.1: Westfalen AG, Münster.

Die weiteren Fotos stammen von M. Simper, Wennigsen; H. Tegen, Hambühren oder aus dem Verlagsarchiv. Trotz entsprechender Bemühungen ist es uns nicht in allen Fällen gelungen, den Rechtsinhaber ausfindig zu machen. Gegen Nachweis der Rechte zahlt der Verlag für die Abdruckerlaubnis die gesetzlich geschuldete Vergütung.

Laborgeräte

Das illustrierte Periodensystem

Hauptgruppen

I

1 Wasserstoff (H)
- ○ Raketentreibstoff
- ○ Fetthartung
- ○ Entschwefelung von Erdol
- ○ Herstellung von Ammoniak
- x 1,008

VIII

2 Helium (He)
- ○ Füllung für Ballone und Zeppeline
- ○ Tauchglockenatmosphäre
- ○ Laser und Leckdetetoren
- ○ Kühlmittel für Kernkraftwerke
- x 4,003

3 Lithium (Li)
- v Schmieroladditiv Batterien
- + Legierungen fur die Raumfahrt
- v Laborglas
- x 6,94

II

4 Beryllium (Be)
- Fenster fur Rontgenrohren
- + Uhrfedern
- + Funkenfreie Werkzeuge
- x 9,01

III

5 Bor (B)
- v Moderator in Kernkraftwerken
- v Tennisschläger
- v Hitzefestes Glas
- v Bleichmittel
- x 10,81

IV

6 Kohlenstoff (C)
- ○ Diamanten, Bleistifte
- ○ Färbemittel für Reifen
- ○ Moderator in Kernkraftwerken
- v Kunststoffe
- x 12,01

V

7 Stickstoff (N)
- ○ Kältetherapie
- ○ Kühlmittel (flüssig)
- ○ Ammoniakherstellung
- v Düngemittel
- x 14,01

VI

8 Sauerstoff (O)
- ○ Verbrennungen
- ○ Stahlproduktion
- ○ Wasseraufbereitung
- v Sand, Wasser, Beton
- x 16,00

VII

9 Fluor (F)
- v Anreicherung von Uran-235
- v Kuhlmittel
- v Zahnpasta
- v Teflon
- x 19,00

10 Neon (Ne)
- ○ Neonleuchten
- ○ Scheinwerfer
- ○ Laser
- ○ Spannungsprüfer
- x 20,18

11 Natrium (Na)
- ○ Straßenbeleuchtung
- ○ Kühlmittel für Kernreaktoren
- + Batterien
- v Kochsalz, Soda, Glas
- x 22,99

12 Magnesium (Mg)
- ○ Unterwasserfackel
- + Flugzeuge, Motorenteile
- v Schamottsteine
- v Pigmente, Filter
- x 24,31

13 Aluminium (Al)
- ○ Fenster- und Türbeschläge
- ○ Rohre, Kabel, Folien
- ○ Feuerwerk
- + Automobile, Raketen, Flugzeuge
- x 26,98

14 Silicium (Si)
- ○ Elektronische Bauteile, Solarzellen
- + Werkzeuge
- v Zement, Quarzglas
- v Silikonschmierstoffe
- x 28.09

15 Phosphor (P)
- ○ Feuerwerk, Zündhölzer
- v Düngemittel, Waschmittel
- v Zahnpasta
- v Pestizide
- x 30,97

16 Schwefel (S)
- ○ Zündhölzer, Feuerwerk
- ○ Batterien
- ○ Gummivulkanisierung
- v Haarfestiger
- x 32,06

17 Chlor (Cl)
- ○ Wasseraufbereitung
- v Bleiche, Salzsäure
- v PVC
- v Rostentferner
- x 35,45

18 Argon (Ar)
- ○ Glühbirnen
- ○ Glasentladungsröhren
- ○ Laser, Geigerzähler
- ○ Schutzgas zum Schweißen
- x 39,95

19 Kalium (K)
- v Düngemittel
- v Optische Gläser
- v Zündhölzer, Schießpulver
- v Kochsalzersatz
- x 39,10

20 Calcium (Ca)
- ○ Metallurgie
- + Kabelisolierung
- v Düngemittel
- v Beton, gebrannter Kalk
- x 40,08

31 Gallium (Ga)
- ○ Quarzthermometer
- v Informationsspeicher
- v Transistoren, Laserdioden
- v Lokalisierung von Tumoren
- x 69,72

32 Germanium (Ge)
- ○ Infrarotprismen
- ○ Tranistoren, Dioden
- ○ Schmucklot
- ○ Weitwinkelobjektiv
- x 72,59

33 Arsen (As)
- + Schrotkugeln
- + Spiegelbeschichtung
- v Leuchtdioden
- v Glas, Laser
- x 74,92

34 Selen (Se)
- ○ Belichtungsmesser
- ○ Fotokopierer
- ○ Solarzellen
- v Anti-Schuppen-Shampoo
- x 78,96

35 Brom (Br)
- v Tränengas
- v Brandschutz
- v Desinfektionsmittel
- v Filme
- x 79,90

36 Krypton (Kr)
- ○ Leuchtröhren
- ○ Blitzbirnen
- ○ Wellenlängen-Standard
- v UV-Laser
- x 83,80

37 Rubidium (Rb)

Hoch-vakuum

- ○ Fotozellen
- ○ Gasfalle in Vakuumbehältern
- ○ Herzmuskelforschung
- x 85,47

38 Strontium (Sr)
- v Nuklearbatterien
- v Beta-Strahler
- v Leuchtfarbe
- v Feuerwerk
- x 87,62

49 Indium (In)
- ○ Solarzellen, Spiegel
- + Moderator in Kernreaktoren
- v Fotozellen, Transistoren
- v Blut- und Lungenforschung
- x 114,82

50 Zinn (Sn)
- + Geschirr
- + Münzen
- + Orgelpfeifen
- v Opalglas, Email
- x 118,69

51 Antimon (Sb)
- + Lot, Klischees
- + Bleibatterien, Dichtungen
- v Infrarotdetektoren
- v Arznei gegen Parasiten
- x 121,75

52 Tellur (Te)
- ○ Zündhütchen
- ○ Gummivulkanisierung
- ○ Batteriegehäuse
- + Elektrische Widerstände
- x 127,60

53 Iod (I)
- ○ Desinfektionsmittel
- ○ Halogenlampen
- v Tintenpigmente
- v Kochsalzzusatz
- x 126,90

54 Xenon (Xe)
- ○ UV-Lampen, Solarien
- ○ Farbentester
- ○ Projektionslampen
- ○ Elektronenblitze
- x 131,30

55 Caesium (Cs)
- ○ Fotozellen
- ○ Gammastrahlenquelle
- ○ Atomuhren
- ○ Infrarotlampen
- x 132,91

56 Barium (Ba)
- + Zündkerzen
- + Gasfallen in Vakuumbehältern
- v Feuerwerk
- v Fluoreszenzlampen
- x 137,34

81 Thallium (Tl)
- + Thermometer
- v Infrarotdetektoren
- v Herzmuskelforschung
- v Insektizide
- x 204,37

82 Blei (Pb)

12 V

- ○ Strahlenschutz
- ○ Bedachungen, Batterien
- + Lot, Munition
- v Farbstoffe
- x 207,2

83 Bismut (Bi)
- ○ Katalysator in der Gummiproduktion
- + Sicherungen
- + Sprinkler
- v Glas, Keramik
- x 208,98

84 Polonium (Po)
- ○ Nuklearbatterien
- ○ Neutronenquelle
- ○ Antistatikmittel
- ○ Filmreiniger
- x (209)

85 Astat (At)

Keine kommerzielle Verwendung
- x (210)

86 Radon (Rn)
- ○ Erdbebenvorhersage
- ○ Gesundheitsgefahr in Häusern, die auf Granit gebaut sind. Kommt in der Natur selten vor.
- x (222)

87 Francium (Fr)

Kommt in der Natur selten vor

(223)

88 Radium (Ra)
- v Neutronenquelle
- v Strahlentherapie
- x 226,03

Aggregatzustand bei Zimmertemperatur:

Gelb	Gas
Rot	Flüssigkeit
Weiß	Feststoff
Grün	Feststoff (radioaktiv)

Vorkommen in der Natur:

- nur in Verbindungen
- nur elementar
- in Verbindungen und elementar

Verwendung:

20 Calcium – Ordnungszahl und Name
- ○ elementar
- + in Legierung, Gemenge oder Beimischung
- v als Verbindung
- x – Atommasse in u (Nukleonenzahl des wichtigsten Isotops in Klammern)